PRISMA CHEMIE 5|6

Niedersachsen

Wolfram Bäurle
Anke Beuren
Heinz Joachim Ciprina
Günter Ganz
Klaus Hell
Barbara Hoppe
Michael Maiworm
Reinhard Peppmeier
Eberhard Theophel
Michael Wächter
Burkhard Weizel
Charlotte Willmer-Klumpp
Ulrike Wolf

Ernst Klett Verlag
Stuttgart Düsseldorf Leipzig

Grundkonzeption Layout
Matthias Balonier, Lützelbach

Unter Mitarbeit von
Elke Kurz, Kernen i. R.
Karin Mall, Berlin

Redaktion
Godela Andexser

Mediengestaltung
Christine Clauß

Zeichnungen / Illustrationen
Matthias Balonier, Lützelbach
Jeanne Kloepfer, Lindenfels
Angelika Kramer, Stuttgart
Karin Mall, Berlin
Tom Menzel, Rohlsdorf

Umschlaggestaltung
KOMA AMOK®,
Kunstbüro für Gestaltung, Stuttgart

Autoren
Wolfram Bäurle
Anke Beuren
Heinz Joachim Ciprina
Dr. Günter Ganz
Klaus Hell
Barbara Hoppe
Michael Maiworm
Reinhard Peppmeier
Eberhard Theophel
Michael Wächter
Burkhard Weizel
Charlotte Willmer-Klumpp
Ulrike Wolf

Wissenschaftliche Beratung
Hans-Georg Dettmer
(*Weltkulturerbe Rammelsberg*)
Josefin zum Felde
(*Wasserturm Lüneburg*)
Kurt A. Grohs
(*Wilhelm-Busch-Mühle Ebergötzen*)
Wolfgang Hase
(*Museumsdorf Cloppenburg*)
Hilke Lamschus
(*Deutsches Salzmuseum Lüneburg*)
Werner Lange
(*Dunsthöhle Pyrmont*)
Sabine Sturm
(*Wasserturm Lüneburg/*
Hauptschule Stadtmitte, Lüneburg)

1. Auflage 1 5 4 3 2 1 | 2009 08 07 06 05

Alle Drucke dieser Auflage sind unverändert und können im Unterricht nebeneinander verwendet werden. Die letzten Zahlen bezeichnen jeweils die Auflage und das Jahr des Druckes.

Internetadresse: http://www.klett.de

Reproduktion
Meyle + Müller,
Medien-Management, Pforzheim

Druck
Aprinta, Wemding

Printed in Germany

ISBN 3-12-068520-8

9 783120 685203

Inhaltsverzeichnis

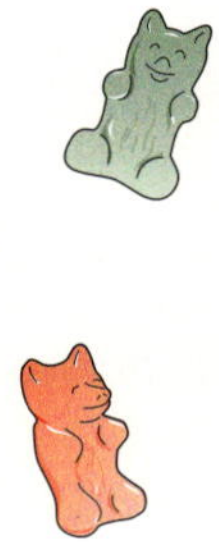

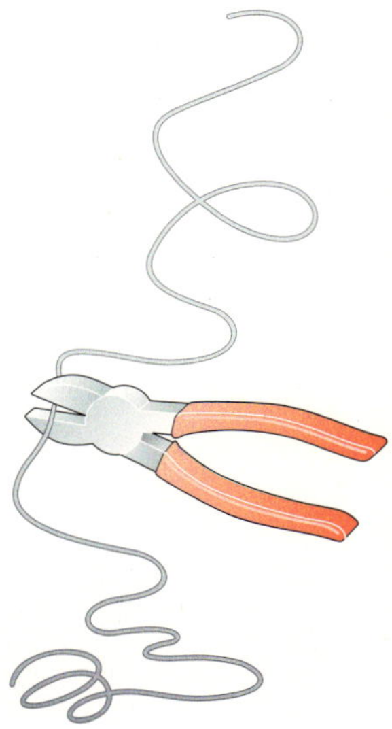

44 Wasser

72 Verbrennungen

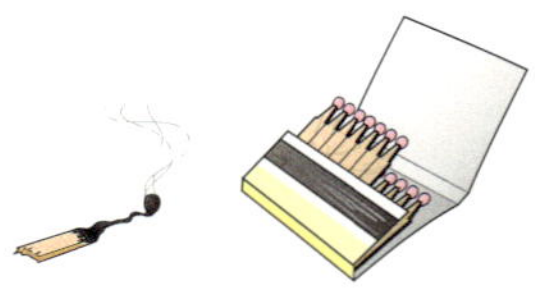

Wahlpflichtunterricht

Anhang

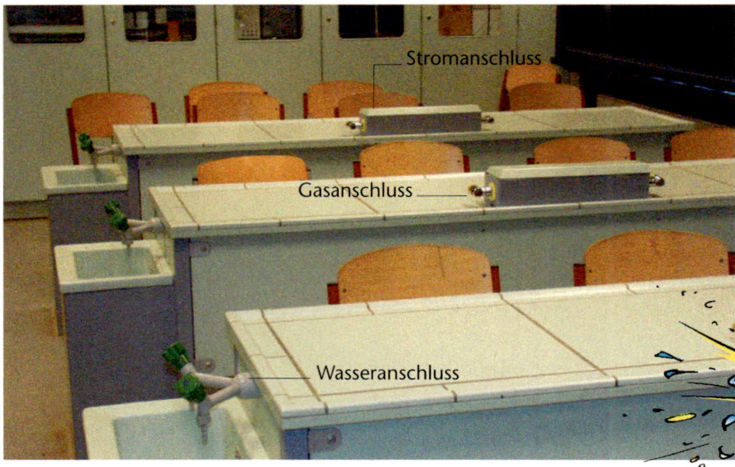

Im Fachraum Chemie
Sieh dich einmal im Chemieraum um. Es gibt Anschlüsse für **Strom**, **Gas** und **Wasser** und auch einige Einrichtungen, die deiner Sicherheit dienen. Da du in Zukunft viele Experimente selbst durchführen wirst, musst du unbedingt mit den Sicherheitseinrichtungen vertraut sein.

Neben den Türen und am Lehrerpult findest du **NOT-AUS-Schalter**. Wenn ein solcher Schalter gedrückt ist, sind alle Strom- und Gaszuleitungen unterbrochen. So können bei einem Unfall alle angeschlossenen Geräte gleichzeitig abgestellt werden.

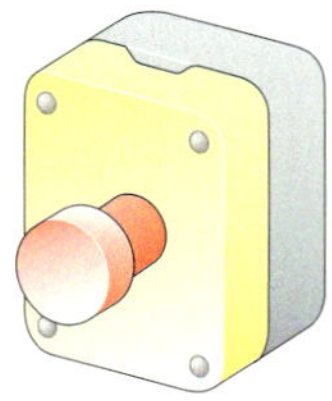

Das grüne Schild zeigt dir den **Fluchtweg** ins Freie an. Du solltest diesen Weg einmal zusammen mit deiner Lehrerin oder deinem Lehrer gegangen sein. Dann kennst du bei einem Unfall diesen Weg bereits und kannst dadurch mehr Ruhe bewahren.

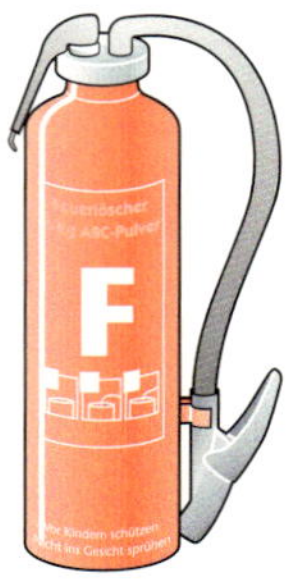

Für den Fall, dass ein Feuer ausbricht, sind ein **Feuerlöscher** und eine **Löschdecke** vorhanden. Sollte dir einmal ein Spritzer ins Auge gelangen, kannst du es mithilfe der **Augendusche** auswaschen.
Spiele nie an diesen Geräten herum! Das gefährdet deine Sicherheit, weil sie im Ernstfall versagen könnten!

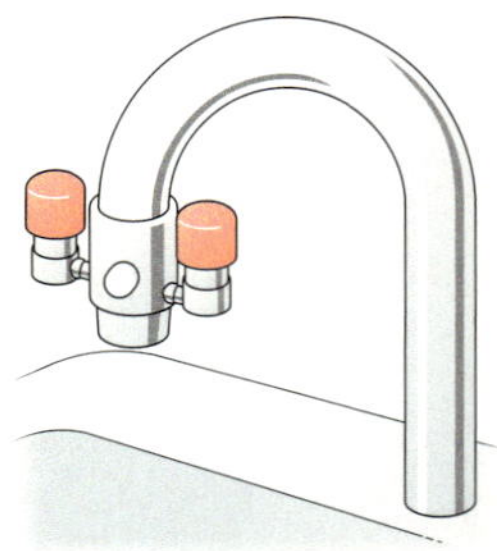

Der **Erste-Hilfe-Kasten** enthält Verbandsmaterial für den Fall, dass du dich beim Experimentieren verletzen solltest.

Grundregeln beim Experimentieren

1. Viele Experimente wirst du in einer Gruppe mit anderen Schülerinnen und Schülern durchführen. Bestimmt eine Person aus eurer Gruppe, die das Material an den Tisch holt (▷ B 1).

2. Wenn du Experimente mit elektrischem Strom durchführst, darfst du als Stromquelle nur Batterien oder Netzgeräte aus der Schule verwenden (▷ B 2). Andere Geräte können gefährlich sein. Experimente mit der Steckdose sind lebensgefährlich und deshalb verboten.

3. Der Gasbrenner erzeugt sehr hohe Temperaturen, du kannst dich leicht an ihm verbrennen. Achte darauf, dass der Brenner nicht umfallen kann und dass sich in seiner Nähe keine brennbaren Gegenstände befinden.
Heißem Glas siehst du seine Temperatur nicht an! Sei daher vorsichtig beim Umgang mit Glasgefäßen.
Lange Haare und lose Kleidung müssen vor Versuchsbeginn zusammengebunden werden. Trage außerdem bei jedem Experiment mit dem Gasbrenner eine Schutzbrille (▷ B 3).

4. An zerbrochenen Glasgeräten kannst du dich leicht schneiden (▷ B 4). Melde deshalb jeden Glasbruch deiner Lehrerin oder deinem Lehrer und benutze das defekte Glasgerät nicht weiter.

5. Nach dem Experimentieren müssen alle Geräte wieder an ihren Platz gebracht werden. Die verwendeten Chemikalien werden nach Anleitung entsorgt, die Geräte gespült und aufgeräumt (▷ B 5). Dabei helfen alle Mitglieder der Gruppe.

1 Einer holt das Material.

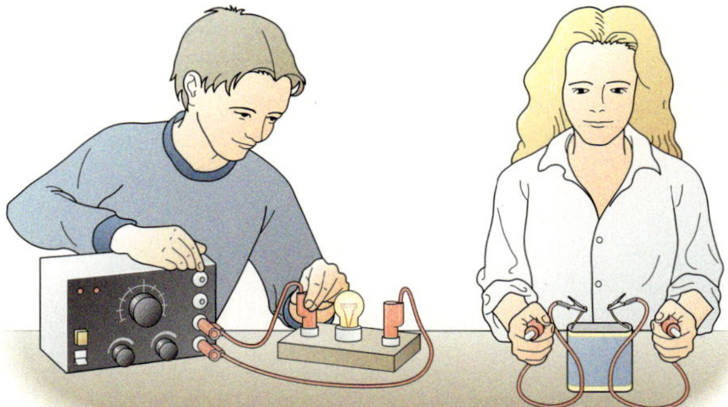

2 Experimente mit elektrischem Strom nur mit Batterie oder Netzgerät

3 Vorsicht beim Experimentieren mit dem Gasbrenner

4 Vorsicht bei Glasbruch – Verletzungsgefahr!

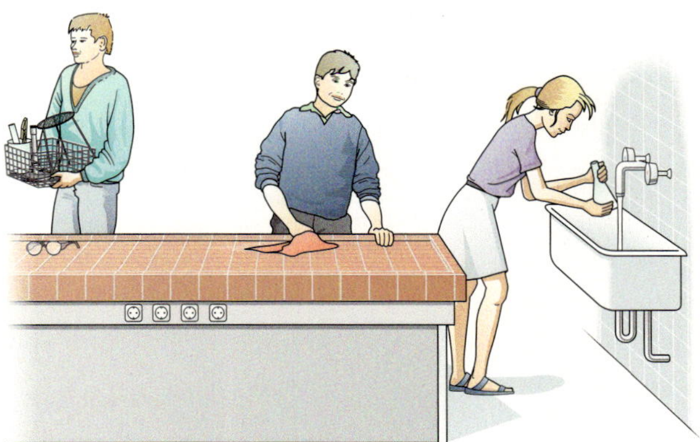

5 Hinterlasse immer einen sauberen Arbeitsplatz.

Vor dem Versuch
Bevor du mit dem Experimentieren beginnst, musst du die Versuchsanleitung (▷B 1) gründlich lesen. Sieh dir dann die Materialliste an. Räume alles vom Tisch, was du gerade nicht brauchst.

Nun kann es losgehen! Sicherheitsvorkehrungen sind beim Experimentieren sehr wichtig. Bei gefährlichen Versuchen musst du eine Schutzbrille aufsetzen. Sie ist – wenn du sie benötigst – in der Materialliste aufgeführt.

Während des Versuchs
Führe den Versuch nach Freigabe durch deine Lehrerin / deinen Lehrer gewissenhaft durch. Nur wenn du dich an die Anleitung im Buch und die Anweisungen der Lehrkraft hältst, kannst du sicher sein, dass der Versuch gelingt. Notiere den Ablauf des Versuchs Schritt für Schritt in einem Protokoll. Trage dort alle Beobachtungen ein.

Nach dem Versuch
Nachdem du das Experiment durchgeführt hast, musst du die Materialien gut säubern und sie wieder an ihren Aufbewahrungsort bringen. Manche Materialien sind nach der Verwendung unbrauchbar oder beschädigt. Sie müssen vorschriftsgemäß entsorgt werden. Beschädigte Experimentiergeräte musst du melden.

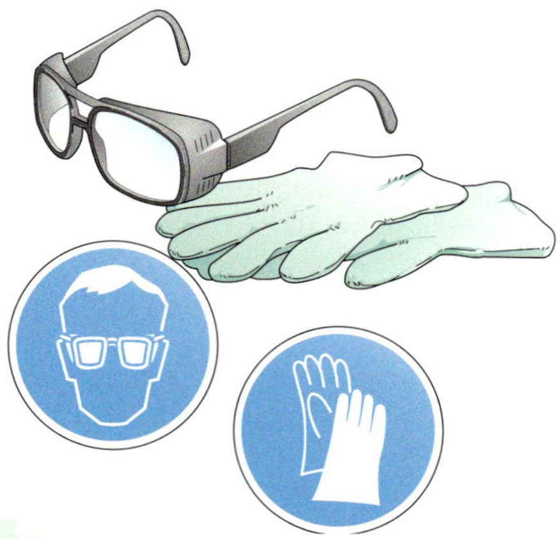

Werkstatt

Feuergefährliche Flüssigkeiten

1 Benzindämpfe sind gefährlich

Material
Schutzbrille, Wund- oder Reinigungsbenzin (kein Tankstellenbenzin), Abdampfschale (Glas), Streifen aus Pappe, Filzstift, Schere, Lineal, Holzspan, kleine Metallplatte, Streichhölzer

Versuchsanleitung
Fertige zunächst einen 15 cm langen Pappstreifen mit einer cm-Einteilung an (▷B 1).

Nähere jetzt ganz langsam einen brennenden Holzspan entlang des Pappstreifens und miss die „Übersprungsstrecke" der Flamme. Das brennende Benzin wird danach durch Abdecken mit einer Metallplatte sofort gelöscht.

Aufgabe
Welche Folgerungen ergeben sich aufgrund der Versuchsbeobachtungen für den Umgang mit Benzin?

2 Die Flammtemperatur von Brennspiritus

Mat…al

1 Versuchsanleitung

Aufgaben

1 Sammle möglichst viele Vorschläge für Verhaltensregeln im Labor, z. B. „Reagenzglasöffnung beim Erhitzen nie auf andere Schülerinnen und Schüler richten". Im Laufe der Zeit wirst du immer mehr Versuche durchführen und immer mehr Erfahrungen sammeln. Ordne die gesammelten Regeln, z. B. auf Karteikarten.

2 Du kannst die Kärtchen mit kleinen Skizzen, Fotos oder Warnsymbolen versehen.

3 In der Gruppe könnt ihr die Kärtchen besprechen und ergänzen. Fügt die einzelnen Karten auf einer Wandtafel oder einem großen Papierbogen zu einem Plakat zusammen. Dann habt ihr eine Laborordnung, in der alle eure Erfahrungen dokumentiert sind.

Zu jedem Versuch ein Versuchsprotokoll
Zur vollständigen Durchführung eines Versuches gehört auch die Anfertigung eines schriftlichen Protokolls. Das Versuchsprotokoll dient dazu, alle Versuchsschritte zu dokumentieren.

Ein Versuchsprotokoll sollte übersichtlich angefertigt und klar gegliedert sein. Die Auswertung eines Versuches gelingt nur dann, wenn im Protokoll alle Beobachtungen und Messergebnisse genau festgehalten wurden.

Thema des Versuchs
Der Versuch wird als Thema oder Fragestellung formuliert. Es sollte möglichst in einem Satz exakt formuliert werden.

Geräte und Materialien
Es werden alle benötigten Chemikalien, Geräte und sonstige Hilfsmittel notiert.

Name und Datum
Wie bei jeder Protokollerstellung enthält auch ein Laborprotokoll den Namen des Protokollanten und das Datum der Anfertigung.

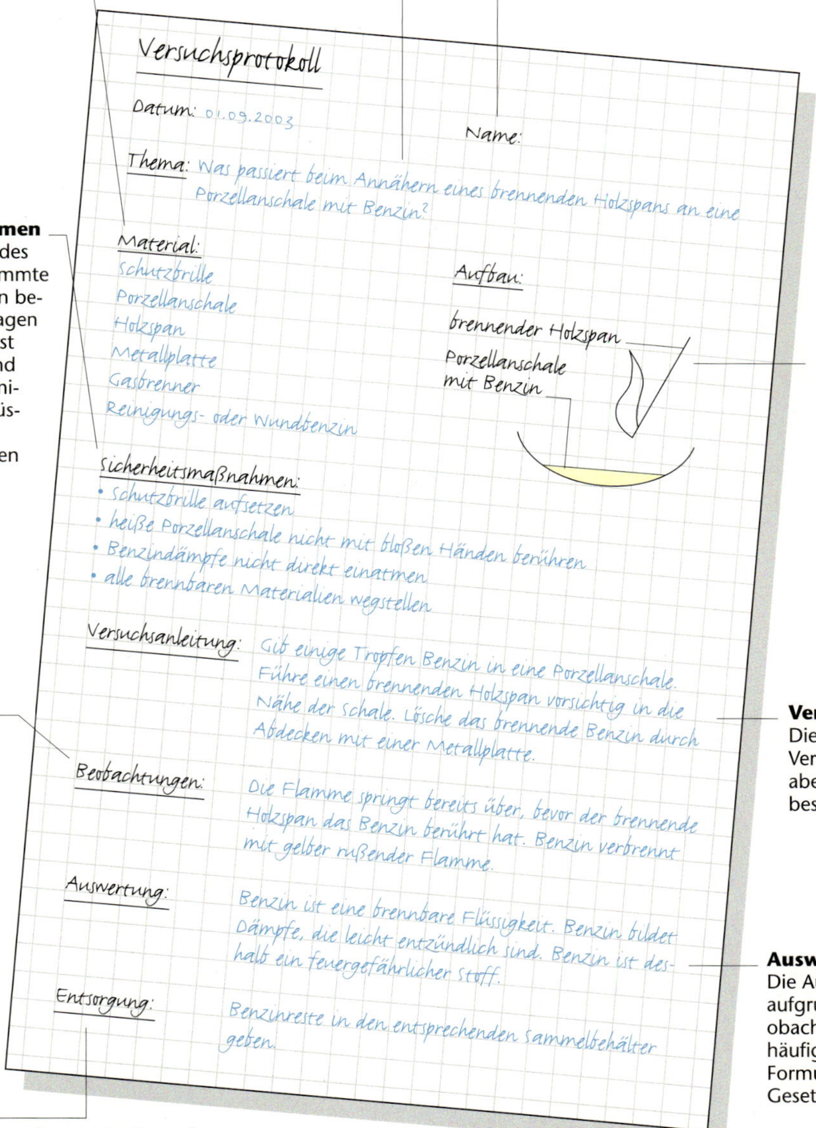

Versuchsprotokoll

Datum: 01.09.2003

Name:

Thema: Was passiert beim Annähern eines brennenden Holzspans an eine Porzellanschale mit Benzin?

Material:
Schutzbrille
Porzellanschale
Holzspan
Metallplatte
Gasbrenner
Reinigungs- oder Wundbenzin

Aufbau:

Sicherheitsmaßnahmen:
- Schutzbrille aufsetzen
- heiße Porzellanschale nicht mit bloßen Händen berühren
- Benzindämpfe nicht direkt einatmen
- alle brennbaren Materialien wegstellen

Versuchsanleitung: Gib einige Tropfen Benzin in eine Porzellanschale. Führe einen brennenden Holzspan vorsichtig in die Nähe der Schale. Lösche das brennende Benzin durch Abdecken mit einer Metallplatte.

Beobachtungen: Die Flamme springt bereits über, bevor der brennende Holzspan das Benzin berührt hat. Benzin verbrennt mit gelber rußender Flamme.

Auswertung: Benzin ist eine brennbare Flüssigkeit. Benzin bildet Dämpfe, die leicht entzündlich sind. Benzin ist deshalb ein feuergefährlicher Stoff.

Entsorgung: Benzinreste in den entsprechenden Sammelbehälter geben.

Sicherheitsmaßnahmen
Bei der Durchführung des Versuchs müssen bestimmte Sicherheitsmaßnahmen beachtet werden. Das Tragen einer Schutzbrille ist fast immer unerlässlich. Sind die verwendeten Chemikalien Gefahrstoffe, müssen entsprechende Sicherheitsvorkehrungen getroffen werden.

Versuchsaufbau
Man erstellt eine Versuchsskizze, damit man sich den Versuchsaufbau besser vorstellen kann. Versuchsskizzen sollten beschriftet werden.

Beobachtung
Alle Einzelheiten, die während des Versuchsablaufs beobachtet werden, insbesondere die Messergebnisse, werden notiert.

Versuchsanleitung
Die Durchführung des Versuchs wird in kurzer, aber verständlicher Form beschrieben.

Auswertung
Die Auswertung erhält man aufgrund der Versuchsbeobachtungen. Sie besteht häufig aus einer allgemeinen Formulierung oder einer Gesetzmäßigkeit.

Entsorgung
Häufig bleiben nach Beendigung des Versuchs Abfälle (Chemikalienreste, Gerätebruch) übrig. Diese müssen vorschriftsmäßig entsorgt werden.

Stoffe
im Alltag

Die Produkte, die wir im Alltag benutzen, bestehen aus verschiedenen Materialien mit ganz unterschiedlichen Eigenschaften. Mithilfe von Experimenten lassen sich diese Eigenschaften ermitteln und genauer untersuchen.

Im Alltag und in der Natur gibt es viel zu entdecken und auszuprobieren. Ein See friert im Winter bei großer Kälte zu. Meerwasser schmeckt im Unterschied zu Trinkwasser salzig. Im Sommer ist das Salz in flachen Meerwasserbecken manchmal sogar zu sehen.

Zu Hause und in der Schule benutzt du Dinge, die aus unterschiedlichen Materialien gefertigt sind. Es gibt Federmäppchen aus Leder oder aus Kunststoff. Einige Schülerinnen und Schüler bewahren ihr Schreibzeug in Holzkästchen oder Metallschachteln auf. Papiertüten oder Tonschalen sind dafür weniger geeignet.

Die verschiedenen Materialien bezeichnet der Chemiker als Stoffe. Sie haben ganz unterschiedliche Eigenschaften, welche die Verwendung im täglichen Gebrauch bestimmen. Um diese Eigenschaften zu untersuchen, kannst du Experimente durchführen. Dazu benötigst du meist Hilfsmittel, wie verschiedene Glasgefäße und Geräte. Beim Experimentieren ist wichtig, dass du alle Sicherheitshinweise genau beachtest.

Werkstatt

Stoffe sehen, riechen, schmecken, fühlen

Wir untersuchen die Eigenschaften von Gegenständen mit unseren Sinnen.

1 Auf einen Blick

Material
Teller, Alufolie, Gummibärchen, Fruchtbonbons, Löffel aus Holz, Silber, Chromargan®, Aluminium, Porzellan, Kunststoff

1 Eine farbenfrohe Gesellschaft

Versuchsanleitung
a) Schütte die Gummibärchen aus der Verpackung auf einen Teller. Sieh sie dir genau an. Welchen Unterschied stellst du fest? Wiederhole den Versuch mit Fruchtbonbons. Sortiere die Bonbons.

b) Nimm ein Stück Alufolie in die Hand und betrachte sie von beiden Seiten. Beschreibe, was du siehst.

c) Sortiere die Löffel so, dass die glänzenden auf einer Seite liegen, die mit matter Oberfläche auf der anderen Seite.

Aufgabe
Schreibe bei jedem Versuchsteil alle Unterschiede zwischen den Gegenständen auf, die du auf einen Blick feststellen konntest. Trage sie in eine Liste ein. Welche besonderen Eigenschaften haben die Gegenstände?

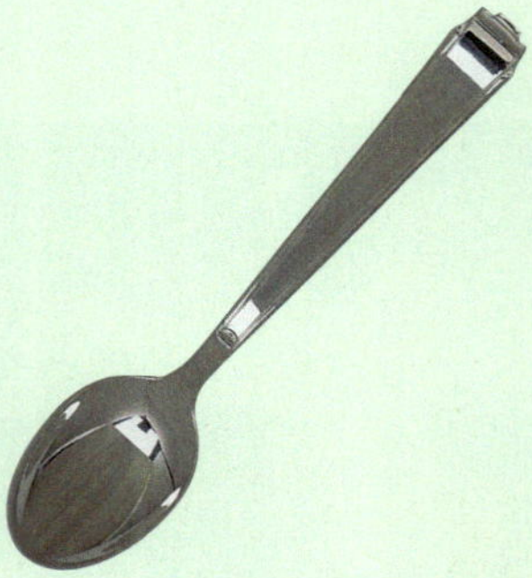

2 Oberflächen, glänzend oder matt

2 Wie schmeckt es?

Material
Schälchen, Teelöffel, 3 Gläser, Wattestäbchen, Wasser, Zitronensaft, Grapefruitsaft, Zucker, Salz, Zimt

Versuchsanleitung
Geschmacksproben mit **unbekannten Stoffen** sind verboten!
a) Gib in je ein Trinkglas Zitronensaft, Wasser und Grapefruitsaft. Probiere die Getränke nacheinander und beschreibe ihren Geschmack.

b) Bringe mit den Wattestäbchen erst einige Tropfen Zuckerwasser, dann Salzwasser auf die Zunge.

c) Halte dir die Nase zu und probiere eine Prise Zimt. Was schmeckst du? Öffne nach deiner Geschmacksprobe die Nase wieder. Welche Eigenschaften hat Zimt?

Aufgabe
Ordne Wasser, Zitronensaft, Grapefruitsaft, Zucker, Zimt und Salz die Eigenschaften süß, salzig, bitter, geschmacklos und sauer zu.

3 Wie schmeckt es?

3 Duft oder Gestank?

Material
Wasser, Essig, Nagellackentferner, Parfüm, Deo, Currygewürz

Versuchsanleitung
a) Öffne eine Flasche Essig und nimm eine Geruchsprobe. Fächle dazu mit der Hand wie in Bild 4 gezeigt über die Öffnung des Gefäßes.

b) Rieche nacheinander an einer geöffneten Wasserflasche, an Nagellackentferner, Parfüm, Deo und einer Gewürzpackung Curry.

Aufgabe
Welchen der Gerüche bezeichnest du als Duft und welchen als Gestank?

4 Wie riecht es?

4 Fühlen und tasten

Material
Kugeln aus verschiedenen Materialien, z. B. Holz, Glas, Styropor®, Stahl und Gummi, Ball aus Leder, Wollknäuel, Metalldose, Tuch

Versuchsanleitung
Lege die Kugeln und Bälle aus den unterschiedlichen Materialien in die Dose und decke sie mit dem Tuch ab. Taste die Oberfläche der Gegenstände mit deinen Fingern ab.

Aufgabe
Ordne die Kugeln und Bälle danach, ob sie sich kalt oder warm, rau oder glatt, hart oder weich anfühlen.

1 Eine Brille aus Kunststoff oder Glas?

Ein Gegenstand – viele Materialien

Kaffeelöffel gibt es aus wertvollem Silber, aus leichtem Aluminium oder aus glänzendem Edelstahl. Eierlöffel werden häufig aus Kunststoff gefertigt. Die kleinen Suppenlöffel im Chinarestaurant sind aus Porzellan. Rührlöffel und Salatbesteck bestehen oft aus Holz. Das Material, aus dem ein Gegenstand (Körper) besteht, bezeichnet der Chemiker als **Stoff**.

Silber, Aluminium, Kunststoff, Porzellan und Holz haben unterschiedliche Eigenschaften. Die Eigenschaften der Stoffe prüfen wir zuerst mithilfe unserer Sinne.

> Gegenstände bestehen aus Stoffen. Verschiedene Stoffe besitzen unterschiedliche Eigenschaften.

Mit den Augen prüfen – Aussehen

Mithilfe deiner Augen kannst du nicht nur **Farben** unterscheiden, sondern auch die **Oberflächenbeschaffenheit** eines Gegenstands erkennen. Diese Eigenschaften reichen manchmal aus, um das Material zu bestimmen, aus dem ein Gegenstand besteht. Ein Schmuckstück aus Gold z. B. hat eine gelbliche Farbe und häufig eine glänzende Oberfläche.
Anderen Gegenständen sieht man dagegen nicht an, aus welchem Material sie bestehen. Ein durchsichtiges Brillenglas kann aus bruchsicherem Kunststoff oder aus zerbrechlichem Glas gefertigt sein (▷B 1).

Geschmack und Geruch

Zitronensaft schmeckt sauer, Grapefruitsaft ist etwas bitter. Schokolade und Bonbons haben einen süßen Geschmack. Meerwasser ist salzig. Der **Geschmack** von Stoffen wird mit der Zunge bestimmt (▷B 2). Geschmacksproben dürfen nur durchgeführt werden, wenn es die Lehrerin oder der Lehrer ausdrücklich erlaubt. Probiere nie unbekannte Stoffe, sie könnten schon in kleinen Mengen zu einer Vergiftung führen.

Manche Stoffe riechen angenehm, manche unangenehm, andere wieder sind geruchlos. Auch bei der Geruchsprobe musst du vorsichtig sein, denn einige Stoffe geben schädliche Dämpfe ab oder reizen die Nasenschleimhaut. Fächle deshalb immer mit deiner Hand über die Probe, wenn du den **Geruch** bestimmen möchtest (▷B 3).

2 Schmecken – nur wenn erlaubt!

3 Vorschriftsmäßig riechen

Mit den Ohren erkennen – der Klang

Auch mit dem Hörsinn kannst du Stoffe unterscheiden. Ob eine Murmel aus Glas, Holz oder Metall besteht, hörst du am Klang, wenn sie zu Boden fällt.

Tasten und Fühlen

Manche Stoffe fühlen sich warm an, andere kalt. Mit den Fingern kannst du die Oberfläche ertasten (▷B 4). Sie kann rau oder glatt, haarig oder pelzig sein.

> Aussehen, Oberflächenbeschaffenheit, Geschmack, Geruch und Klang sind Stoffeigenschaften, die man mit den Sinnesorganen prüfen kann.

4 Der Tastsinn wird schon früh geschult.

Spürnasen und Feinschmecker

Duft, Geruch oder Gestank

Im Garten steigt uns der Duft von Rosen in die Nase. Auf der Straße riecht es unangenehm nach Abgasen und Benzin. Auf dem Bauernhof stinkt es nach Mist und Gülle. Ein fauliger Geruch warnt uns vor verdorbenen Speisen. Brandgeruch kann auch über weite Entfernungen auf ein Feuer hinweisen. Ein Deo beseitigt oder überdeckt lästigen Körpergeruch. Sprichwörtlich heißt es manchmal: „Ich kann dich nicht riechen!"

1 Jäger und Hund auf der Pirsch

2 Das Rehkitz wittert einen Menschen.

Mit der Atemluft gelangen gasförmige Duftstoffe in die Nase. Mit der Riechschleimhaut im oberen Bereich der Nasenhöhle kannst du viele verschiedene Gerüche wahrnehmen, z. B. blumige, würzige, faulige oder stechende. Parfümeure können bis zu 4000 Düfte unterscheiden (▷ B 4).

Das menschliche Riechfeld hat ausgebreitet etwa die Größe einer Briefmarke (▷ B 3). Beim Schäferhund ist es 30-mal so

4 Geruchsprobe im Labor

groß, etwa so groß wie ein Taschentuch. Hunde können deshalb sehr viel besser riechen als Menschen. Ein Lawinensuchhund kann durch eine drei Meter hohe Schneedecke hindurch einen Menschen wittern.
Noch besser riechen Rehe, ihre Riechschleimhaut ist größer als die von Hunden. Rehe wittern einen Menschen lange bevor sie ihn sehen können. Jäger pirschen sich deshalb immer gegen den Wind an sie heran.

Auf den Geschmack kommt es an

Unser Geschmackssinn dient dem Prüfen von Nahrungsmitteln. Ein guter Geschmack erzeugt beim Essen und Trinken ein angenehmes Gefühl und regt den Appetit an. Beim Kauen lösen sich die Geschmacksstoffe im Speichel und gelangen so auf die Zunge. Auf der Oberfläche der Zunge befinden sich Furchen und kleine Erhebungen, die wie Warzen aussehen. Hier sitzen die Geschmacksknospen, die über feine Härchen Aromastoffe wahrnehmen.
Beim Essen wirken Geruch und Geschmack immer zusammen. Unser Lieblingsgericht schmeckt nicht nur gut, wir mögen auch seinen Geruch.

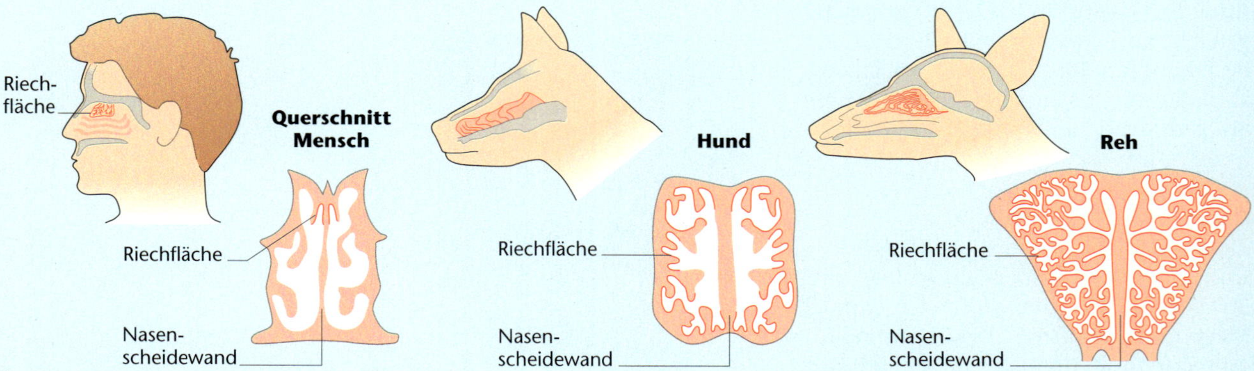

3 Wer hat die beste Spürnase?

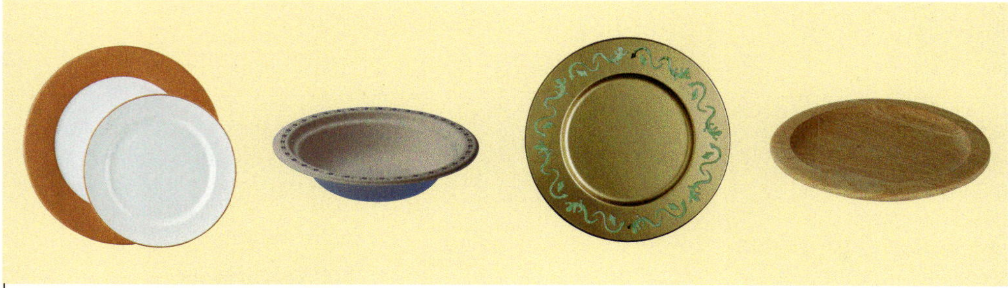

1 Teller ist nicht gleich Teller.

Teller aus unterschiedlichen Materialien
Teller aus Porzellan, Ton oder Glas haben eine glatte, harte Oberfläche und sind leicht zu reinigen. Die Oberfläche von Holztellern ist schnell zerkratzt (▷B 1). Teller aus Zinn oder Silber werden oft als Wandschmuck verwendet. Beim Reinigen der wertvollen Metallteller muss man vorsichtig sein. Ein Scheuerschwamm würde auf der Oberfläche hässliche Kratzspuren hinterlassen. Teller aus Kunststoff sind leicht und unzerbrechlich und werden oft als Campinggeschirr verwendet. Pappteller lassen sich nicht reinigen, sie weichen im Wasser auf. Deshalb werden sie nach einmaligem Gebrauch weggeworfen.

Die Stoffe Porzellan, Glas, Holz, Metall, Kunststoff und Pappe haben unterschiedliche Eigenschaften. Diese Eigenschaften kannst du mit einfachen Versuchen bestimmen.

Hart oder weich?
Kerzenwachs, Ton und Knetmasse kannst du mit einem Holzstäbchen oder mit dem Fingernagel einritzen. Auch manche Holzstücke und Speckstein lassen sich leicht ritzen oder mit dem Messer schnitzen. Der härtere Stoff ritzt dabei den weniger harten. Auf Hartholz, Glas oder Stahl hinterlässt der Fingernagel keine Spuren. Diese Stoffe sind härter als der Nagel.
Glas wird mit einem Glasschneider geritzt. Auf der Schnittkante des Glasschneiders befindet sich Diamantstaub. Diamant ist der härteste aller natürlichen Stoffe. Mit Diamantbohrern (▷B 4) kann man sogar sehr hartes Gestein durchbohren.

▶ Die Härte von Stoffen lässt sich mithilfe eines Ritztests vergleichen.

Verformbar oder spröde?
Viele Metalle sind verformbar: Blumendraht aus Eisen lässt sich leicht verbiegen, Aluminiumbleche kann man zu sehr dünnen Folien auswalzen, Kupferbleche werden zu Rohren gezogen (▷B 2). Gold ist so weich, dass es sich zu hauchdünnen Blättchen verarbeiten lässt. Mit Blattgold kann man Schmuckstücke oder Statuen vergolden (▷B 3).
Gegenstände aus Glas, Porzellan und Keramik zerbrechen, wenn ein zu großer Druck auf sie wirkt. Diese Stoffe sind spröde.

▶ Viele Metalle sind verformbar. Glas und Keramik sind spröde.

Aufgabe

1 Trinkgefäße können aus unterschiedlichen Stoffen bestehen. Gib Beispiele und ihre Verwendung im Alltag an. Welche Vor- und Nachteile haben die verwendeten Stoffe?

2 Kupferrohre

3 Goldstatue

4 Diamantbohrer

5 Diamant

Stoffe werden untersucht

Die unterschiedlichen Eigenschaften von Stoffen lassen sich nicht immer mit den Sinnen bestimmen. Mithilfe einfacher Versuche kannst du die Härte und die Verformbarkeit der Stoffe prüfen.

1 Ritztest

1 Lässt es sich ritzen?

Material

Verschiedene Metallbleche, Holzstücke, Wachs, Tonstück, Speckstein, Gipsstück, Stahlnagel

Versuchsanleitung

a) Nimm die einzelnen Materialien und versuche, sie mit dem Stahlnagel zu ritzen (▷ B 1).
b) Wiederhole den Versuch, benutze aber anstelle des Stahlnagels deinen Fingernagel.

Aufgaben

1. Lege alle Stoffe nebeneinander, die du mit deinem Fingernagel ritzen konntest.

2. Lege alle Stoffe nebeneinander, die du mit dem Stahlnagel ritzen konntest.

3. Ordne die Materialien nach ihrer Härte.

4. Plane einen Versuch: Welche Oberflächen kannst du mit welchen Gegenständen ritzen?

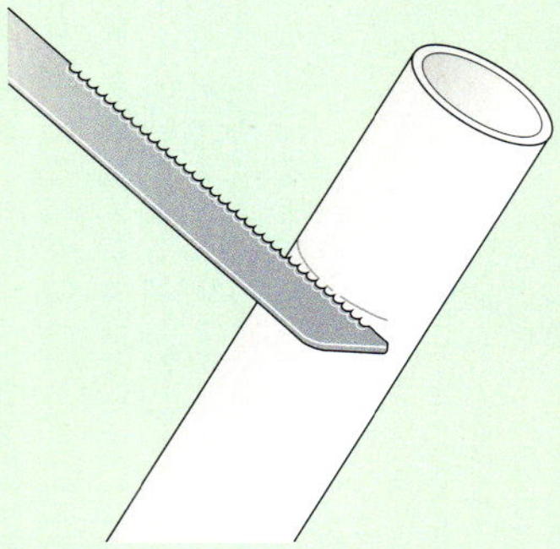

2 Anritzen eines Glasrohres

2 Ritzen und schneiden

Material

Glasrohre, Glasschneider, Ampullensäge, Dreikantfeile, Handtuch, Schutzbrille

Versuchsanleitung

a) Nimm eine Dreikantfeile oder eine Ampullensäge und ritze damit ein Glasrohr (▷ B 2). Achte darauf, dass du möglichst gleichmäßig arbeitest. Nach einer Drehung des Röhrchens solltest du wieder an dem Punkt angelangt sein, an dem du die Säge angesetzt hast.
b) Ritze ein Glasrohr mit dem Glasschneider in der Mitte so ein, dass der Schnitt fast ganz um das Rohr herum läuft. Achte darauf, dass du mit Daumen und Mittelfinger einen gleich bleibenden Druck ausübst.
Umwickle das Rohr zum Schutz der Hände mit einem Tuch (▷ B 3). Brich das Rohr entzwei. Achte darauf, dass du die Bruchkanten immer vom Körper weg bewegst (▷ B 3). Sammle Glasbruch in einem Behälter für Glasabfälle.

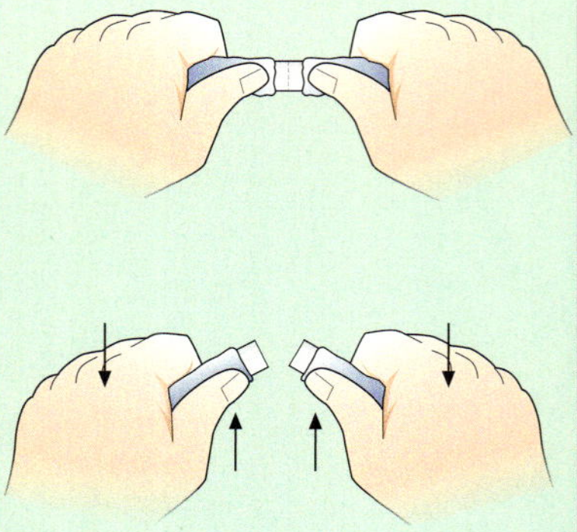

3 Brechen des Glasrohres

Aufgaben

1. Beschreibe die Eigenschaft von Glas.

2. Stelle mithilfe eines Lexikons oder des Internets Stoffe zusammen, die Glas ritzen können.

3 Verformen

Material

Blumendraht, Kneifzange, Knetmasse, Eierschalen

Versuchsanleitung

a) Nimm ein Stück Knetmasse und forme daraus eine kleine Figur (▷ B 4).
b) Schneide mit einer Kneifzange von einer Rolle Blumendraht ein etwa 1 m langes Drahtstück ab. Forme aus dem Blumendraht eine Figur (▷ B 5).
c) Nimm Eierschalen in die Hand und versuche vorsichtig, sie zu verformen.

4 Figur aus Knetmasse

5 Figur aus Draht

Aufgaben

1. Gib an, welche Materialien du verformen konntest.

2. Welche weiteren Beispiele für verformbare Materialien kennst du aus dem Alltag?

Schmuck aus Metallen geformt

Metalle wie Silber und Kupfer besitzen Eigenschaften, die es dir ermöglichen, Schmuckgegenstände herzustellen.

1 Schmuck aus Silber

Material

Silberdraht (0,6 mm Durchmesser), Seitenschneider, Rundstab (z. B. Bleistift), Pinzette, Rundzange (für Schmuckarbeiten)

Entscheide zunächst, welche Art von Schmuckstück du herstellen möchtest. Die Anleitung beschreibt, wie eine kleine Kette gefertigt wird (▷ B 4).

Versuchsanleitung

a) Schneide mit einem Seitenschneider (▷ B 1) ein Stück Silberdraht ab.
b) Wickle das Drahtstück spiralförmig um einen Rundstab (▷ B 2). Wichtig ist, dass du das eine Drahtende mit dem Finger gut festhältst.

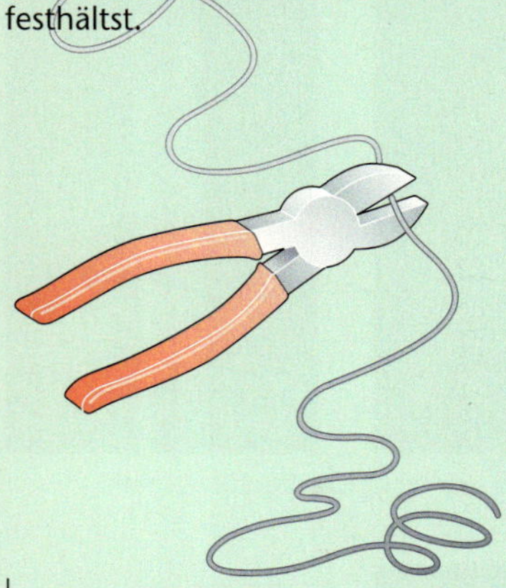

1 Silberdraht abschneiden

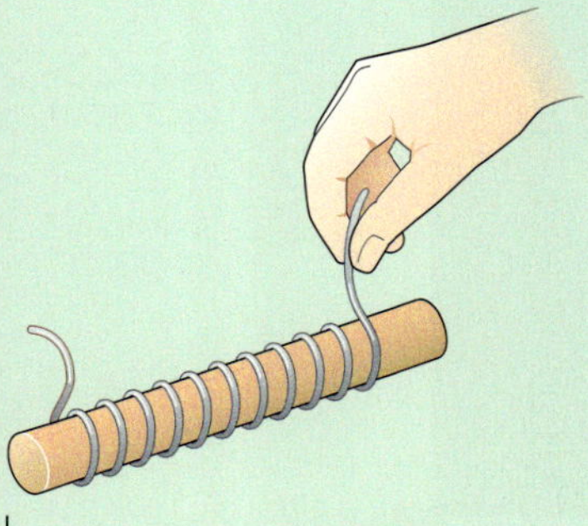

2 Silberdraht um einen Stab wickeln

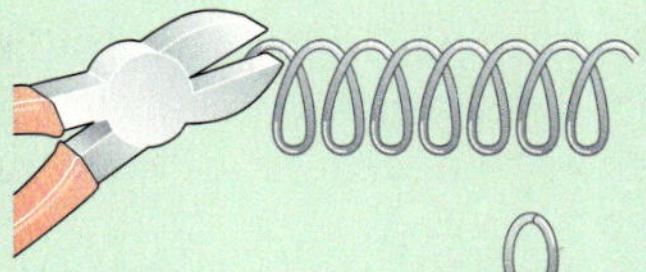

3 Die Spirale wird zerteilt.

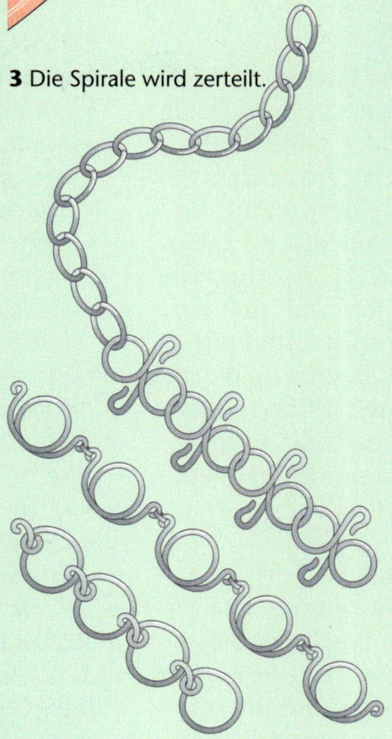

4 Einfache und komplizierte Gliederstücke

c) Streife die Spirale vom Stab ab. Schneide von der Spirale runde Glieder ab (▷ B 3). Hänge die Glieder ineinander ein und biege sie jeweils zu einem geschlossenen Ring. Du kannst auch noch kompliziertere Kettenglieder formen (▷ B 4).

2 Sternzeichen aus Kupfer

Material

Bleistift, dünnes Kupferblech (4 cm x 4 cm), Stahlnagel, Papier, Holzunterlage, Tuch, Schere, Klebestreifen, Farbkarton (5 cm x 10 cm)

Versuchsanleitung

a) Zeichne dein Sternzeichen (▷ B 5) zunächst mit dem Bleistift auf ein Stück Papier. Befestige die Zeichnung mit den Klebestreifen auf einem Kupferblech.
b) Lege unter das Kupferblech zum Schutz ein Tuch. Drücke mit einem Stahlnagel die Form des Sternzeichens in das dünne Kupferblech (▷ B 6). Das Papier dient dir dabei als Schablone.
c) Stelle für das kupferne Sternzeichen einen Rahmen her. Falte dazu den Farbkarton in der Mitte. Schneide auf der einen Hälfte ein Fenster in den Karton (etwa 3 cm x 3 cm). Lege das Kupferbild in den Karton, klebe es fest und schließe den Rahmen.

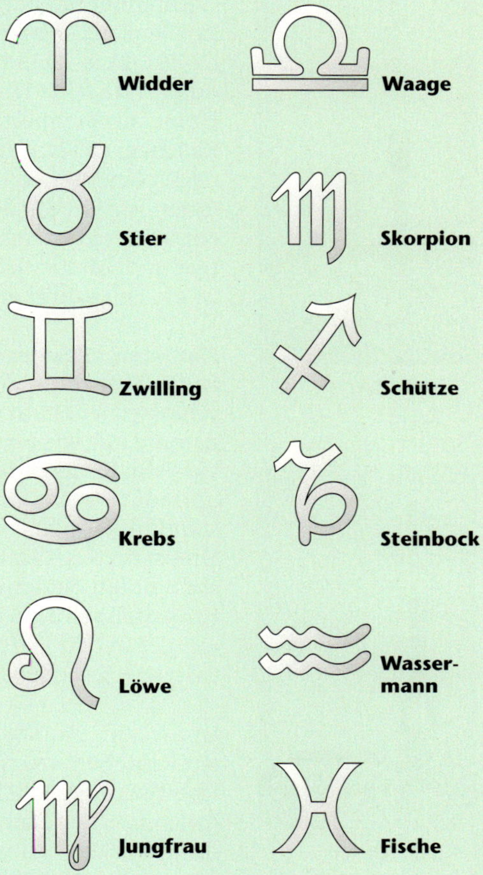

5 Sternzeichen

6 Das Sternzeichen wird durchgedrückt.

Aufgabe

Warum sind Metalle wie Kupfer und Silber für die Schmuckherstellung geeignet?

1 Teelicht

2 Bunsenbrenner

3 Teclubrenner

Ein brennendes Teelicht (▷ B 1) reicht aus, um den Tee in der Kanne warm zu halten. Im Labor arbeitest du mit Gasbrennern (▷ B 2, ▷ B 3).

Den Gasbrenner kennen lernen
Den Aufbau eines Teclubrenners zeigt die Schnittzeichnung in Bild 4. Seitlich am Gasbrenner befindet sich eine Schraube, sie dient zur Regulierung der Gaszufuhr. Drehst du die Schraube auf, strömt Gas durch eine feine Düse in das Brennerrohr. Unten am Brennerrohr befindet sich ein Rädchen, das sich nach unten und wieder nach oben drehen lässt. Drehst du es nach unten, strömt durch eine Öffnung Luft ein und vermischt sich mit dem Erdgas. Drehst du das Rädchen ganz nach oben, ist die Luftzufuhr geschlossen.

Flammen, Hitze und Ruß
Ist die Luftzufuhr am Gasbrenner geschlossen, entsteht eine leuchtende Gasflamme, die wie eine große Kerzenflamme aussieht. Sie leuchtet gelb (▷ B 5, links) und rußt stark, wenn man einen Gegenstand hineinhält.
Drehst du das Rädchen am Brennerrohr nach unten, verschwindet das Leuchten. Es entsteht eine nicht leuchtende Flamme, mit der in den meisten Fällen gearbeitet wird (▷ B 5, rechts).

Ist die Luftzufuhr ganz geöffnet, hörst du ein Rauschen. Es entsteht eine rauschende Flamme mit einem hellblauen Kegel im Inneren. Diese Flamme ist sehr heiß. An der Spitze des hellblauen Kegels kann die Temperatur 1200 °C erreichen (▷ B 6).

▶ Abhängig von der Luftzufuhr kann man am Gasbrenner eine leuchtende, eine nicht leuchtende oder eine rauschende Flamme einstellen.

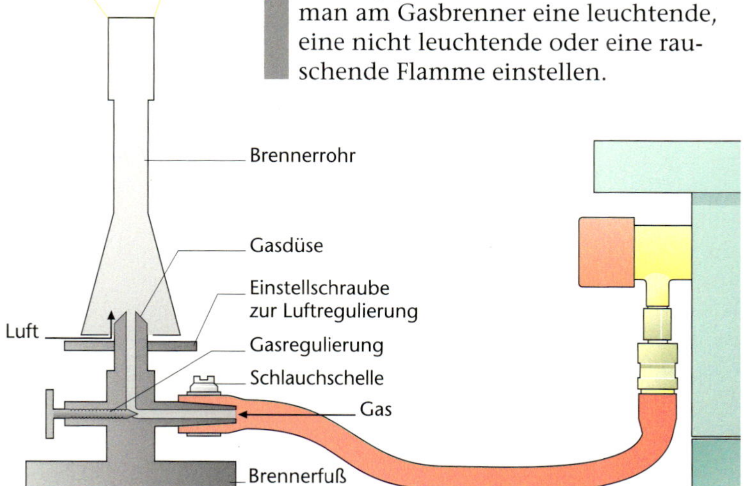

4 Aufbau eines Teclubrenners

Beim Entzünden des Gases am Brenner musst du immer eine bestimmte Reihenfolge einhalten.

Schritt für Schritt wird das Brennergas entzündet
- Setze zuerst eine Schutzbrille auf.
- Stelle den Gasbrenner in die Tischmitte und achte darauf, dass er stabil und sicher steht.
- Lege Streichhölzer oder Gasanzünder bereit.
- Verbinde den Schlauch fest mit der Gasleitung am Tisch.
- Kontrolliere das Rädchen für die Luftzufuhr und die Schraube für die Gaszufuhr am Brenner. Beide müssen geschlossen sein.
- Öffne den Gashahn am Tisch.
- Öffne die Gaszufuhr am Brenner und entzünde das ausströmende Gas sofort.

Sicher ist sicher
Achte immer darauf, dass nicht unbemerkt Gas ausströmen kann. Erdgas bildet mit Luft ein explosives Gemisch. Geht die Brennerflamme aus, muss der Gashahn sofort geschlossen werden.

5 Leuchtende und nicht leuchtende Flamme

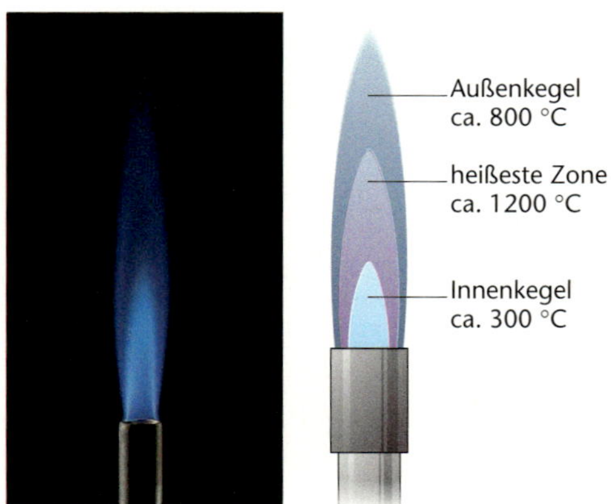

6 Rauschende Flamme und Temperaturzonen

Werkstatt

Umgang mit dem Gasbrenner

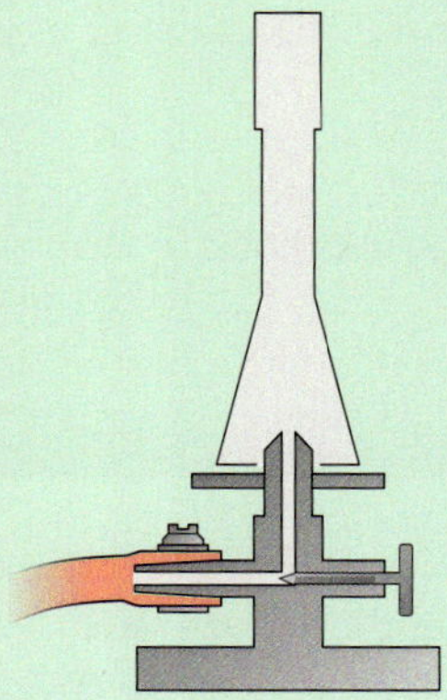

1 Ein Teclubrenner im Schnitt

2 Bei geschlossener Luftzufuhr entsteht eine leuchtende Flamme.

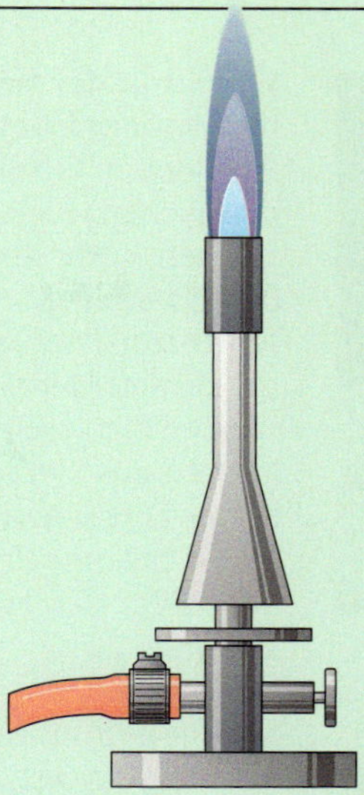

3 Ist die Luftzufuhr geöffnet, entsteht eine rauschende Flamme.

1 Bedienungsanleitung für einen Gasbrenner

Material
Schutzbrille, Haarband, Gasbrenner, Anzünder

Hinweis: Führe alle Versuche im Stehen durch!

Versuchsanleitung
a) Setze die Schutzbrille auf. Binde lange Haare zusammen!

b) Stelle den Brenner standsicher auf den Tisch.

c) Verbinde die Kupplung des Gasschlauches mit der zentralen Gasversorgung am Tisch.

d) Schließe die Luftzufuhr.

e) Öffne die Schraube zur Gasregulierung und entzünde das ausströmende Gas sofort.

f) Öffne die Luftzufuhr und schließe sie wieder.

g) Schließe die Gaszufuhr am Brenner und den Gashahn am Tisch. Kopple erst dann den Gasschlauch von der Gasversorgung am Tisch ab.

Aufgaben
1. Zeichne die Skizze des Brenners (▷ B 1) ab und beschrifte die verschiedenen Teile.
2. Übertrage die wichtigsten Schritte zur Bedienung eines Gasbrenners in dein Heft. Achte auf die richtige Reihenfolge.

2 Flammenzonen

Material
Schutzbrille, Haarband, Gasbrenner, Anzünder, Magnesiastäbchen, Holzstäbchen

Versuchsanleitung
a) Halte ein Magnesiastäbchen in verschiedenen Höhen in die rauschende Flamme (▷ B 4).

b) Führe einen Holzspan durch den unteren Bereich der rauschenden Flamme. Arbeite rasch und achte darauf, dass der Holzspan kein Feuer fängt.

Aufgabe
Beobachte! Wo ist die Flamme am heißesten?

3 Gelb leuchtend – schwarz rußend

Material
Schutzbrille, Haarband, Teelicht, Gasbrenner, Anzünder, Reagenzglas, Reagenzglashalter, Reagenzglasgestell

Versuchsanleitung
a) Bewege über der Flamme eines Teelichtes ein Reagenzglas, bis es am Boden verrußt ist (▷ B 5).

b) Halte das verrußte Reagenzglas in die rauschende Flamme eines Gasbrenners und warte, bis der Rußbelag wieder verschwunden ist.

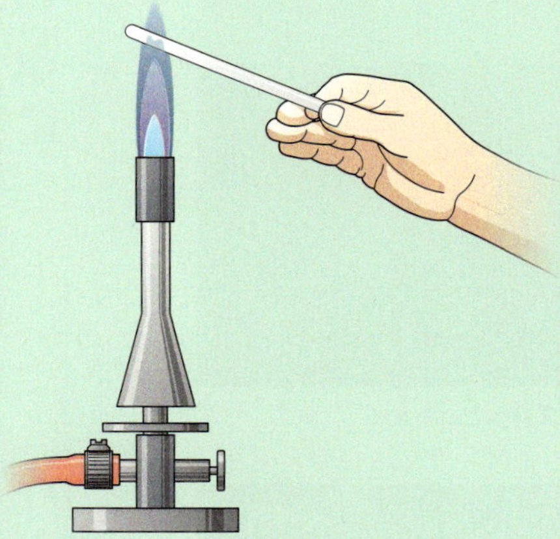

4 Zu Versuch 2a

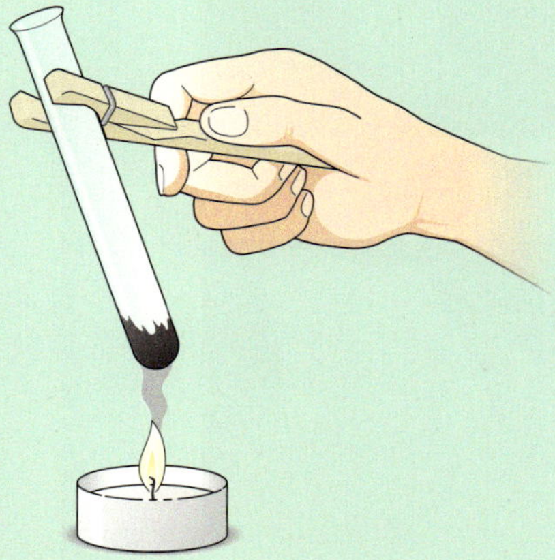

5 Zu Versuch 3

1 Eisläufer

Wasser in der Natur

Im Sommer ist es angenehm, auf einem See Boot zu fahren oder im Wasser zu plantschen. Bleibt es lange Zeit heiß und trocken, sinkt der Wasserspiegel im See, das Wasser verdunstet. Es bildet sich unsichtbarer Wasserdampf.
An kühlen Herbsttagen ist der See unter weißen Nebelschwaden verborgen. Nebel besteht aus kleinen Wassertröpfchen, die in der Luft schweben.
Bleibt es lange Zeit kalt, bedeckt eine Eisschicht den See (▷B 1). Das Wasser ist gefroren.

Wasser kommt in drei Zustandsarten vor. Als Eis ist es fest, als Wasser flüssig und als Wasserdampf gasförmig (▷B 2–B 7). Diese Zustandsarten werden auch **Aggregatzustände** genannt. In welchem Aggregatzustand das Wasser sich jeweils befindet, hängt von der Temperatur ab.

Wasser kann in drei Aggregatzuständen vorliegen: fest, flüssig oder gasförmig.

2 Feuchte Luft

5 Wasserdampf

3 Bach

6 Flüssiges Wasser

4 Eisberg

7 Gefrorenes Wasser

8 Wolken, Wasser, Schnee und Eis

Die Aggregatzustände ändern sich

Am Südpol in der Antarktis gibt es nur Schnee und Eis. Die Forscher, die dort leben, müssen ihr Trinkwasser selbst herstellen. Sie brechen Blöcke aus dem Eis und erwärmen sie in großen Kesseln. Das Eis schmilzt. Beim Erwärmen ändert der Feststoff seinen Aggregatzustand, er wird flüssig. Den Übergang von fest zu flüssig nennt man **Schmelzen**. Erwärmt man das Wasser weiter, geht die Flüssigkeit in den gasförmigen Zustand über. Es entsteht Wasserdampf. Diesen Vorgang nennt man **Verdampfen**.

Beim Schmelzen wird ein Feststoff flüssig. Beim Verdampfen wird eine Flüssigkeit gasförmig. Dazu muss der Stoff jeweils erwärmt werden.

Beim Kochen füllt sich die Küche mit Wasserdampf. Kalte Fensterscheiben beschlagen, weil der Wasserdampf wieder flüssig wird. Man sagt, das Wasser **kondensiert**. Im Gefrierfach kann man Eiswürfel herstellen. Bei tiefen Temperaturen **erstarrt** Wasser zu Eis.

Beim Kondensieren wird ein Gas flüssig. Beim Erstarren wird eine Flüssigkeit fest. Dazu muss gekühlt werden.

Versuche

1 Gib in ein Becherglas zwei Eiswürfel und erwärme sie mit der nicht leuchtenden Brennerflamme. Miss die Zeit, bis die Eiswürfel geschmolzen sind.

2 Erhitze im Erlenmeyerkolben etwas Wasser bis zum Sieden. Halte kurz eine kalte Glasscheibe in den Wasserdampf.

Sublimieren
Kohlenstoffdioxid ist bei Raumtemperatur (20 °C) ein Gas. Bei Temperaturen unterhalb von –72 °C ist Kohlenstoffdioxid ein fester Stoff (▷ B 9). Dieses feste Kohlenstoffdioxid nennt man auch Trockeneis. Es wird als Kühlmittel in Lagerhäusern oder Tiefkühlfahrzeugen verwendet. Beim „Auftauen" des Trockeneises geht das Kohlenstoffdioxid jedoch nicht in den flüssigen, sondern direkt in den gasförmigen Zustand über. Das Trockeneis sublimiert.

Beim Sublimieren geht ein fester Stoff direkt in den gasförmigen Zustand über.

Resublimieren
Erhitzt man Schwefel (▷ B 10) in einem Reagenzglas, so wird der Schwefel zunächst flüssig und dann gasförmig. Am Rand des Reagenzglases kannst du feststellen, dass der gasförmige Schwefel sich als Feststoff niederschlägt. Der gasförmige Schwefel geht direkt in den festen Zustand über. Diesen Vorgang nennt man Resublimieren.

Beim Resublimieren geht ein gasförmiger Stoff direkt in den festen Zustand über.

Schmelzen und Erstarren, Verdampfen und Kondensieren, Sublimieren und Resublimieren beschreiben also die Übergänge zwischen den Aggregatzuständen. Bild 11 zeigt die drei Aggregatzustände des Wassers und die Übergänge zwischen ihnen. Sie sind von der Temperatur abhängig.

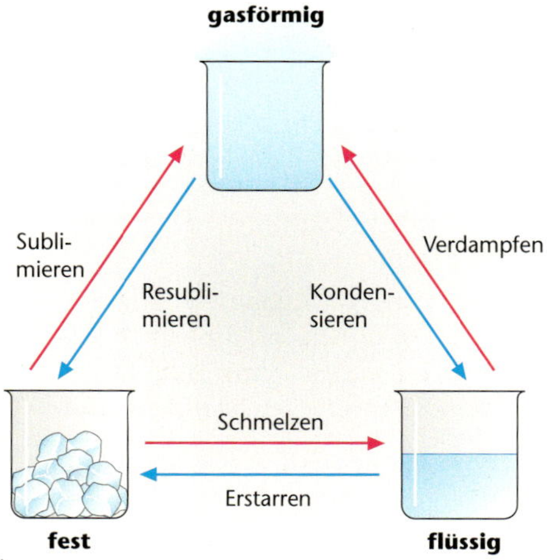

11 Benennung der Übergänge zwischen den Aggregatzuständen

9 Trockeneis

10 Schwefel

Ein Bart aus Iodkristallen
Wird festes Iod erwärmt, so bildet sich direkt violetter Ioddampf. Iod geht vom festen direkt in den gasförmigen Zustand über, es sublimiert. Beim Abkühlen des Dampfes bilden sich blauschwarze Iodkristalle. Gasförmiges Iod geht direkt in den festen Zustand über, es resublimiert. In einem mit einem Uhrglas bedeckten Erlenmeyerkolben kann man dies beobachten (▷ B 12).

12 Iodkristalle sublimieren und resublimieren.

Werkstatt

Ein Kunstwerk gießen

1 Metall gießen

Material
1 Schutzbrille, 1 Schmelzlöffel aus Metall, 1 Teelicht oder 1 Kerze, Zinn, 1 Messer, 1 Schüssel (Glas oder Keramik), Wasser, Zündhölzer

Versuchsanleitung
Schneide mit dem Messer einige Stückchen von der Zinnstange ab. Erwärme diese Stückchen in einem Metalllöffel über einer Flamme, bis sie geschmolzen sind (Vorsicht: heiß!). Gieße das flüssige Metall in kaltes Wasser. Nehmt eure „Kunstwerke" heraus und vergleicht sie. Warum sehen sie so unterschiedlich aus?

Aufgaben
1. Informiere dich im Internet, bei welcher Temperatur die Stoffe Glas, Eisen und Blei schmelzen.

2. Warum kann man bei Schokolade unterschiedliche Schmelztemperaturen finden?

1 Das Metall erstarrt zu ganz ungewöhnlichen Formen.

Werkstatt

Stoffe bestehen aus kleinsten Teilchen

1 Ein Duft verteilt sich

Material

Schutzbrille, Dreifuß mit Ceranplatte, Gasbrenner, Uhr, Weihrauchkorn oder ein Stück von einem Räucherstäbchen

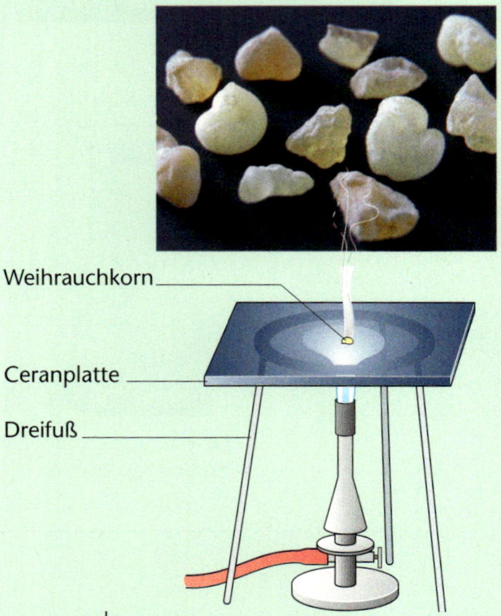

1 Weihrauchkörner werden erhitzt.

Versuchsanleitung

Lege ein Weihrauchkorn auf einen Dreifuß mit Ceranplatte und erhitze von unten mit der rauschenden Brennerflamme (▷B 1). Achte genau darauf, zu welchem Zeitpunkt welche Beobachtungen zu machen sind. Wann ist der Versuch zu Ende?

2 Parfüm verschwindet

Material

Uhrglas, Parfüm

Versuchsanleitung

Gib ein paar Tropfen Parfüm auf ein Uhrglas. Stelle durch Geruchsproben an unterschiedlichen Stellen des Raumes fest, wann und an welcher Stelle des Raumes der Duft festzustellen ist.
Was passiert mit dem Parfümtropfen nach einiger Zeit?

3 Öl macht sich breit

Material

Schutzbrille, Glasschale (Ø etwa 15 cm), Tropfpipette, Lineal, Scheidetrichter, Becherglas, Stativ, Universalklemme, Doppelmuffe, Wasser, Speiseöl, Bärlappsporen, Reinigungsbenzin

Versuchsanleitung

Gib in eine kleine Glasschale Wasser. Streue vorsichtig eine dünne Schicht Bärlappsporen auf die Wasseroberfläche. Tropfe dann mithilfe einer Tropfpipette aus geringer Höhe vorsichtig dünnflüssiges Öl auf die Wasseroberfläche (▷B 2). Die Oberfläche muss ruhig sein. Falls das Öl zu dickflüssig ist, verdünne es mit etwas Reinigungsbenzin. Benutze ein Lineal zur Bestimmung des Ölfleckdurchmessers. Wiederhole den Versuch unter gleichen Bedingungen mehrere Male. Erneuere bei jedem Durchgang das Wasser in der Schale. Was ist zu beobachten? Wie sind die Beobachtungen zu deuten?

Entsorgung

Trenne die wässrige Lösung von der ölhaltigen mithilfe eines Scheidetrichters (▷B 3). Gib die ölige Flüssigkeit anschließend in den passenden Entsorgungsbehälter und die wässrige in den Abguss.

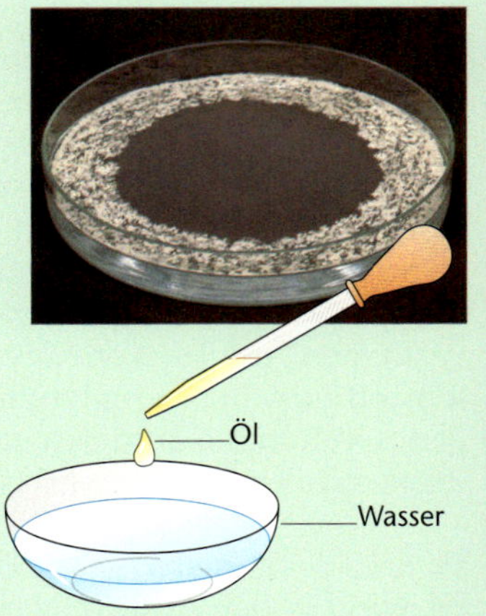

2 Öl macht sich breit.

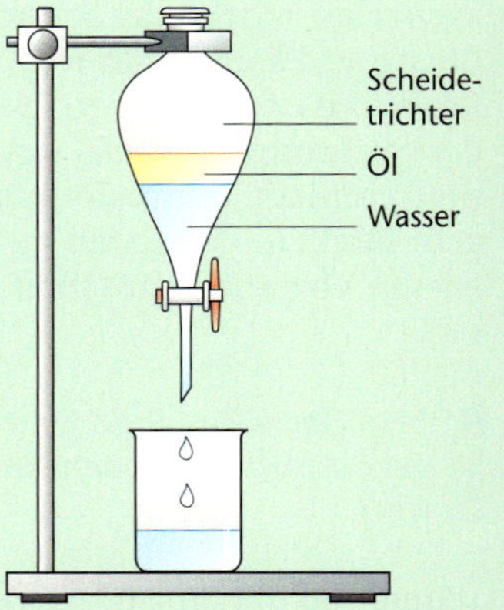

3 Trennung eines Öl-Wasser-Gemisches

4 Ein Stoff verteilt sich

Material

Schutzbrille, Standzylinder (hohe Form), Pinzette, Uhr, Wasser, Kaliumpermanganat (gekörnt)

Versuchsanleitung

Gib mit der Pinzette ein Körnchen Kaliumpermanganat in einen mit Wasser gefüllten Standzylinder (▷B 4). Lass das Gefäß an einem Ort ruhig stehen.
Notiere die Beobachtungen zu Beginn des Versuches, nach etwa 10 Minuten, nach weiteren 30 Minuten und nach einigen Tagen. Erkläre die Beobachtungen.

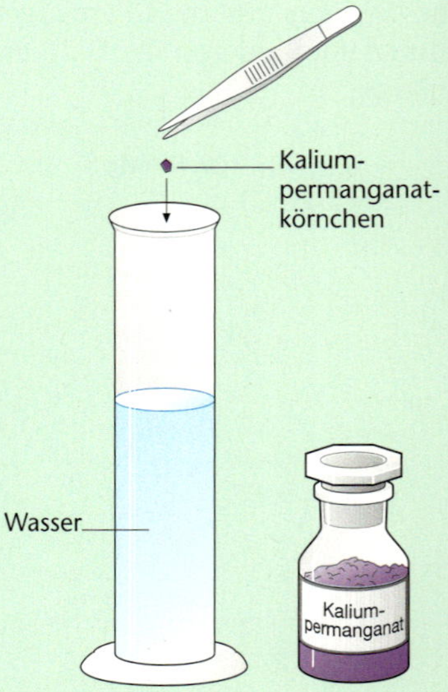

4 Ein Stoff verteilt sich.

Kleinste Teilchen
Wieso ändern Stoffe ihren Aggregatzustand? Um dies zu verstehen, musst du wissen, dass alle Stoffe aus kleinsten Teilchen bestehen.

Stelle dir vor, du teilst einen Eisennagel. Eines der Bruchstücke teilst du wieder und wieder und wieder. Bald ist das Eisenstück so klein, dass du ein Mikroskop zu Hilfe nehmen musst. Du teilst das Eisenstückchen weiter und weiter…

Du kannst das Eisenstückchen aber nicht beliebig oft teilen, irgendwann erhältst du ein kleinstes Teilchen Eisen. Ein kleinstes Teilchen hat einen Durchmesser von ca. 0,000 000 1 mm!

Fest
In festen Stoffen wie z. B. Eisen, Aluminium und Eis üben die kleinsten Teilchen große Anziehungskräfte aufeinander aus. Die Kräfte sind so groß, dass du z. B. einen Glasstab nur schwer zerbrechen oder einen Eisennagel nur schwer verbiegen kannst.

Die kleinsten Teilchen können sich kaum bewegen. Sie schwingen nur ein wenig hin und her (▷ B 1).
Erhöht man die Temperatur eines festen Körpers, so schwingen die kleinsten Teilchen stärker. Der Körper benötigt mehr Platz, er dehnt sich aus.
Erniedrigt man die Temperatur, so schwingen die kleinsten Teilchen schwächer. Der Körper benötigt weniger Platz, er zieht sich zusammen.

▶ In festen Stoffen bewegen sich die kleinsten Teilchen um ihre Ruhelage.

Flüssig
In flüssigen Stoffen ist die Bewegung der kleinsten Teilchen so groß, dass die Anziehungskraft nicht mehr ausreicht, die Teilchen an ihren Plätzen zu halten. Die kleinsten Teilchen einer Flüssigkeit sind deshalb gegeneinander verschiebbar. Flüssigkeiten nehmen daher immer die Form der Gefäße an, in denen sie aufbewahrt werden (▷ B 1). Beim Kippen verschieben sich die Teilchen gegeneinander.

Erhöht man die Temperatur, so bewegen sich die kleinsten Teilchen stärker. Dazu benötigen sie mehr Platz, die Flüssigkeit dehnt sich aus. Bei Temperaturerniedrigung verringert sich die Bewegung der kleinsten Teilchen, die Flüssigkeit zieht sich zusammen.

▶ In flüssigen Stoffen sind die kleinsten Teilchen frei verschiebbar. Die Flüssigkeit passt sich daher der Gefäßform an.

Gasförmig
Bei Gasen spielen die Anziehungskräfte fast keine Rolle mehr. Die Bewegung der einzelnen Teilchen ist so groß, dass sie den größtmöglichen Raum beanspruchen (▷ B 1). Zum Vergleich: Verdampfst du 1 l Wasser und füllst mit dem Gas einen Ballon, so erhältst du (bei normalem Luftdruck) über 1700 l Wasserdampf!

▶ Bei Gasen sind die kleinsten Teilchen frei beweglich. Gase nehmen daher den ganzen zur Verfügung stehenden Raum ein.

Ausdehnung bei Erwärmung
Die Vorstellung von kleinsten Teilchen, die sich abhängig von der Temperatur unterschiedlich schnell bewegen, macht die Ausdehnung von Körpern verständlich. Bei zunehmender Bewegung benötigen die Teilchen mehr Platz.

▶ Erhöht man die Temperatur, so bewegen sich die kleinsten Teilchen stärker und benötigen mehr Platz. Deshalb dehnen sich Stoffe aus.

Das Teilchenmodell
Modelle kennst du aus dem Alltag. Sie sind mehr oder weniger gute Abbilder eines Originals. Eine Modelleisenbahn oder eine Puppenstube zeigen zum Beispiel viele Einzelheiten des Originals so wirklichkeitsgetreu wie möglich. Viele Modelle, die in den Naturwissenschaften verwendet werden, dienen dazu, Beobachtungen zu erklären. Sie sind keine Abbilder des Originals, sondern Vorstellungs- und Erklärungshilfen. Das Teilchenmodell ist eine Modellvorstellung über den Aufbau der Stoffe.

Aufgabe

1 Beschreibe mithilfe des Teilchenmodells den Übergang von flüssig nach gasförmig.

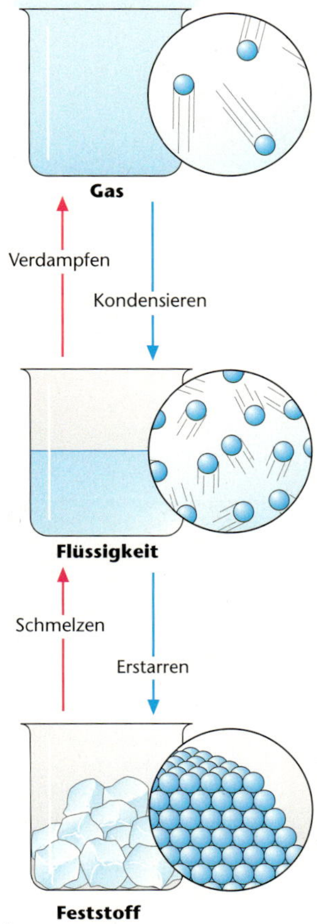

1 Änderung des Aggregatzustandes und Teilchenmodell

Bei welcher Temperatur siedet Wasser?
Um Tee oder Kaffee aufzubrühen, verwendest du siedendes Wasser. Das Sieden des Wassers ist gut daran zu erkennen, dass sich Blasen bilden, die an die Wasseroberfläche steigen. Würdest du gleichzeitig die Temperatur messen, könntest du feststellen, dass das Wasser bei 100 °C siedet. Bei dieser Temperatur geht flüssiges Wasser in Wasserdampf über. Diese Temperatur ist die **Siedetemperatur** des Wassers.

Bei welcher Temperatur schmilzt Eis?
Auch die Temperatur, bei der Eis schmilzt, also flüssig wird, kann man genau bestimmen. Diese Temperatur liegt bei 0 °C und ist die **Schmelztemperatur** des Wassers.
So wie für Wasser kann man auch für andere Stoffe die Siedetemperatur und die Schmelztemperatur bestimmen.

Diese Temperaturwerte sind charakteristisch für einen Stoff. Die Siedetemperatur und die Schmelztemperatur sind **messbare Stoffeigenschaften**. Mit diesen Werten kann man einen Stoff erkennen.

Die Siedetemperatur ist die Temperatur, bei der ein Stoff siedet. Die Schmelztemperatur ist die Temperatur, bei der ein Stoff schmilzt.

Werkstatt

Verdampfen und Verflüssigen

Im Haushalt kannst du beobachten, dass Wasser siedet. Es bildet sich Wasserdampf. An einer kühlen Glasscheibe wird daraus wieder Wasser. Achtung! Pass auf, dass du dich nicht verbrühst.

1 Bei welcher Temperatur siedet Wasser?

Material
Schutzbrille, Becherglas (400 ml), Dreifuß, Keramik-Drahtnetz, Gasbrenner, Anzünder, Thermometer (–10 °C bis +110 °C), Stoppuhr, Wasser

Versuchsanleitung
a) Zeichne in dein Heft eine Tabelle wie in Bild 1 gezeigt.

b) Fülle das Becherglas zu drei Vierteln mit Wasser und stelle das Glas auf den Dreifuß mit Keramik-Drahtnetz. Erwärme das Wasser mit der rauschenden Brennerflamme bis zum Sieden.

c) Bewege das Thermometer im Wasser und lies die Temperatur in Abständen von 1 Minute ab. Achte darauf, dass das Thermometer den Boden des Becherglases nicht berührt. Trage die gemessenen Werte in deine Tabelle ein.

d) Zeichne ein Achsenkreuz. Trage an der waagerechten Achse die Zeit in Minuten ein, an der senkrechten Achse die Temperatur in Grad Celsius (°C).

e) Übertrage die Werte aus deiner Tabelle in das Achsenkreuz und verbinde die Punkte anschließend zu einer Temperaturkurve.

Aufgabe
Werte deine Messkurve aus: Bei welcher Temperatur wird Wasser zu Wasserdampf? Wie verläuft die Kurve ab dieser Temperatur?

Zeit in min	Temperatur in °C
1	
2	
3	
4	
5	
6	
7	
8	

1 Tabelle anlegen

2 Wasserdampf wieder verflüssigen

Material
Schutzbrille, Gasbrenner, Stativ, Doppelmuffe, Universalklemme, 2 Reagenzgläser (Durchmesser 20 mm und 30 mm), Stopfen (einfach durchbohrt), hohes Becherglas (400 ml), gebogenes Glasrohr, Wasser, Siedesteinchen

Versuchsanleitung
Baue eine Apparatur wie in Bild 2 gezeigt auf (das größere Reagenzglas links). Erwärme das Wasser bis zum Sieden. Was passiert im rechten Reagenzglas?

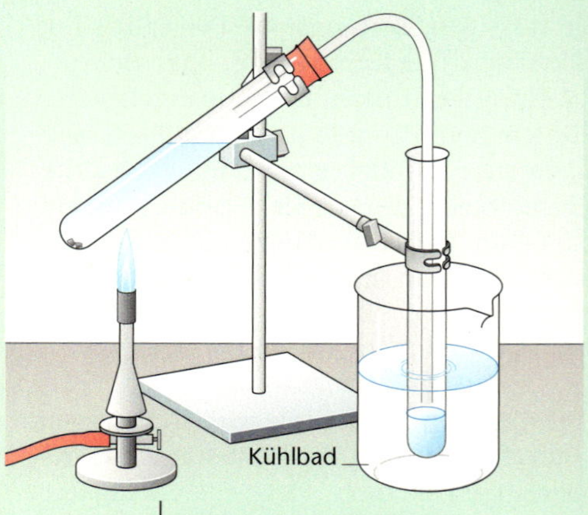

2 Wasserdampf entsteht.

Wärme wandert weiter
In siedend heißem Tee erwärmt sich ein Teelöffel aus Metall rasch, sodass du dir die Finger daran verbrennen kannst. Mit einem Löffel aus Kunststoff oder mit einem Holzstäbchen kann das nicht passieren. Verschiedene Stoffe leiten die Wärme unterschiedlich gut. Im Metall wandert die Wärme leicht weiter. Metalle sind gute Wärmeleiter, man sagt auch, sie haben eine gute **Wärmeleitfähigkeit**. Holz, Kunststoff oder Glas leiten die Wärme viel schlechter als Metalle.

Metalle sind gute Wärmeleiter. Holz und Kunststoff sind schlechte Wärmeleiter.

Erwärmen in der Küche
Viele Speisen werden in Metalltöpfen oder Metallpfannen zubereitet (▷ B 1). Die Metallgefäße werden rasch heiß und leiten die Wärme gut weiter. Manche Speisen werden in hitzebeständigen Glasgefäßen schonend erwärmt.
Für die Schokoladenglasur eines Rührkuchens muss die Schokolade vorsichtig erwärmt werden. Damit sie im Topf nicht anbrennt, wird sie im heißen Wasserbad geschmolzen (▷ B 2).

Erwärmen im Labor
Kleine Stoffportionen werden im Reagenzglas erwärmt. Damit nichts herausspritzt, wird das Reagenzglas über der nicht leuchtenden Brennerflamme ständig hin- und herbewegt. Die Öffnung des Reagenzglases darf nie auf Personen gerichtet sein. Besteht die Gefahr, dass ein Stoff beim Erwärmen im Gefäß anbrennt oder sich entzündet, wird er im Wasserbad erwärmt.

1 Pfanne auf dem Herd

2 Heißes Wasserbad

Werkstatt

Wärmeleitfähigkeit

1 Stoffe im Wärmetest

Material
Schutzbrille, Becherglas (200 ml, hohe Form), Dreifuß, Keramik-Drahtnetz, Gasbrenner, Anzünder, Wasser, Papierhandtuch, Löffel aus Kunststoff, Metall, Holz und Porzellan, Glasstab und Metallstab (jeweils gleiche Länge und Dicke)

Versuchsanleitung
a) Fülle das Becherglas zur Hälfte mit Wasser. Lege ein Keramik-Drahtnetz auf einen Dreifuß und stelle das Becherglas mitten auf das Drahtnetz. Erwärme das Wasser im Becherglas mit der schwach rauschenden Brennerflamme, bis es zu sieden beginnt.

b) Stelle den Gasbrenner ab. Stelle anschließend Löffel aus unterschiedlichen Stoffen in das Becherglas mit heißem Wasser. Achte darauf, dass sich die Löffel nicht berühren. Prüfe am oberen Ende durch Anfassen, welcher Löffel sich zuerst erwärmt. In welcher Reihenfolge erwärmen sich die Löffelstiele?

1 Stäbe im Becherglas erhitzen

c) Erwärme das Wasser im Becherglas nochmals bis zum Sieden. Stelle den Gasbrenner ab. Tauche den Glasstab und den Metallstab gleichzeitig in das heiße Wasser. Prüfe am oberen Ende, in welchem Stab die Wärme schneller wandert.

Ziehe die Stäbe nach 20 Sekunden gleichzeitig wieder aus dem Wasser (▷ B 2). Trockne sie schnell mit dem Papierhandtuch ab und befühle sie.

Aufgaben
1. Erstelle ein Versuchsprotokoll zu Versuchsteil b). Welche Löffel leiten die Wärme gut weiter, welche schlecht?
2. Erstelle ein Versuchsprotokoll zu Versuchsteil c). Beschreibe die Wärmeleitfähigkeit der beiden Stoffe.

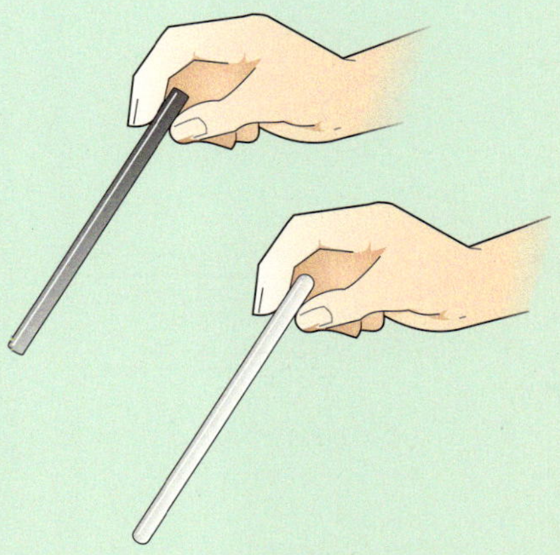
2 Welcher Stab wird schneller warm?

Die Löslichkeit

Gibt es Unterschiede beim Lösen von Zucker und Salz in Wasser? Spielt die Temperatur des Wassers eine Rolle beim Lösen? Diese Fragen kannst du mit den folgenden Versuchen beantworten.

1 Die Löslichkeit von Kochsalz in Wasser

Material

Messzylinder, Reagenzglas, Stopfen, Becherglas, Spatellöffel, Waage, Kochsalz, Wasser

Versuchsanleitung

a) Fülle ein Reagenzglas mit 10 ml Wasser.

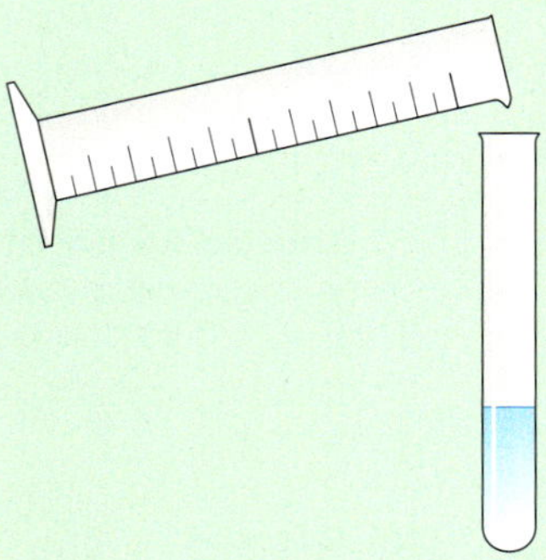

1 Abmessen des Wassers

b) Wiege das mit 10 ml Wasser gefüllte Reagenzglas. Notiere den angezeigten Wert (die Masse).

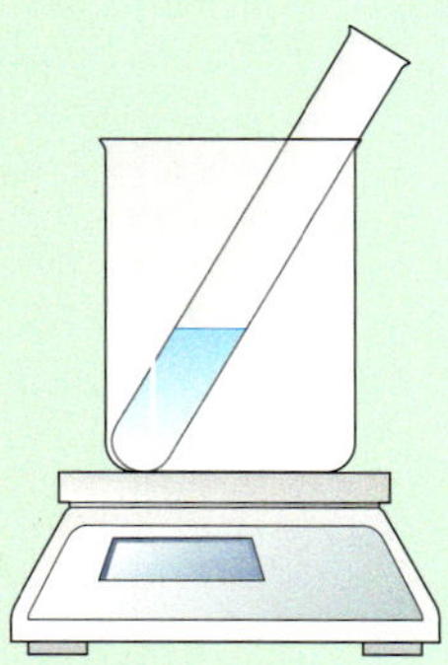

2 Wiegen

c) Löse eine kleine Portion Kochsalz in 10 ml Wasser. Verschließe das Reagenzglas mit einem Stopfen und schüttle es mehrmals, bis sich das Kochsalz gelöst hat.

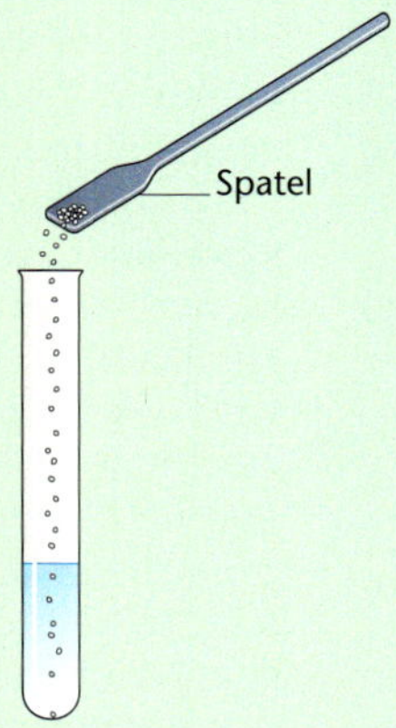

3 Lösen von Kochsalz

d) Gib jetzt eine weitere (kleine) Portion Kochsalz hinzu und schüttle das Reagenzglas wieder. Wiederhole den Vorgang so lange, bis sich kein Kochsalz mehr löst. Es bleiben dann – trotz kräftigen Schüttelns – einige Kochsalzkristalle auf dem Boden des Reagenzglases liegen.
e) Wiege jetzt das Reagenzglas erneut und notiere wieder den gemessenen Wert.

Aufgaben

1. Subtrahiere die beiden Messwerte, dann weißt du, wie viel Kochsalz sich in 10 ml Wasser gelöst hat.
2. Multipliziere den Wert mit 10, dann erhältst du die Löslichkeit von Kochsalz in 100 ml Wasser.

2 Löslichkeit von Zucker in Wasser

Material

Wie in Versuch 1, jedoch statt Kochsalz Haushaltszucker

Versuchsanleitung

Führe den Versuch wie in V 1 durch, löse jedoch statt Kochsalz jetzt Zucker in 10 ml Wasser. Berechne, wie viel Zucker man in 100 ml Wasser lösen kann.

3 Zucker lösen in kaltem oder warmem Wasser?

Material

Wie in V 2, zusätzlich jedoch Gasbrenner, Reagenzglashalter, Thermometer, Siedesteine, Schutzbrille

Versuchsanleitung

a) Erhitze im Reagenzglas mit Siedesteinchen vorsichtig 10 ml Wasser auf ca. 50 °C. Bewege dabei das Reagenzglas ständig in der Flamme und richte die Reagenzglasöffnung nie auf deine Mitschüler. Miss zur Kontrolle einige Male mit dem Therometer.

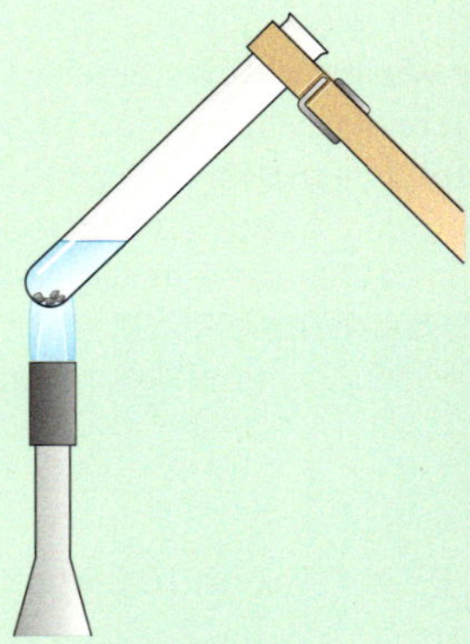

4 Erhitzen von Wasser

b) Überprüfe jetzt wie in V2 die Löslichkeit von Zucker.

Aufgaben

1. In Versuch 2 und 3 hast du Kristallzucker eingesetzt. Spielt es eine Rolle, ob Kristallzucker oder Kandiszucker und Würfelzucker eingesetzt werden?
2. Spielt die Temperatur des Wassers auch bei Kochsalz eine Rolle? Plane einen Versuch.

5 Weißer und brauner Kandiszucker

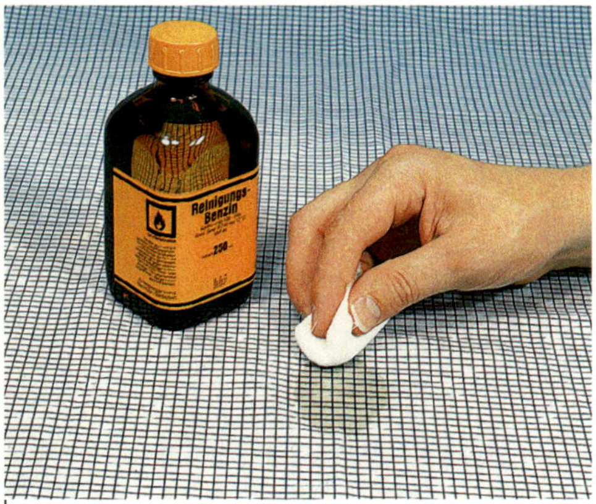

1 Ein Fettfleck wird mit Benzin entfernt.

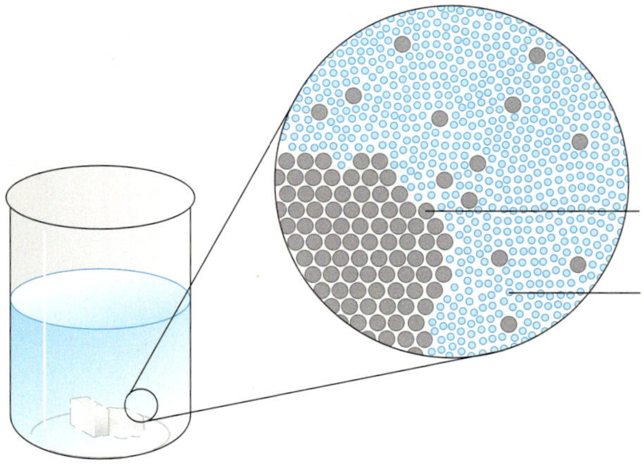

2 Der Lösungsvorgang im Teilchenmodell

Löslichkeit in Wasser
Gibt man einen Zuckerwürfel in Wasser, so ist er nach kurzer Zeit scheinbar „verschwunden". Dass er nicht wirklich verschwunden ist, verrät der süße Geschmack. Aus dem Wasser ist Zuckerwasser geworden, der Zuckerwürfel hat sich im Wasser gelöst. In heißem Wasser löst sich mehr Zucker als in kaltem (▷ V 1).

Flüssigkeiten, die andere Stoffe lösen können, werden **Lösungsmittel** genannt. Wird ein Stoff durch ein Lösungsmittel gelöst, entsteht eine **Lösung**.

Die Löslichkeit – eine messbare Eigenschaft
Um die unterschiedliche Löslichkeit von Stoffen in Wasser vergleichen zu können, gibt man an, wie viel Gramm sich in 100 ml Wasser lösen lassen. So können sich in 100 ml Wasser bei 20 °C etwa 36 g Kochsalz, jedoch nur 0,2 g Gips lösen.

Nicht alles ist in Wasser löslich
Während sich Kochsalz und Kaliumpermanganat gut in Wasser lösen, lösen sich Asche und Öl nicht in Wasser (▷ B 4).

Flüssigkeiten, die Stoffe lösen, heißen Lösungsmittel. Beim Lösen eines Stoffes entsteht eine Lösung. Die Löslichkeit gibt an, wie viel Gramm eines Stoffes sich bei einer bestimmten Temperatur in 100 ml Lösungsmittel lösen.

Außer Wasser können auch andere Flüssigkeiten als Lösungsmittel verwendet werden. Sie haben jedoch andere Lösungseigenschaften. So ist **Benzin** nicht in der Lage, Kochsalz zu lösen, es ist jedoch ein gutes Lösungsmittel für Öl. Ein Fettfleck lässt sich mit Benzin leicht entfernen (▷ B 1). Diese Eigenschaften des Benzins nutzt man auch beim chemischen Reinigen aus.

Der Lösungsvorgang im Teilchenmodell
Um zu verstehen, was beim Lösen passiert, ist das Teilchenmodell hilfreich. Wenn sich z. B. Würfelzucker in Wasser löst, drängen sich die Wasserteilchen zwischen die Zuckerteilchen (▷ B 2). Da sich die Wasserteilchen mit zunehmender Temperatur schneller bewegen, löst sich Zucker in warmem Wasser besser als in kaltem Wasser (▷ B 3).

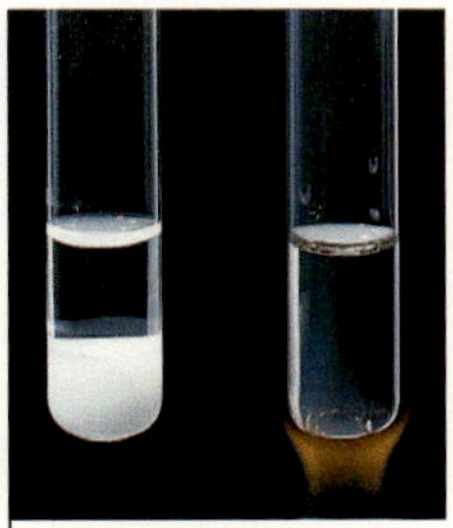

3 In heißem Wasser löst sich mehr Zucker.

Versuche

1 Fülle in ein Reagenzglas etwa 2 cm hoch Wasser und gib so viel Zucker dazu, dass sich ein Bodensatz bildet. Erwärme die gesättigte Lösung vorsichtig.

2 Prüfe im Reagenzglas, ob sich folgende Stoffe in Wasser lösen: Kochsalz, Essig, Salatöl, Holzasche und Sägespäne.

4 Löst sich der Stoff in Wasser oder nicht: Kochsalz, Öl, Asche, Kaliumpermanganat?

Strom im Alltag
Elektrischen Strom brauchen wir täglich zum Kochen, Rundfunk hören oder Fernsehen. Hast du dir ein Stromkabel schon einmal genauer angesehen? Es besteht meistens aus Kupferdrähten, die mit Kunststoff ummantelt sind.

Untersuchungen im Stromkreis
Damit ein Strom fließen kann, muss ein geschlossener Stromkreis vorliegen. Schließt du eine Batterie über Verbindungskabel mit einer Glühlampe und einer Kupferplatte zusammen, leuchtet die Glühlampe. Der Stromkreis ist geschlossen. Tauschst du die Kupferplatte gegen eine Kunststoffscheibe aus, leuchtet die Glühlampe nicht.

Leiten alle Stoffe den elektrischen Strom?
Bringst du nacheinander verschiedene Gegenstände wie ein Eisenblech, einen Graphitstab, einen Glasstab, trockenes Holz und Hartgummi in den Stromkreis, erhältst du eine Antwort auf diese Frage. Einige Stoffe, z. B. Metalle (▷ B 1) leiten den Strom, andere wie Glas, trockenes Holz und Hartgummi dagegen nicht.

Es wird deshalb zwischen **elektrischen Leitern** und **Nichtleitern** unterschieden.

Die elektrischen Leitungen an den Überlandmasten werden an Glas- oder Keramikisolatoren aufgehängt. Sie verhindern, dass der elektrische Strom seinen Weg über den Mast nimmt. Es gilt: **Vorsicht beim Umgang mit Strom!** Dies zeigt ein Warnhinweis am Mast.

Prüft man die Leitfähigkeit von Wasser und Salzlösungen, so zeigt sich, dass Salzlösungen den elektrischen Strom besser leiten als reines Wasser (▷ B 2).

Metalle und Salzlösungen sind gute elektrische Leiter. Stoffe wie Holz, Glas und Kunststoffe sind Nichtleiter.

Die elektrische Leitfähigkeit ist eine Eigenschaft, durch die man Stoffe unterscheiden kann.

Aufgabe

1 Welche Gegenstände in deinem Mäppchen können den elektrischen Strom leiten? Begründe.

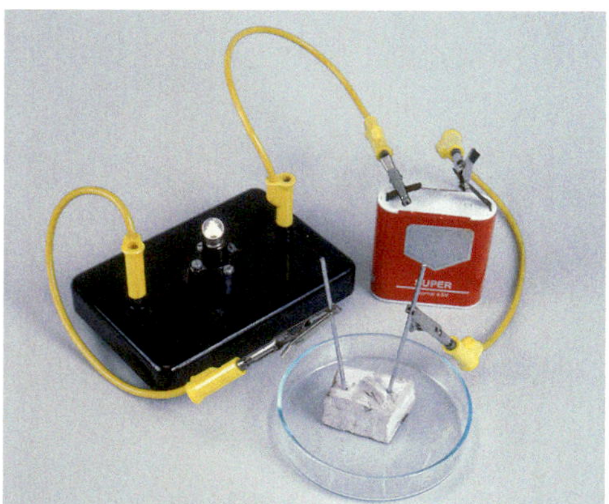

1 Elektrische Leitfähigkeit

2 Es gibt auch flüssige Stromleiter.

Entscheidung im Stromkreis

Du kannst mit einem einfachen Stromkreis prüfen, welche Stoffe den elektrischen Strom leiten und welche ihn nicht leiten.

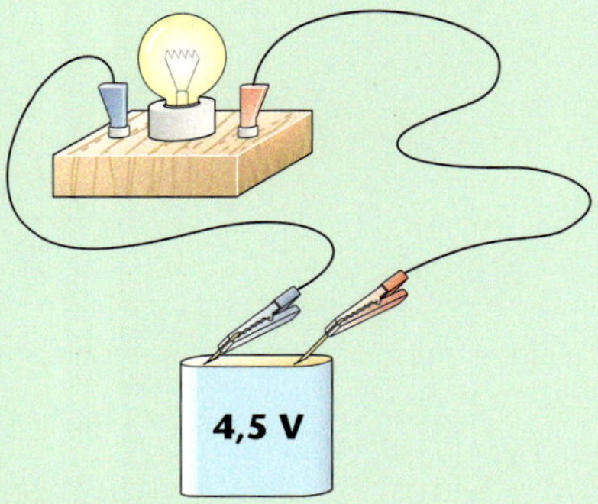

1 Leuchtet das Lämpchen?

1 Ein Lämpchen zum Leuchten bringen

Material

Batterie (4,5 V), 2 Krokodilklemmen (isoliert), Halterung für Glühlämpchen, Glühlämpchen (4 V; 0,04 A), 2 Verbindungskabel

Versuchsanleitung

Schraube ein Glühlämpchen in die Fassung und verbinde sie mit den beiden Polen der Batterie.

Aufgabe

Überlege, warum das Glühlämpchen nur dann leuchtet, wenn du den Stromkreis aufbaust wie in Bild 1 gezeigt.

2 Auf der Suche nach Stromleitern

Material

Batterie (4,5 V), 4 Krokodilklemmen (isoliert), Halterung für Glühlämpchen, Glühlämpchen (4 V; 0,04 A), 3 Verbindungskabel, Eisennagel, Kohlestift, Holzstab, Glasstab, Kupferblech

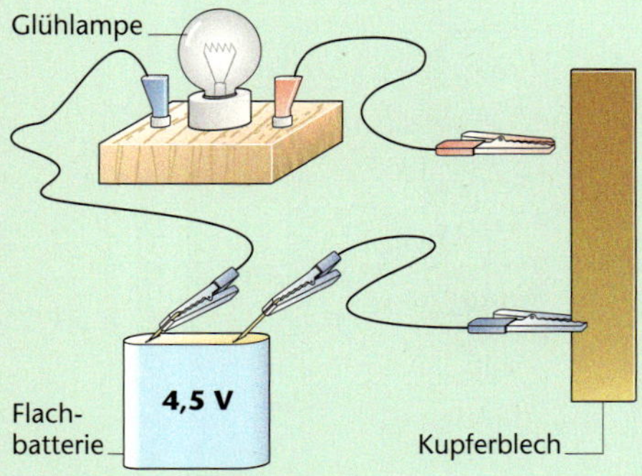

2 Prüfen von Feststoffen

Versuchsanleitung

Baue wie in Bild 2 einen Stromkreis auf. Schließe nacheinander den Eisennagel, den Kohlestift, den Holzstab, den Glasstab und das Kupferblech in den Stromkreis.
Welcher Gegenstand bzw. welcher Stoff leitet den Strom?

Aufgabe

Erstelle eine Liste von elektrischen Leitern und Nichtleitern.

3 Flüssige Stromleiter

Material

Batterie (4,5 V), 4 Krokodilklemmen (isoliert), 3 Verbindungskabel, Halterung mit Glühlämpchen (4 V; 0,04 A), Becherglas, zweiadriges Kabel, Abisolierzange, Glasstab, destilliertes Wasser, Citronensäure, Zucker, Kochsalz, Essig, Schutzbrille

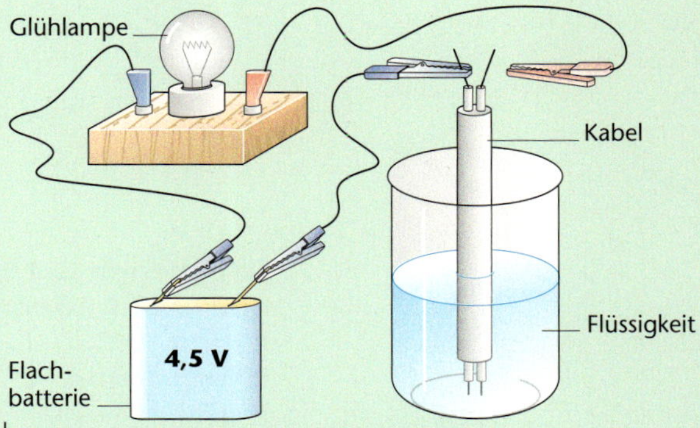

3 Prüfen der Leitfähigkeit von Flüssigkeiten

Versuchsanleitung

a) Fertige einen „Stromprüfer" aus einem Stück Kabel an (▷ B 3). Entferne dazu mit der Abisolierzange die Isolierung an den Kabelenden.

b) Baue den Stromkreis aus Bild 3 auf. Fülle Wasser in das Becherglas und prüfe, ob das Lämpchen leuchtet. Löse etwas Kochsalz auf und prüfe erneut.

c) Spüle den „Stromprüfer" gut ab. Wiederhole Versuch b) mit Citronensäurelösung, mit Zuckerlösung und mit Essigwasser.

Aufgabe

Zeichne eine Tabelle wie in Bild 4 und trage dort die Ergebnisse deiner Versuche ein.

Flüssigkeit	Lampe leuchtet
Wasser	Nein
Salzlösung	Ja
Citronensäurelösung	
Zuckerlösung	
Essigwasser	

4 Tabelle

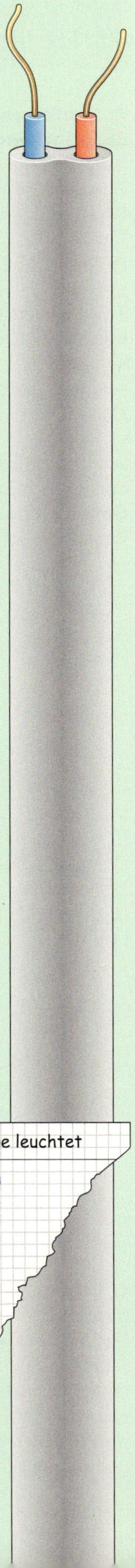

Strategie

Wir erstellen einen Stoffsteckbrief

A. Stoffeigenschaften kennen lernen und untersuchen
Jeder Stoff hat bestimmte Eigenschaften. Diese Eigenschaften lassen sich auf unterschiedliche Weise bestimmen.

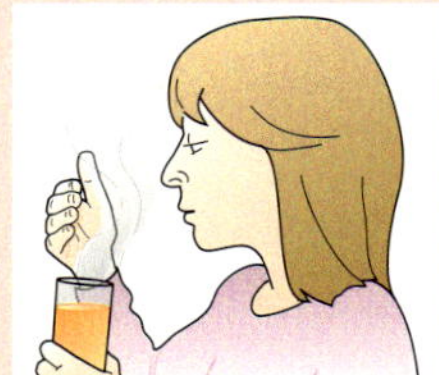
Geruch

Verformbarkeit

Prüfe den Stoff zunächst mit deinen Sinnesorganen:
- Farbe und Glanz
- Form und Oberfläche
- Geruch
- Aggregatzustand
- ...

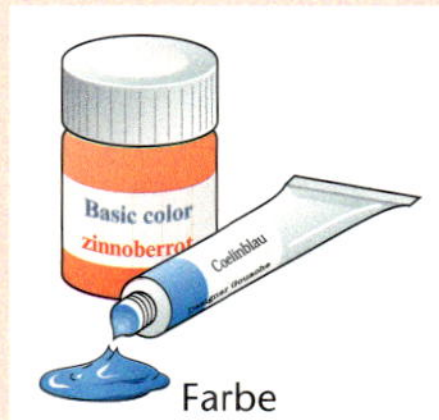
Farbe

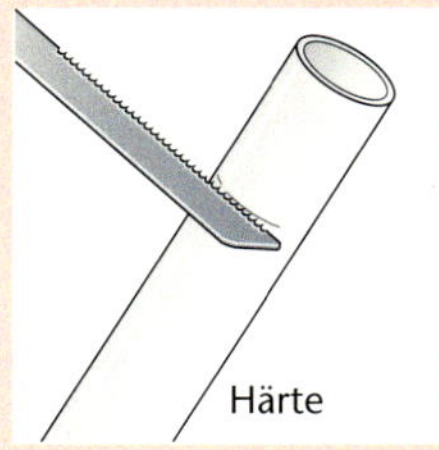
Härte

elektr. Leitfähigkeit

Vorsicht! Unbekannte Stoffe können giftig sein oder die Schleimhaut reizen. Geschmacks- und Geruchsproben von unbekannten Stoffen sind deshalb verboten.

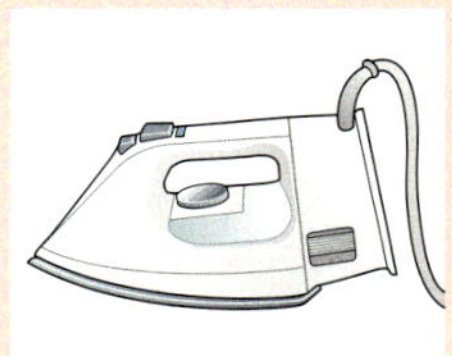
Wärmeleitfähigkeit

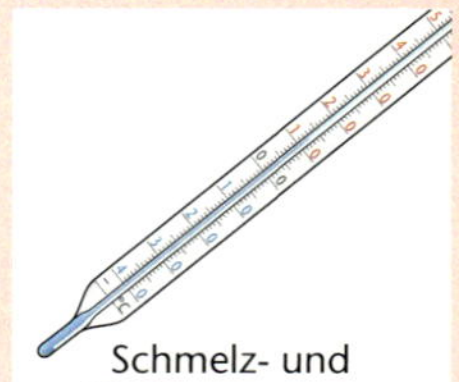
Schmelz- und Siedetemperatur

Löslichkeit

Brennbarkeit

Form

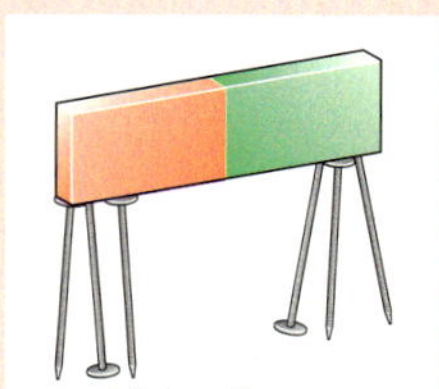
Magnetismus

Führe mit dem Stoff Experimente durch, um weitere Eigenschaften herauszufinden:
- Härte
- Verformbarkeit
- elektrische Leitfähigkeit
- Wärmeleitfähigkeit
- Löslichkeit in Wasser
- magnetische Eigenschaft
- Verhalten beim Erwärmen
- ...
- ...

B. Gemeinsame und unterschiedliche Eigenschaften zu anderen Stoffen erkennen
Die gefundenen Eigenschaften des unbekannten Stoffs kannst du mit den Eigenschaften bekannter Stoffe vergleichen. Stimmen alle Eigenschaften überein, dann handelt es sich um den gleichen Stoff. Durch diesen Vergleich kannst du den Namen des unbekannten Stoffs finden.

C. Eigenschaften auswählen und im Steckbrief beschreiben
Im Steckbrief wird zuerst der Name des Stoffs angegeben. Dann werden untereinander die untersuchten Eigenschaften notiert. Bei jeder Eigenschaft wird das Ergebnis der Experimente eingetragen. Mit dem Steckbrief kannst du den Stoff jederzeit wiedererkennen. Ergänze den Steckbrief mit Angaben aus dem Chemiebuch oder einem Lexikon.

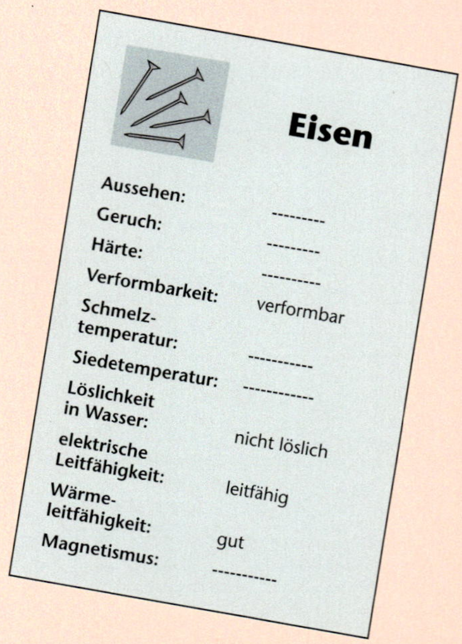
Eisen

Aussehen:	--------
Geruch:	--------
Härte:	---------
Verformbarkeit:	verformbar
Schmelztemperatur:	----------
Siedetemperatur:	----------
Löslichkeit in Wasser:	nicht löslich
elektrische Leitfähigkeit:	leitfähig
Wärmeleitfähigkeit:	gut
Magnetismus:	----------

Den Stoffen auf der Spur

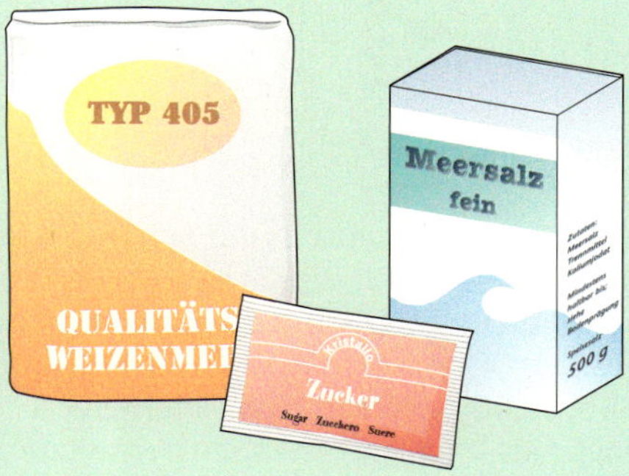

Im Haushalt findest du viele weiße Stoffe, die sich in ihren Eigenschaften voneinander unterscheiden. In vielen Fällen helfen Steckbriefe bei der Unterscheidung.

1 Weißen Stoffen auf der Spur: mit den Sinnen

Material

Schutzbrille, Lupe, Löffel, Uhrgläser, Kochsalz, Haushaltszucker, Citronensäure

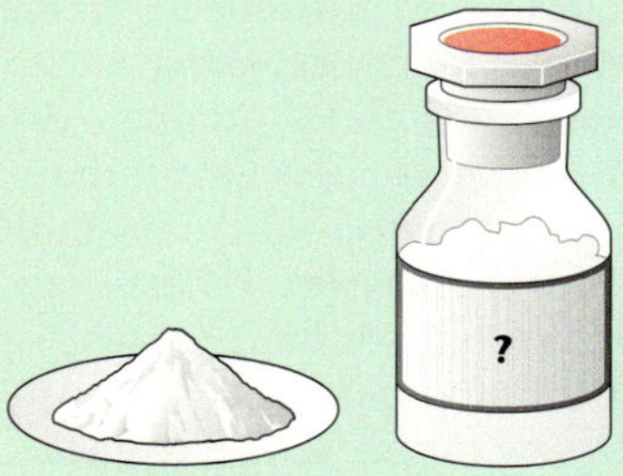

1 Welcher Stoff ist es?

2 Mit der Lupe untersuchen

Versuchsanleitung

a) Gib mit einem Löffel etwas Kochsalz auf ein Uhrglas. Prüfe das Aussehen mit einer Lupe. Bestimme die Kristallform und stelle den Geruch fest.

b) Wiederhole den Versuchsteil a) mit Haushaltszucker und anschließend mit Citronensäure.

2 Weißen Stoffen auf der Spur: Verformbarkeit

Material

Schutzbrille, Hammer, Reibschale mit Pistill, Ablagepapier, Kochsalz, Haushaltszucker, Citronensäure

Versuchsanleitung

a) Lege einen Kochsalzkristall zwischen zwei Bögen Ablagepapier und klopfe mit einem Hammer darauf.

b) Zerreibe Zucker mit einem Pistill in einer Reibschale.

c) Wiederhole Versuchsteil b) mit Citronensäure.

Aufgabe

Sind die Stoffe verformbar?

3 Nachweis der elektrischen Leitfähigkeit

Material

Schutzbrille, 2 Spatellöffel, 3 Uhrgläser, Halterung mit Glühlämpchen (4 V; 0,04 A), „Stromprüfer" von Versuch 3 aus Werkstatt „Entscheidung im Stromkreis", 3 Verbindungskabel, Batterie (4,5 V), 4 Krokodilklemmen (isoliert), Kochsalz, Haushaltszucker, Citronensäure

Versuchsanleitung

a) Überprüfe an Kochsalz die elektrische Leitfähigkeit dieses Stoffs. Drücke dazu die Enden des Stromprüfers auf das Salz. Das Glühlämpchen im geschlossenen Stromkreis entscheidet.

b) Gib etwas Zucker auf ein Uhrglas. Prüfe die elektrische Leitfähigkeit wie in Versuchsteil a).

c) Wiederhole den Versuchsteil b) mit Citronensäure.

4 Weißen Stoffen auf der Spur: Löslichkeit

Material

Schutzbrille, 3 Bechergläser (100 ml, weite Form), 3 Spatellöffel, 3 Rührstäbe aus Glas, Wasser aus Spritzflasche, Ablagepapier, Kochsalz, Haushaltszucker, Citronensäure

Versuchsanleitung

a) Fülle ein Becherglas zur Hälfte mit Wasser. Gib einen Spatellöffel Kochsalz in das Wasser. Rühre mit einem Glasstab um.

b) Wiederhole den Versuch mit Zucker und anschließend mit Citronensäure.

Aufgaben

1. Reichen die überprüften Eigenschaften aus, um die Stoffe voneinander zu unterscheiden? Mache Vorschläge und bespreche sie in der Klasse. Trage die Stoffeigenschaften, die du bestimmt und erfragt oder nachgeschlagen hast, in deinen Steckbrief ein.

2. Entwirf nach dem Muster in Bild 3 selbst einen Steckbrief für Kochsalz.

3. Stelle für Haushaltszucker und für Citronensäure je einen Steckbrief zusammen. Trage die überprüften und erfragten (nachgeschlagenen) Eigenschaften ein.

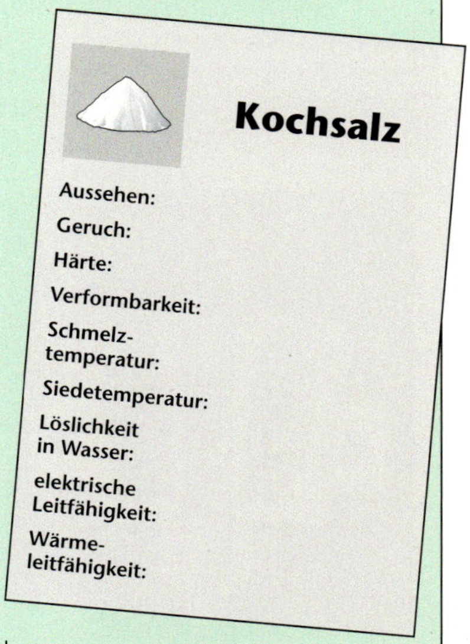

3 Stoffsteckbrief: Kochsalz

1 Brücken bestehen oft aus Metallen.

2 Getränkedosen bestehen aus Aluminium.

3 Münzmetalle sind meistens Legierungen.

Metalle – alltägliche Stoffe
Metalle begegnen uns im Alltag als ideale Werk-, Gebrauchs- und Baustoffe. Büroklammern, Radfelgen, Nägel, Dosen, Goldzähne, Essbestecke, Schienen und sogar ganze Bauwerke (▷ B 1) werden aus Metallen wie Eisen, Aluminium und Kupfer hergestellt.

Die Eigenschaften der Metalle
Stoffeigenschaften können helfen, Stoffe in Klassen einzuteilen. Stoffe einer **Stoffklasse** haben einander ähnliche oder gemeinsame Eigenschaften. Die Stoffklasse der Metalle erkennt man an vier typischen Eigenschaften (▷ V1): Metalle sind gut verformbar (▷ B 6) und haben nach dem Blankreiben eine glänzende Oberfläche (▷ B 3). Zudem leiten alle Metalle den elektrischen Strom und sind gute Wärmeleiter (▷ B 4; B 5). Deswegen werden sie in elektrischen und technischen Geräten verwendet.

▶ Metalle glänzen, sind gut verformbar, elektrisch leitfähig und gute Wärmeleiter.

4 Metalle sind elektrisch leitfähig.

5 Metalle sind Wärmeleiter.

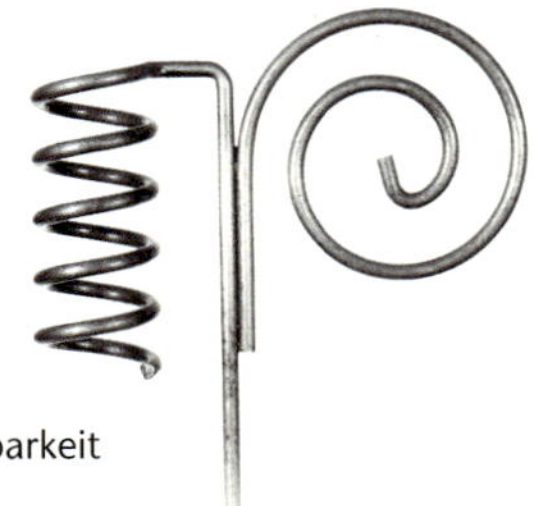

6 Verformbarkeit

Es gibt **Leichtmetalle** und **Schwermetalle**. Aluminium (▷ B 2) und Magnesium sind Leichtmetalle mit einer Dichte von weniger als 4,5 g/cm³. Eisen, Blei, Kupfer, Silber und Gold mit einer Dichte von mehr als 4,5 g/cm³ sind Schwermetalle. **Edelmetalle**, die ihren Glanz im Gegensatz zu **unedlen Metallen** auch an feuchter Luft behalten, werden oft zu Schmuckstücken verarbeitet.

Legierungen – erstarrte Misch-Schmelzen
Die Metalleigenschaften lassen sich verändern, indem man **Schmelzen** verschiedener Metalle zusammengießt. Auf diese Weise stellt man **Legierungen** her. Sie sehen wie reine Metalle aus.

Wenn man Kupfer und Zink zusammenschmilzt, so entsteht das goldglänzende **Messing**, ein Legierungsmetall für Münzen (▷ B 3) und Schrauben. Aus Eisen, Chrom und Nickel kann man „Nirosta", nicht rostende Stähle, herstellen. Aus Kupfer und Zinn wird **Bronze** gegossen. In der Bronzezeit hat man daraus Waffen und Werkzeuge gefertigt, heute stellt man aus Bronze riesige Schiffspropeller her.

Reines Gold ist als Gebrauchsmetall viel zu weich. Durch Legieren mit anderen Metallen kann man es härten. Mit Silber oder Kupfer wird es zu **Weiß**- bzw. **Rotgold**.

Metalle aus Erzen
Nur Edelmetalle wie Gold oder Platin kommen in der Natur in reiner Form („gediegen") vor. Die meisten Gebrauchsmetalle müssen aus ihren Erzen gewonnen werden. Erze sind Mineralien, die im Bergwerk abgebaut werden. Darauf deutet der Name hin: „metallon" ist das griechische Wort für Grube oder Bergwerk.

Versuch

1 ▶ Prüfe das Aussehen, die elektrische Leitfähigkeit, die Wärmeleitfähigkeit und die Härte verschiedener Metalle.

Strategie

Sammeln, Sortieren, Ordnen

A. Sammeln

Manchmal bekommt ihr von eurer Lehrerin oder eurem Lehrer den Auftrag, eure Arbeitsergebnisse vorzutragen oder vorzuzeigen (zu präsentieren). Dann beginnt die Arbeit meist mit dem Nachdenken über Sinn und Ziel der Arbeit: dem Sammeln von Ideen.

Am Anfang ist es sinnvoll, die Ideen und Gedanken ungeordnet zusammenzutragen. Eine solche Ideensammlung wird **brainstorming** (engl.: brain, Gehirn, Verstand; to storm, stürmen) genannt.

- Notiert auf Zetteln oder Karteikarten die Ideen.
- Nutzt verschiedene Informationsquellen (Heft, Buch, Internet, Bibliothek usw.).
- Heftet die Notizen an eine Pinnwand oder an die Tafel.
- Befragt auch eure Mitschüler und Mitschülerinnen oder arbeitet im Team.

B. Sortieren

Um einen Überblick zu gewinnen müssen die gesammelten Ideen nun in ein Ordnungssystem gebracht werden. Arbeitet dazu an der Pinnwand, auf einem großen Tisch oder an der Tafel.

- Fasst ähnliche Gedanken zusammen.
- Ordnet die Informationen nach ihrer Wichtigkeit.
- Sortiert weniger wichtige Informationen aus.
- Benutzt für gleichartige Informationen gleiche Stift- oder Karteikartenfarben – das verschafft eine zusätzliche Ordnung.

C. Ordnen

In A und B habt ihr gelesen, wie man Ideen sammelt und diese dann sinnvoll sortiert. Das könnt ihr gleich einmal üben.

- Wie man Stoffsteckbriefe erstellt, habt ihr schon geübt. Erstellt von allen Stoffen, die ihr kennt, solche Stoffsteckbriefe. Benutzt dazu Karteikarten. Macht euch von den Versuchen, mit denen ihr die Stoffeigenschaften testet, Notizen. Nun könnt ihr über ein gewünschtes Thema, z. B. einen oder mehrere Stoffe, berichten und könnt Versuche vorzeigen (präsentieren).
- Ordnet nun die Stoffe nach einem Ordnungssystem an. Zum Beispiel: Alle Metalle bekommen dieselbe Karteikartenfarbe oder alle Stoffe werden alphabetisch geordnet. Findet ihr noch andere Ordnungsmöglichkeiten?
- Sammelt für jeden Stoff weitere Informationen wie zum Beispiel Bilder oder aus den Materialien hergestellte Gegenstände.
- Entstanden sind **Stoffsteckbriefe**, die im Laufe des Chemieunterrichts mit immer neuen Eigenschaften und Informationen ergänzt werden können.

Lexikon

Wichtige Metalle

Aluminium ist ein silbrig glänzendes, sehr leichtes Metall. Wegen seiner geringen Dichte wird Aluminium als Bau- und Konstruktionsmetall (z. B. für Bauverkleidungen, Reflektoren, Stromschienen) verwendet. Es dient auch als Verpackungsmaterial, z. B. für Dosen oder Folien. Aluminium ist gut elektrisch leitfähig und witterungsbeständig.

Blei ist ein dunkelblau-graues, weiches Schwermetall. Frische Schnittflächen glänzen silbrig. Es ist ein wichtiges Gebrauchsmetall für Gewichte (im Bild: Senkblei), Dachabdeckungen und Autobatterien. Auch als Strahlenschutz (Bleischürze) wird es eingesetzt. Als Staub und Rauch ist Blei giftig.

Chrom ist ein silbrig glänzendes, zähes Schwermetall. Wegen seines schönen, glänzenden Aussehens wird es häufig als Überzugsmetall (z. B. Radkappe, Stoßstange, Küchengeräte) verwendet.

Eisen und seine Legierungen (Stähle) sind die häufigsten Gebrauchsmetalle unserer Zeit. Brücken, Tore, Nägel, Zäune und vieles mehr wird aus Eisenmetallen gefertigt. Gegenstände aus reinem Eisen rosten, wenn sie längere Zeit feuchter Luft ausgesetzt sind.

Gold ist ein weiches, sehr dehnbares, gelb glänzendes Edel- und Schmuckmetall. In der Zahnmedizin verwendet man Zahngold, das mit Platin legiert ist. Als dünne Folie (Blattgold) wird es auch oft für Computerchips verwendet.

Kupfer ist ein rot glänzendes Buntmetall. Wegen seiner hohen elektrischen Leitfähigkeit wird es für Stromkabel verwendet. Auch viele Dächer, Brauereikessel, Wasserleitungen und Kunstgegenstände sind aus Kupfer. Es bildet nach jahrelangen Witterungseinflüssen Patina, einen hellgrünen Belag. Große Bedeutung hat Kupfer auch in seinen Legierungen wie Rotgold, Messing, Neusilber, Zinn- und Aluminiumbronze.

Quecksilber ist silbrig glänzend und ist bei Raumtemperatur das einzige flüssige Metall. Verwendet wird Quecksilber als Füllung in vielen Flüssigkeitsthermometern und als Mini-Stromquelle in „Knopf-Zellen". Quecksilberdämpfe sind giftig.

Silber ist ein hell glänzendes Halbedelmetall und wird z. B. für Münzen, Schmuckstücke oder Bestecke verwendet.
An Luft läuft Silber mit der Zeit schwarz an.

Titan ist ein grau glänzendes, zähes Metall.
Titan wird als Verkleidung im Flugzeug- und Raketenbau oder in der Medizin für künstliche Gelenke (siehe Bild) verwendet. Aber auch als Schmuckmetall (z. B. für Brillengestelle oder Uhrengehäuse) ist es in Mode gekommen.

Zink ist ein graues, glänzendes Schwermetall. Zink wird oft für Dachabdeckungen und als Schutzschicht auf Eisenteilen („Verzinkung") verwendet.

1 Viele Produkte des Alltags sind Gefahrstoffe.

Das Etikett verrät die Gefahr

Die Gefäße oder Behältnisse mancher Stoffe des täglichen Gebrauchs sind auffallend gekennzeichnet (▷ B 1). Solche Stoffe sind gefährlich, also z. B. leicht entzündlich, giftig, gesundheitsschädlich oder ätzend. Beim aufmerksamen Durchlesen der Hinweise wird man nicht nur auf die Gefahren beim Umgang mit diesen Stoffen hingewiesen, sondern man erhält auch Sicherheitsratschläge, damit beim Einsatz dieser Stoffe keine Unfälle passieren.

Gefahrensymbol und Kennbuchstabe

Das Symbol auf orangegelbem Hintergrund wird Gefahrensymbol genannt. Das Gefahrensymbol ermöglicht eine schnelle Information über die Gefährlichkeit eines Stoffes. Anhand dieses Symbols kann man sofort erkennen, ob ein Stoff z. B. giftig, feuergefährlich oder explosionsgefährlich ist. Ausführliche Informationen kannst du bei den Gefährlichkeitsmerkmalen (▷ B 2) nachlesen.

▶ Das Gefahrensymbol liefert eine schnelle Information über die Gefährlichkeit eines Stoffes.

Einige Gefahrensymbole können jedoch auch mehrere Bedeutungen haben (▷ B 2). So steht z. B. das Totenkopfsymbol sowohl für giftige als auch für sehr giftige Stoffe, mit einem Kreuz werden sowohl gesundheitsschädliche als auch reizende Stoffe gekennzeichnet. Deshalb wird dem Symbol in einigen Fällen noch ein Kennbuchstabe hinzugefügt. Der Buchstabe T steht für „giftig“ oder T+ für „sehr giftig“.

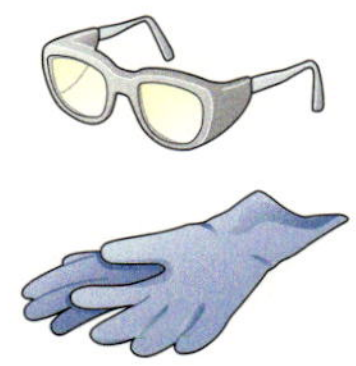

Umgang mit gefährlichen Stoffen

Damit beim Experimentieren mit gefährlichen Stoffen keine Unfälle geschehen, müssen die Sicherheitsratschläge genau beachtet werden. Hierzu gehören die Verwendung von Schutzhandschuhen und Schutzbrillen, manchmal auch das Bereitstellen von Feuerlöschmitteln.

Symbol	Kennbuchstabe	Gefahrenbezeichnung	Gefährlichkeitsmerkmale	Symbol	Kennbuchstabe	Gefahrenbezeichnung	Gefährlichkeitsmerkmale
	T+	Sehr giftig	Sehr giftige Stoffe können schon in sehr geringen Mengen zu schweren Gesundheitsschäden führen.		E	Explosionsgefährlich	Dieser Stoff kann unter bestimmten Bedingungen explodieren.
	T	Giftig	Giftige Stoffe können in geringen Mengen zu schweren Gesundheitsschäden führen.		O	Brand fördernd	Dieser Stoff ist Brand fördernd, er reagiert mit brennbaren Stoffen.
	Xn	Gesundheitsschädlich	Gesundheitsschädliche Stoffe führen in größeren Mengen zu Gesundheitsschäden.		F+	Hochentzündlich	Dieser Stoff ist selbstentzündlich, er kann bereits bei Temperaturen unter 0 °C entflammen.
	Xi	Reizend	Dieser Stoff hat Reizwirkung auf Haut und Schleimhäute, er kann Entzündungen auslösen.		F	Leicht entzündlich	Dieser Stoff ist leicht entzündlich, er kann bei Temperaturen unter 21 °C entflammen, mit Luft explosionsfähige Gemische, mit Wasser brennbare Gase bilden.
	C	Ätzend	Dieser Stoff kann lebendes Gewebe zerstören.		N	Umweltgefährlich	Dieser Stoff kann längerfristig schädliche Wirkungen auf die Umwelt haben. Er ist schädlich in Gewässern, Boden oder Luft und (sehr) giftig für Organismen.

2 Bedeutung der Gefahrensymbole (vereinfacht)

1 Spinndüse mit Fäden aus Kunststoff

Künstlich hergestellte Stoffe
Natürliche Stoffe haben vorgegebene Eigenschaften. **Kunststoffe** hingegen können „nach Bedarf" entwickelt werden. Das heißt, es werden Stoffe mit den gewünschten Eigenschaften hergestellt.

Kunststoffe nach Bedarf
Kunststoffe werden beispielsweise als Ersatzstoffe für Metallteile in Autos eingebaut (▷ B 2). Kunststoffteile sind leichter als viele Metallteile, senken dadurch das Gewicht und damit auch den Treibstoffverbrauch des Autos.

Viele Kunststoffe sind zudem wasser-, luft- und lichtbeständig. Sie können nahezu in jede Form gegossen, gespritzt und gepresst werden. So entstehen beispielsweise Kabel, Leitungen, Drainagerohre und Regenrinnen (▷ B 3).

Selbst komplizierte Formen lassen sich schnell und kostengünstig herstellen. So werden ganze Armaturenbretter, Gehäuse für Computer, Fernseher und Elektrowerkzeuge oder komplette Fensterrahmen aus Kunststoff gepresst.

Kunststoffe sind zumeist elektrische Nichtleiter. Deshalb verwendet man sie auch zur Isolierung von Stromkabeln.

Höher, schneller, weiter
Surfbretter, Snowboards und Bootsrümpfe werden aus Kunststoffen hergestellt. Ihre glatten Oberflächen machen sie gleitfähig. Und neue Weltrekorde im Stabhochsprung sind auch nur durch die große Elastizität des glasfaserverstärkten Kunststoffstabes möglich.

4 Sportkleidung mit Gewebe aus Kunstfasern

2 Modernes Auto mit vielen Teilen aus Kunststoff

3 Drainagerohr und Dachrinne aus Kunststoff

Kunstfasern nach Maß
Auch viele Textilfasern sind Kunststoffe. Durch ihre vielfältigen Eigenschaften können Fasern hergestellt werden, die für spezielle Anforderungen geeignet sind: Fallschirme, Zelte, Teppichböden, Kletterseile, Sicherheitsgurte, Schwimmwesten, Feuerschutzkleidung oder wasserdichte, atmungsaktive Sportkleidung (▷ B 4; B 5).

▶ Kunststoffe sind moderne Werkstoffe. Man kann sie gezielt für ganz spezielle Verwendungszwecke herstellen.

5 Wassertropfen werden zurückgehalten, Wasserdampf dringt nach außen.

Wir untersuchen Kunststoffe

1 Verschiedene Gegenstände aus Kunststoff

1 Schwimmverhalten von Kunststoffen

Material

Becherglas (1 l), Becherglas (150 ml), Wasser, Kochsalz, gleich große, verschiedene Kunststoffproben, Kunststoffprodukte aus dem Alltag

Versuchsanleitung

a) Fülle 1 l Wasser in ein Becherglas. Gib nacheinander die verschiedenen Kunststoffproben hinein.

b) Stelle eine gesättigte Kochsalzlösung in 100 ml Wasser her, indem du so lange Salz in das Wasser einrührst, bis sich nichts mehr löst. Gib dann nacheinander die Kunststoffproben hinein.

c) Zerschneide Behältnisse aus Kunststoff in gleich große Stücke und überprüfe das Schwimmverhalten in Wasser und in der Kochsalzlösung.

2 Materialien zu Versuch 1

2 Elektrische Leitfähigkeit von Kunststoffen

Material

Flachbatterie (4,5 V), Glühbirne (4 V; 0,04 A) bzw. 9-V-Block mit passender Glühbirne, Leitfähigkeitsmesser (▷ S. 29, V 3), 3 Verbindungskabel, 4 Krokodilklemmen, verschiedene Kunststoffproben, Büroklammer

Versuchsanleitung

Baue einen Stromkreis mit Leitfähigkeitsmesser auf und prüfe mit der Büroklammer, ob der Stromkreis geschlossen ist. Prüfe dann die Kunststoffproben auf ihre elektrische Leitfähigkeit.

3 Löslichkeit von Kunststoffen

Material

Schutzbrille, 3 Reagenzgläser, Reagenzglasständer, verschiedene Kunststoffproben. Lehrer/Lehrerin: Pipette, Aceton, Brennspiritus, Reinigungsbenzin

3 Kunststoffe in verschiedenen Lösungsmitteln

Versuchsanleitung

Bildet Arbeitsgruppen. Jede Gruppe untersucht einen anderen Kunststoff. Die Kunststoffbehälter haben eine Prägung oder einen Aufdruck mit dem Namen des Kunststoffs, z. B. „PS" für Polystyrol. Gebt in jedes Reagenzglas eine Probe des gleichen Kunststoffs. Euer Lehrer oder eure Lehrerin tropft nun mit einer Pipette die Lösungsmittel auf die Kunststoffproben (▷ B 3).

	Aceton	Brennspiritus	Benzin
Polystyrol (PS)			
Polyethylen (PE)			

Aufgabe

Beobachtet und tragt die Ergebnisse der einzelnen Gruppen in einer Tabelle zusammen.

4 Materialfestigkeit von erhitzten Kunststoffen

Material

Schutzbrille, Dreifuß, Keramik-Drahtnetz, Gasbrenner, Tiegelzange, Becherglas, Wasser, Thermometer, Schere, Holzbrettchen, Anzünder, Uhr, Kunststoffproben

Versuchsanleitung

a) Schneide aus gekennzeichneten Kunststoffresten Probestücke von ca. 2 cm x 6 cm. Halte die Proben an einem Ende mit der Tiegelzange und drücke das andere Ende auf eine feste Unterlage. Notiere das Ergebnis des Biegeversuchs in eine Tabelle.

b) Halte die Kunststoffproben mit der Tiegelzange (▷ B 4) etwa eine Minute lang in ein heißes Wasserbad von ca. 80 °C und wiederhole den Biegeversuch von a). Trage die Ergebnisse in eine Tabelle ein. Vorsicht! Verbrühungs- und Spritzgefahr!

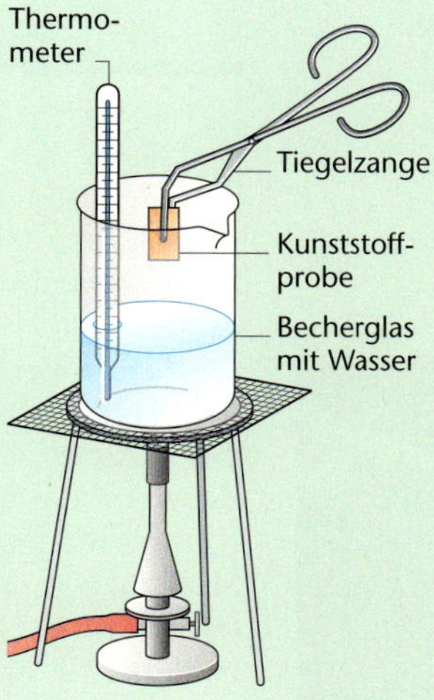

4 Verändern sich die Kunststoffeigenschaften in heißem Wasser?

1 Durch Hitze erweichtes Glas lässt sich formen.

2 Lötzinn verbindet Bauteile.

Vorübergehende Veränderungen
Wasser verdampft beim Erhitzen, beim Abkühlen kondensiert es wieder (▷B 3; V 1). Es hat vorübergehend seinen Aggregatzustand geändert. Beim Löten schmilzt das Zinn am heißen Lötkolben und läuft zwischen die zu verbindenden Teile (▷B 2). Nach dem Abkühlen sind die Bauteile durch das erstarrte Zinn fest miteinander verbunden. Auch das Zinn hat vorübergehend seinen Aggregatzustand geändert.

Porzellan und Glas glühen bei hohen Temperaturen. Während Porzellan seine Form behält, wird Glas weich und verformbar (▷B 1). Aber nach dem Abkühlen liegen beide Stoffe unverändert vor.

3 Wasser gibt es fest, flüssig und gasförmig.

Bleibende Veränderungen
Erhitzt man Zucker, so entsteht zunächst ein brauner, zähflüssiger Stoff, Karamell. Bei weiterem Erhitzen entweichen Dämpfe (▷B 4; V 2) und es bleibt ein schwarzer Stoff zurück, der sich auch nach dem Abkühlen nicht mehr verändert. Der Zucker ist verkohlt. Erhitzt man Kunststoff, so beginnt er zu schmelzen und wird nach einiger Zeit schwarz (▷V 2). Es entwickeln sich übel riechende Dämpfe. Bei Zucker und Kunststoff treten durch das Erhitzen bleibende Veränderungen auf.

4 Zucker verkohlt.

Brennbarkeit
Papier und Holz verbrennen. Es entweicht Rauch und zurück bleibt nur Asche. Eine Kerze wird beim Verbrennen immer kleiner, weil ihr Wachs in der Flamme verdampft und verbrennt.

▶ Stoffe erfahren beim Erhitzen vorübergehende Veränderungen oder es entstehen neue Stoffe mit anderen Eigenschaften.

Versuche

1 Verdampfe in einem Becherglas (100 ml) etwas Wasser und halte mit der Tiegelzange ein Uhrglas darüber.

2 Man erhitzt mit dem Brenner etwas Zucker oder einen Kunststoff (Polyethylen oder Polypropylen) im Reagenzglas (Abzug!).

3 Verbrenne Papier, Holz und einen Kerzenstummel auf einer feuerfesten Unterlage.

1 Das Kupferdach überzieht sich mit Patina.

2 Pflanzenabfälle verrotten zu wertvollem Kompost.

3 Ein Kuchen entsteht aus Teig.

Stoffumwandlungen im Alltag

In unserer Umwelt spielen sich viele Vorgänge ab, bei denen sich Stoffe dauerhaft verändern. Ein Kupferdach überzieht sich mit grüner Patina (▷ B 1). Gegenstände aus Eisen überziehen sich an feuchter Luft mit einer rotbraunen Schicht. Das Eisen rostet. Silber oder versilberte Bestecke „laufen" an der Luft an oder werden schwarz, wenn sie mit Eigelb in Berührung kommen.

Ein Tauchsieder oder Teile der Waschmaschine verkalken. Wunderkerzen sehen anders aus, wenn sie abgebrannt sind (▷ B 4). Auch beim Kochen, Braten und Backen verändern sich die Stoffe. Aus Teig wird ein Kuchen (▷ B 3). Ebenso ist das Verderben von Speisen eine stoffliche Veränderung.

Auch bei einem Lagerfeuer findet eine Stoffumwandlung statt. Aus Holz wird Asche, Rauch entweicht. Zudem wird Energie frei, als Wärme und Licht. Es gibt auch Stoffumwandlungen, bei denen Energie zugeführt werden muss. Einige Veränderungen laufen sehr rasch ab, andere dauern sehr lange.

4 Feuerzauber mit einer Wunderkerze

Stoffumwandlungen in der Natur

In der Natur werden ständig neue Stoffe gebildet und wieder abgebaut. Im Laufe des Jahres entstehen Blüten, Blätter und Früchte. Sie welken und verblühen, sinken zu Boden und verrotten. Aus Früchten entstehen neue Pflanzen. Die natürlichen Abfälle werden von Würmern und Bakterien zersetzt, dabei entsteht Kompost (▷ B 2). In der Natur gibt es deshalb keine Müllberge. Mit einem Komposthaufen im Garten können auf natürliche Weise alle verrottbaren Abfälle beseitigt und in wertvollen Dünger verwandelt werden.

Werkstatt

Wie schnell rostet Eisen?

1 Wie schnell rostet Eisen?

Material

Zwei Reagenzgläser, 2 Bechergläser (250 ml), Spatel, ungefettete Eisenwolle, Wasser

Versuchsanleitung

Schiebe jeweils einen fingerdicken Ballen Eisenwolle mit dem Spatel bis an den Boden des Reagenzglases. Stelle ein Reagenzglas mit der Öffnung nach unten in ein Becherglas, das zu zwei Dritteln mit Wasser gefüllt ist (▷ B 5). Gieße im zweiten Reagenzglas etwas Wasser auf die Eisenwolle und lass das Wasser wieder ablaufen. Stelle nun das Reagenz ebenfalls mit der Öffnung nach unten in ein Becherglas mit Wasser. Vergleiche die Versuchsergebnisse nach ein, zwei und drei Tagen.

5 Eisenwolle unter Wasser

Müll – Abfall oder Rohstoff?

5 Glasgranulat aus Grün-, Weiß- und Braunglas

1 Auf der Mülldeponie

4 Glas getrennt sammeln

2 Wertstoffsack

3 Altpapier sammeln

Müll – wohin damit?
Früher wurden viele Nahrungsmittel unverpackt gekauft, Papier- und Pappabfälle als Brennmaterial im Ofen verheizt und Küchenabfälle kompostiert oder verfüttert. Leider wandern heute Abfälle und Verpackungsmaterialien noch oft in die Mülltonne und lassen die Müllberge anwachsen (▷ B 1).
Im Jahr fallen durchschnittlich pro Kopf etwa 400 kg Hausabfall und 50 kg Sperrmüll an. Dieser Abfall allein könnte jährlich einen Güterzug von 2 000 km Länge füllen. Damit die Müllberge nicht noch weiter anwachsen, müssen wir mit dem Müll vernünftig umgehen und zwar in der Reihenfolge:

Vermeiden
↓
Vermindern
↓
Verwerten

Müll vermeiden
Dienen Verpackungen nur der Verschönerung, kann man ganz auf sie verzichten. Viele Lebensmittel wie Bananen, Äpfel, Gurken oder Zitronen sind schon von Natur aus gut eingepackt. Plastiktüten, die häufig nur einmal benutzt werden, können durch Tragetaschen, Körbe oder Netze ersetzt werden.

Müll verwerten
Im Müll stecken wertvolle Stoffe. Papier, Glas, Metalle, Kunststoffe und Bioabfälle sind **Wertstoffe**. Werden wieder verwertbare Stoffe aus dem Müll in einen Stoffkreislauf zurückgeführt, spricht man von **Recycling**. Dazu müssen die Wertstoffe aber getrennt vom Mischmüll gesammelt werden. Dafür gibt es Sammelbehälter oder Wertstoffsäcke aus recyceltem Kunststoff (▷ B 2). Altglas lässt sich beliebig oft einschmelzen; es muss dafür aber nach Farben getrennt gesammelt werden (▷ B 4; B 5).
Auch das aus Altpapier (▷ B 3) gewonnene Recyclingpapier kann wieder verwendet werden, z. B. für Schulhefte. Küchen- und Gartenabfälle (Biomüll) werden durch Kompostieren in Dünger umgewandelt, entweder auf dem Komposthaufen im eigenen Garten oder über die Biotonne in kommunalen Kompostieranlagen.

Wohin mit dem Restmüll?
Die restlichen Abfälle müssen beseitigt werden. Die beiden wichtigsten Verfahren der Müllbeseitigung sind die **Müllverbrennung** und die **Deponierung**.

Aufgabe

1 Welche Probleme sind mit der Deponierung und der Verbrennung von Müll verbunden? Erkundige dich bei deiner Heimatgemeinde oder hole Informationen aus dem Internet ein.

Wir stellen Recyclingpapier her

Altpapier ist ein wertvoller Rohstoff, aus dem sich wieder Papiererzeugnisse herstellen lassen. Aus Papierfetzen kannst du selbst Recyclingpapier herstellen.

1 Wir stellen einen Schöpfrahmen her

Material
Schüssel oder Eimer, größere Wanne, Rührer, Zeitungen, Tücher oder Küchenkrepp, 2 Holzbretter (ca. 20 cm x 30 cm), Nudelrolle, 4 Holzleisten (Länge: 25 cm, Breite: 2 cm, Höhe: ca. 1 cm), 4 Holzleisten (Länge: 15 cm, Breite: 2 cm, Höhe ca. 1 cm), Tacker, Schrauben, Nägel, Fliegendraht, Wäscheseil, Wäscheklammern

Durchführung
Der Schöpfrahmen besteht aus 2 gleich großen Rahmen, dem Sieb- und dem Formenrahmen. Fertige zunächst aus je 2 Holzleisten von 25 cm und 15 cm einen Formenrahmen (▷ B 1). Dieser Rahmen hat eine Innengröße von 21 cm x 15 cm (DIN A5-Format).

1 Ein Formenrahmen

Aus einem weiteren Formenrahmen erhältst du einen Siebrahmen mithilfe eines engmaschigen Drahtnetzes (Fliegendraht). Dieses wird mit einem Tacker auf dem Rahmen befestigt (▷ B 2).

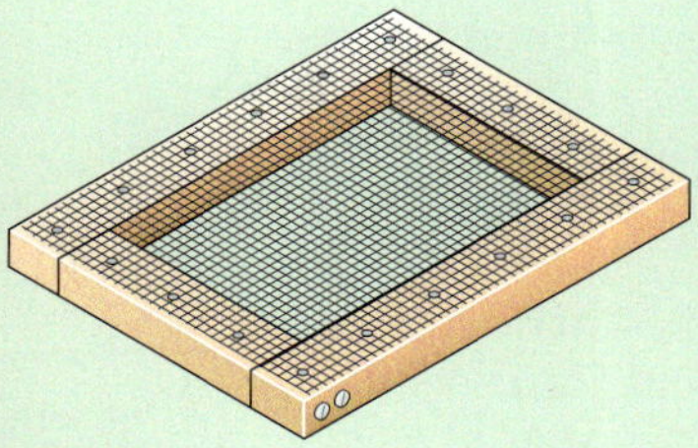

2 Ein Siebrahmen

2 Wir stellen Papierbrei her

Zerschneide oder zerreiße alte Zeitungen in möglichst kleine Stücke. Weiche sie in einem Eimer oder einer Schüssel über Nacht ein. Verarbeite mithilfe eines Rührers das eingeweichte Papier zu einem Brei. Gib den Brei in eine größere Wanne und füge so viel Wasser hinzu, dass der Brei dünnflüssig wird und sich die Fasern gleichmäßig im Wasser verteilen.

3 Papier schöpfen

Lege den Formenrahmen auf den Siebrahmen und halte die übereinander liegenden Rahmen (Schöpfrahmen) gut mit beiden Händen fest. Tauche, nachdem du den Papierbrei noch einmal aufgerührt hast, den Schöpfrahmen schräg abwärts bis auf den Boden der Wanne ein (▷ B 3). Hebe den Schöpfrahmen nun langsam nach oben. Achte darauf, dass du den Rahmen waagerecht hältst, damit sich die Fasern gleichmäßig auf dem Sieb absetzen können. Es muss eine dünne, aber geschlossene Faserschicht entstehen.

3 Papier schöpfen

4 Herstellen eines Rohpapiers

Nimm den Formenrahmen ab und lege den Siebrahmen mit dem Papier nach unten auf ein Tuch oder auf Küchenkrepp (▷ B 4). Löse die Papiermasse vorsichtig von dem Siebrahmen, indem du mit der Hand leicht von oben dagegen drückst.

4 Rohpapier herstellen

5 Pressen und Trocknen

Bedecke das Blatt mit einem Tuch (oder Küchenkrepp) und presse mit einem Nudelholz das Wasser aus dem Blatt. Nimm das Blatt jetzt vorsichtig heraus und lege es zwischen trockene Tücher und diese zwischen 2 Bretter. Mehrere geschöpfte Papiere lassen sich auch übereinander stapeln (▷ B 5). Mithilfe von Schraubzwingen werden die Bretter jetzt fest zusammengepresst. Hänge die gepressten Papierbögen zum Trocknen an einem Wäscheseil auf.
Sollte das Papier nach dem Trocknen noch wellig sein, kann es mit einem Bügeleisen glatt gebügelt werden.

5 Pressen und Trocknen

Stoffe im Alltag

1 Ein Gegenstand – verschiedene Materialien

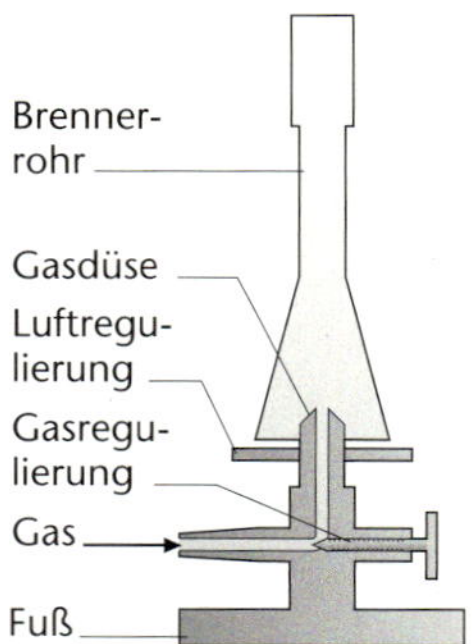

2 Aufbau des Teclubrenners

3 Löslichkeit und Temperatur

4 Gegenstände aus Kupfer

Stoffeigenschaften mit den Sinnen erfahren

Gegenstände bestehen aus Stoffen (▷ B 1). Verschiedene Stoffe besitzen unterschiedliche Eigenschaften.
Aussehen, Oberflächenbeschaffenheit, Geschmack und Geruch sind Eigenschaften, die mit den Sinnesorganen geprüft werden. Führe nie Geschmacks- und Geruchsproben an unbekannten Stoffen durch!

Härte und Verformbarkeit

Die Härte von Stoffen lässt sich mithilfe eines Ritztests vergleichen.
Viele Metalle sind verformbar. Glas und Keramik sind spröde.

Der Gasbrenner

Je nach Luftzufuhr kann mit dem Gasbrenner (▷ B 2) eine leuchtende, nicht leuchtende oder rauschende Flamme erzeugt werden.

Aggregatzustände

Schmelzen und Erstarren, Verdampfen und Kondensieren, Sublimieren und Resublimieren beschreiben die Übergänge zwischen den Aggregatzuständen. Das Teilchenmodell liefert eine Erklärungshilfe.

Siedetemperatur und Schmelztemperatur

Die Siedetemperatur ist die Temperatur, bei der ein Stoff siedet. Bei der Schmelztemperatur schmilzt der Stoff.

Wärmeleitfähigkeit

Metalle sind gute, Holz und Kunststoff schlechte Wärmeleiter.

Lösungsmittel, Lösung

Flüssigkeiten, die Stoffe lösen, heißen Lösungsmittel. Beim Lösen eines Stoffes entsteht eine Lösung.

Löslichkeit

Die Löslichkeit gibt an, wie viel Gramm eines Stoffes sich bei einer bestimmten Temperatur (▷ B 3) in 100 ml Lösungsmittel lösen.

Stromleiter oder Nichtleiter

Metalle und Salzlösungen sind gute elektrische Leiter. Stoffe wie Holz, Glas und Kunststoff sind Nichtleiter.

Die Stoffklasse der Metalle

Metalle sind gut verformbar (▷ B 4), sie glänzen, sind elektrisch leitfähig und gute Wärmeleiter.

Gefahrensymbole

Gefahrensymbole informieren in Kürze über die Gefährlichkeit eines Stoffes (▷ B 5).

	T+	Sehr giftig
	T	Giftig
	Xn	Gesundheitsschädlich
	Xi	Reizend
	C	Ätzend
	E	Explosionsgefährlich
	O	Brand fördernd
	F+	Hochentzündlich
	F	Leicht entzündlich
	N	Umweltgefährlich

5 Gefahrensymbole mit Bedeutung

Kunststoffe

Man kann gezielt Kunststoffe mit unterschiedlichen Eigenschaften für ganz spezielle Verwendungszwecke herstellen.

Vorübergehende und bleibende Veränderungen

Stoffe erfahren beim Erhitzen vorübergehende Veränderungen oder es entstehen neue Stoffe mit anderen Eigenschaften.

Aufgaben

1 Zu Aufgabe 1

1 Silber ist ein Schmuckmetall (▷ B 1). Es lässt sich zu Blättchen hämmern, die nur 3 Tausendstel Millimeter dick sind. Silber schmilzt bei 961 °C. Informiere dich in Fachbüchern und im Internet über Silber. Stelle aus diesen Angaben einen Steckbrief für Silber zusammen.

2 Nenne je drei Stoffeigenschaften der folgenden Stoffe: Wasser – Kupfer – Eisen – Diamant.
Erstelle zu einem dieser Stoffe einen Stoffsteckbrief (▷ B 2).

Gold

Aussehen:	gelb, glänzend
Geruch:	---------
Härte:	fest
Verformbarkeit:	verformbar
Schmelztemperatur:	1064 °C
Siedetemperatur:	3080 °C
Löslichkeit in Wasser:	nicht löslich
elektrische Leitfähigkeit:	leitfähig
Wärmeleitfähigkeit:	gut

2 Zu Aufgabe 2

3 Folgende Stoffe werden jeweils in Wasser verrührt: Sand, Zucker, Mehl, Blumenerde, Kochsalz. Welche der Stoffe bilden mit Wasser eine Lösung?

4 Aus welchen der Stoffe kann man elektrische Leitungen herstellen: Glasfaden, Blumendraht, Holzstäbchen, Silberdraht, Baumwollfaden, Paketschnur, Nylonfaden, Golddraht? Begründe.

5 Außer Wasser gibt es noch andere Flüssigkeiten, die als Lösungsmittel geeignet sind. Womit würdest du einen Fettfleck entfernen?

3 Zu Aufgabe 6

6 Warum lassen sich bestimmte Kunststoffe sehr gut zur Wärmedämmung und als Verpackungsmaterial verwenden (▷ B 3)?

7 Einrichtung und Gegenstände in der Küche sind aus den unterschiedlichsten Werkstoffen gefertigt (▷ B 4).
a) Stelle eine Liste zusammen. Welche Vor- und Nachteile haben die einzelnen Werkstoffe?
b) Warum bestehen Bratpfannen aus Metall?

8 Welcher Stoff verbirgt sich hinter den Bezeichnungen Eis und Schnee, die wir im Alltag verwenden (▷ B 5)?

5 Zu Aufgabe 8

9 Benenne folgende Änderungen der Aggregatzustände:
a) Schnee taut auf, Wäsche trocknet im Winter auf der Wäscheleine,
b) Regen gefriert.

10 Holz wird seit Jahrtausenden als Werkstoff verwendet. Warum bezeichnet man Holz wohl als umweltfreundlichen Werkstoff?

4 Zu Aufgabe 7

Wasser

Wasser ist der kostbarste Schatz unseres Planeten. Ohne Wasser gibt es kein Leben auf der Erde.

Menschen, Tiere und Pflanzen sind vom Wasser abhängig. Es löscht den Durst und bewässert die Pflanzen. Lebewesen bestehen zum größten Teil aus Wasser.
Es ist ein Lebensmittel und ein wichtiges Lösungsmittel. Wasser ist eine Flüssigkeit mit erstaunlichen Eigenschaften.

Mit Wasser wird gereinigt, gewaschen, gespült und geputzt. Verunreinigtes Wasser muss in Kläranlagen aufwändig gereinigt werden.

Wasser verändert die Landschaft. Es gräbt tiefe Schluchten oder Höhlen in den Stein und sprengt beim Gefrieren sogar Felsen. Hochwasser reißt Brücken oder ganze Häuser mit sich.

Die Wasservorräte der Erde sind begrenzt, in vielen Regionen herrscht Wassermangel. Mit Wasser müssen wir unbedingt sparsam umgehen. Trinkwasser ist heute überall gefährdet, durch Verschmutzung wird es ungenießbar.

HANJIN HELSINKI

1 Römischer Aquädukt

Ohne Wasser kein Leben

Alles Leben auf der Erde ist vom Wasser abhängig. Schon immer suchte der Mensch die Nähe von Gewässern und errichtete dort seine Siedlungen. Reichte das Wasser wegen steigender Bevölkerungszahlen nicht mehr aus, so wurde es mithilfe von Leitungssystemen aus weit entfernten Gebieten herangeholt. Die Römer bauten im ersten Jahrhundert nach Christus bei Nîmes in Südfrankreich den berühmten Pont du Gard. Dieser Aquädukt war Teil eines Leitungssystems, das über 50 Kilometer weit reichte (▷ B 1).

Wasser liefert Nahrung

Seit jeher haben die Menschen den Fischreichtum der Gewässer als Nahrungsquelle genutzt. Das Wasser selbst ist unser kostbarstes Getränk (▷ B 2). Ohne feste Nahrung können wir ein bis zwei Monate überleben, ohne Wasser nur ca. drei bis fünf Tage. Ein Mensch nimmt im Laufe seines Lebens etwa 60 000 Liter Wasser zu sich. Deshalb halten wir mit großem technischem Aufwand unser Trinkwasser sauber und frei von Krankheitserregern. In Wasserwerken wird das Wasser so behandelt, dass es bei uns meist direkt aus der Leitung getrunken werden kann.

2 Ein Schluck Wasser

3 Ein reinigendes Bad

Wasser macht Kultur

In fast allen Religionen spielt Wasser eine bedeutende Rolle. Im Christentum werden Gläubige durch die Taufe mit geweihtem Wasser in die Gemeinschaft aufgenommen. Im Hinduismus reinigt ein Bad im heiligen Fluss Ganges von den Verfehlungen im Leben (▷ B 3). Im Islam ist eine rituelle Waschung vor dem Gebet vorgeschrieben.

Auch die Kunst beschäftigt sich in Dichtung, Malerei und Musik häufig mit dem Wasser.

Der Kampf ums Wasser

Da das Wasser auf der Erde ungleich verteilt ist, wurden um die Zugangsmöglichkeiten zu Quellen, Flüssen und Meeren immer wieder Kriege geführt.

Der ungehinderte Zugang zum Wasser brachte den Menschen wirtschaftliche Vorteile und eröffnete ihnen Handels- und Reisewege (▷ B 4).

4 Schiffe als Transportmittel

5 Ein Staudamm

Wasser ermöglicht Technik
Wasserräder haben schon früh die Energie für den Betrieb von Getreidemühlen geliefert. Heute baut man große Staudämme, um mithilfe der „Wasserkraft" elektrische Energie zu gewinnen (▷ B 5).

6 Flussbegradigung

Katastrophen durch Wasser
Wasser ist Leben. Aber weltweit geraten auch immer wieder Menschen durch Überschwemmungskatastrophen in Not. Viele dieser Katastrophen sind auf Eingriffe des Menschen in die Natur zurückzuführen. Flussbegradigungen (▷ B 6), Bebauung von Überflutungsflächen und versiegelte Böden verhindern das Versickern des Wassers und begünstigen so immer wieder verheerende Flutwellen (▷ B 7).

7 Überschwemmung

Brennpunkt

Freizeit am Wasser

1 Freizeit am Maschsee

Die Menschen nutzen die Gewässer seit Urzeiten für ihre Freizeit. Neben der Erholung und dem Spaß, den der Aufenthalt am und im Wasser bereitet, bringt eine intensive Freizeitnutzung der Gewässer auch Probleme mit sich. Durch die häufige Verwendung von Sonnencreme, die beim Baden wieder abgewaschen wird, kann sich ein dichter Fettfilm auf dem Wasser bilden, der das Tier- und Pflanzenleben im Wasser schädigt.

Campingplätze, Grillplätze und Schwimmbäder an Seen und Flüssen tragen oft zur Verunreinigung dieser Gewässer bei. Surfer, Segler und Motorboote stören durch ihre oft lautstarken Aktivitäten vor allem die Tierwelt am und im Wasser.

Bei allem Nutzen, den wir Menschen durch Erholung, Freizeit und Spaß am und im Wasser haben, sollten wir nicht vergessen, dass wir auch die Pflicht haben, dafür zu sorgen, dass unsere Umwelt intakt bleibt.

2 Nutzen und Schaden

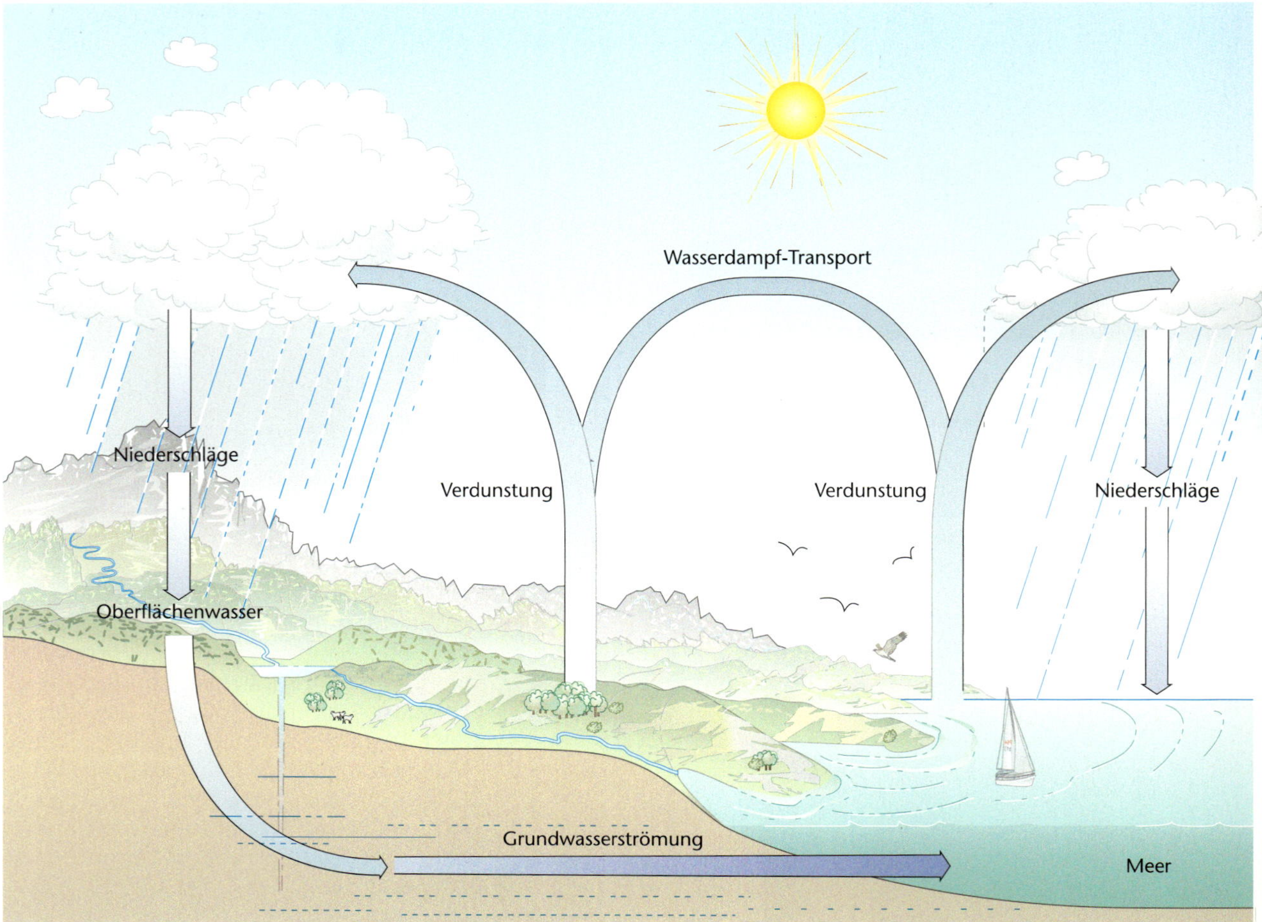

1 Wasser bewegt sich im Kreis.

Bewegung im Kreis
Nicht nur die Meere, Flüsse und Seen enthalten Wasser. Auch in Boden und Luft ist Wasser gespeichert. Alle Lebewesen bestehen zum großen Teil daraus.
Diese Wasserspeicher stehen in ständigem Austausch miteinander. Aus den Weltmeeren, über Seen und Feldern verdunstet Wasser. Lebewesen geben über die Atmung und Verdunstung Wasserdampf an die Umgebung ab.

2 Niederschlag

Warme Luft transportiert den Wasserdampf in höhere Luftschichten. Kühlt die Luft dort ab, kondensiert der Wasserdampf zu Wolken. Je nach Stärke und Richtung des Windes in den höheren Luftschichten werden die Wolken weitergetrieben bzw. verteilt. Wird der Feuchtigkeitsgehalt der Luft zu groß, sorgt die Schwerkraft dafür, dass das Wasser aus den Wolken als Niederschlag auf die Erdoberfläche fällt (▷ B 2). Das geschieht vor allem an Gebirgen, an denen sich die Wolken stauen. Ein Teil der Niederschläge sammelt sich oberirdisch in Bächen, Flüssen und Seen. Ein anderer Teil versickert im Boden und gelangt über das Grundwasser wieder ins Meer (▷ B 1). Das Grundwasser ist aber auch die Quelle für Bäche und Flüsse, die das Wasser oberirdisch ins Meer leiten. Das Wasser bewegt sich also in verschiedenen Kreisläufen, die im Wesentlichen von der Sonne angetrieben werden.

Das von uns Menschen genutzte Trink- und Brauchwasser stammt aus diesen Kreisläufen. Es wird sowohl dem Grundwasser als auch dem in Flüssen und Seen enthaltenen Oberflächenwasser entnommen. Bei der Nutzung entsteht Abwasser, das in Kläranlagen gereinigt und über Bäche und Flüsse wieder dem Meer zugeführt wird.

Aufgabe

1 Versuche abzuschätzen, wie viel Wasser du täglich verbrauchst. Wobei verbrauchst du Wasser?

Brennpunkt

Das Weltwasser in Zahlen

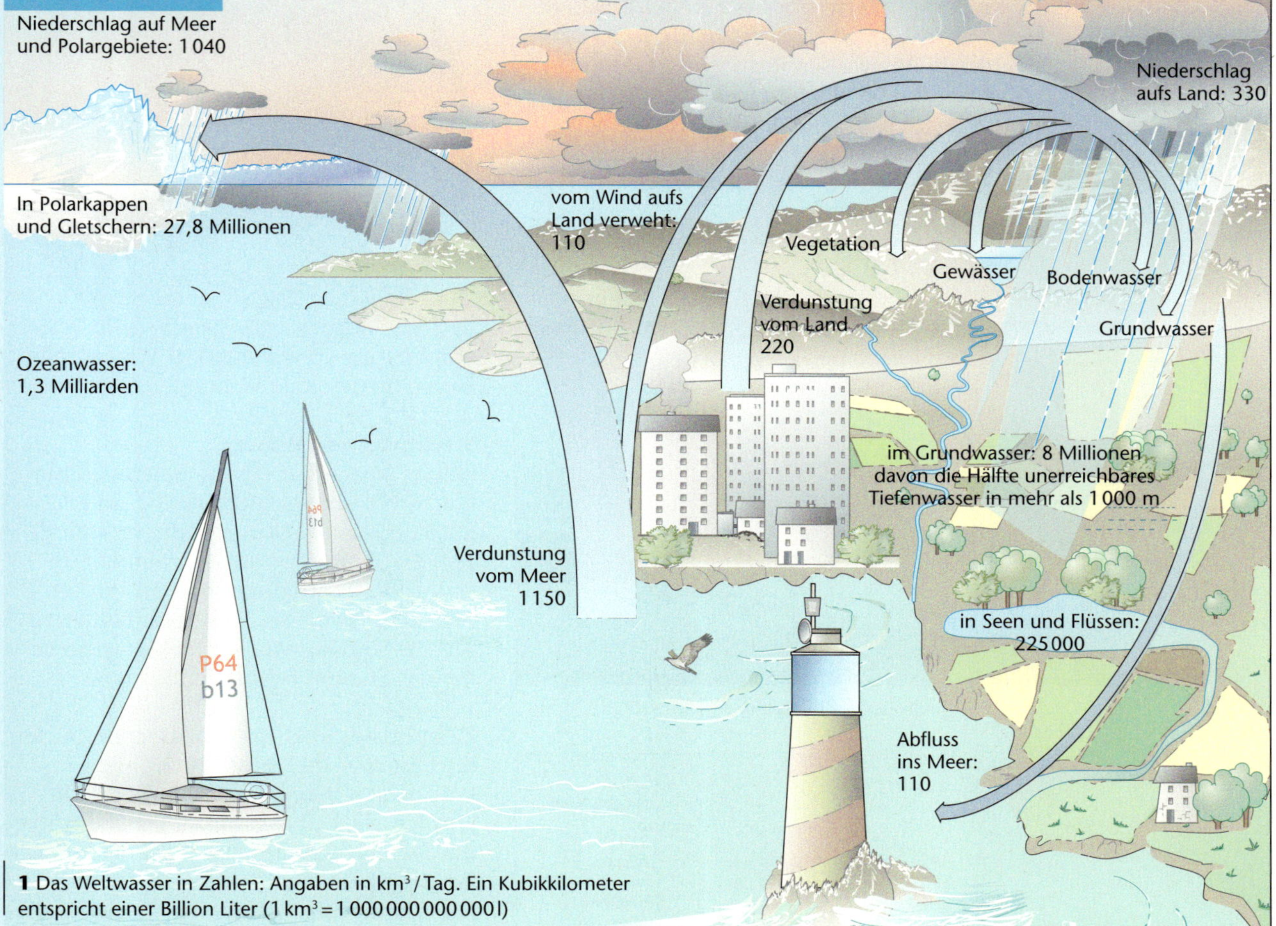

1 Das Weltwasser in Zahlen: Angaben in km^3 / Tag. Ein Kubikkilometer entspricht einer Billion Liter ($1\ km^3 = 1\,000\,000\,000\,000\ l$)

Der blaue Planet
Unsere Erde wird häufig als „blauer Planet" bezeichnet. Kennst du den Ursprung dieses Namens? Fast zwei Drittel der Erdoberfläche sind von Wasser bedeckt. Vom Weltall aus betrachtet erscheinen diese Flächen bläulich schimmernd. Wasser gibt es auf der Erde also scheinbar im Überfluss. Betrachten wir die Wasservorkommen einmal genauer.

Von jeweils 100 Teilen Wasser auf der Erde sind 97 Teile salzhaltiges **Meerwasser**, das für den Menschen ungenießbar ist. Nur 3 Teile von 100 sind **Süßwasser**. So bezeichnet man Wasser, in dem kein oder nur sehr wenig Salz gelöst ist.
Von 3 Teilen Süßwasser sind 2 Teile als **Eis** am Nord- und Südpol und in den Gletschern der Hochgebirge gebunden. Nur ca. ein Drittel des Süßwassers ist flüssig. Den größten Anteil des flüssigen Süßwassers macht das **Grundwasser** aus. Das **Oberflächenwasser** in Seen und Flüssen gehört ebenfalls dazu, sein Anteil ist jedoch sehr gering. Etwa die Hälfte des Grundwassers befindet sich mehr als 800 Meter unter der Erdoberfläche und ist nicht nutzbar. Als Trinkwasser stehen deshalb nur sehr kleine Wassermengen zur Verfügung.

Aufgabe

1 Stell dir vor, der gesamte Wasservorrat der Erde würde in eine Badewanne passen, die 150 l fasst.
a) Wie viele Liter davon sind Süßwasser, wie viele Salzwasser? In welches Gefäß könnte man die Süßwassermenge füllen?
b) Wie viele Liter Süßwasser sind flüssig, wie viele sind fest? Welches Gefäß könnte man hier verwenden?
c) Nur etwa der hunderste Teil der Süßwassermenge kommt als Oberflächenwasser vor. Wie viele Milliliter sind das? In welche Art Gefäß könnte man diese Menge füllen?

Reines Wasser ist äußerst selten
Der größte Teil des auf der Erde vorkommenden Wassers besteht aus Meerwasser. Meerwasser ist stark salzhaltig (▷ B 1). Auch Flusswasser, Regenwasser und Leitungswasser enthalten geringe Mengen gelöster Stoffe. Reines Wasser dagegen enthält keine gelösten Stoffe. Reines Wasser wird im Labor verwendet, in der Natur kommt es nicht vor.
Wasser wird mit Watesmopapier nachgewiesen (▷ B 3; V 5).

1 Meerwasser ist salzhaltig.

Zum Nachweis von Wasser wird Watesmopapier verwendet. Mit Wasser zeigt es eine tiefblaue Färbung.

Steckbrief von Wasser
Reines Wasser hat eine Siedetemperatur von 100 °C und gefriert bei 0 °C zu Eis. Enthält Wasser gelöste Stoffe, verändern sich die Schmelz- und Siedetemperatur (▷ V 1; V 2). Dies nutzt man im Winter, um notfalls vereiste Straßen aufzutauen: Auf die Straßen wird Auftausalz gestreut, das das Eis zum Schmelzen bringt.

Zieht im Sommer ein Gewitter auf, dürfen die Besucher im Freibad nicht mehr ins Wasser. Das Wasser im Freibad enthält ähnlich wie Leitungswasser gelöste Stoffe, die es elektrisch leitfähig machen. Reines Wasser ist ein Nichtleiter (▷ V 3).
Die Dichte von Stoffen wird in der Regel bei 20 °C angegeben. Beim Abkühlen erhöht sich die Dichte von Flüssigkeiten, bis die Erstarrungstemperatur erreicht ist. Wasser allerdings besitzt seine größte Dichte nicht bei 0 °C, sondern bei 4 °C. Sie beträgt bei dieser Temperatur 1,0 g/cm^3 (▷ V 4).

Wasser	
Aussehen:	farblose, durchscheinende Flüssigkeit
Geruch:	geruchlos
Dichte:	1,00 g/cm^3
Brennbarkeit:	nicht brennbar
Schmelztemperatur:	0 °C
Siedetemperatur:	100 °C

2 Steckbrief

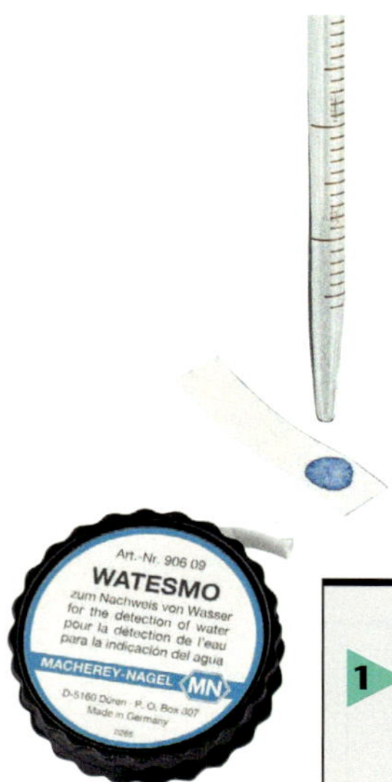

3 Wassernachweis mit Watesmopapier

Versuche

1 Fülle ein Reagenzglas zur Hälfte mit destilliertem Wasser und stelle es in eine Kältemischung. Miss die Erstarrungstemperatur.
Wiederhole den Versuch mit einer Kochsalzlösung.

2 Gib in zwei Erlenmeyerkolben je 50 ml destilliertes Wasser. Gib in einen der Kolben noch zusätzlich 10 g Kochsalz. Erhitze nacheinander beide Flüssigkeiten und bestimme jeweils die Siedetemperatur.

3 Prüfe die elektrische Leitfähigkeit von destilliertem Wasser, Leitungswasser und einer Kochsalzlösung. Vergleiche die Ergebnisse.

4 Bestimme die Dichte von destilliertem Wasser. Miss zuvor die Temperatur der Flüssigkeit.

5 Tauche einen Streifen Watesmopapier in destilliertes Wasser, Leitungswasser, Benzin und Öl.
Vergleiche die Ergebnisse.

Dem Wasser geht´s dreckig

Fast jede Nutzung des Wassers durch den Menschen birgt die Gefahr einer Verschmutzung. Landwirtschaft, private Haushalte und Industrie belasten unsere Gewässer durch das Einleiten von Schadstoffen. Gewässer können sich mithilfe von Kleinstlebewesen, die sich von Schmutzstoffen ernähren, wieder selbst reinigen. Ist die Verschmutzung aber zu groß, funktioniert die Selbstreinigung nicht mehr.

Die **Landwirtschaft** belastet mit Pflanzenschutzmitteln, Dünger und Gülle die Umwelt.

2 Auch Müll belastet unsere Gewässer.

In Gebieten mit Massentierhaltung werden die Böden häufig mit übermäßig viel Gülle gedüngt (▷ B 1). Die Gülle gelangt in angrenzende Seen und Flüsse und stört dort das biologische Gleichgewicht. Der häufige Einsatz von Pflanzenschutzmitteln birgt ebenfalls Gefahren für unsere Gewässer. Diese oft giftigen Stoffe gelangen in nahe gelegene Seen und Flüsse und schädigen dort ebenfalls die Tier- und Pflanzenwelt.

Die **privaten Haushalte** sind besonders stark an der Verunreinigung unserer Gewässer beteiligt. In Deutschland verbraucht jede Person pro Tag ca. 130 l Wasser. Das entspricht etwa der Menge von 15 Eimern Wasser. 130 l verbrauchtes Wasser bedeuten auch 130 l verunreinigtes Abwasser. Fäkalien, Geschirrspülmittel, Waschpulver, Badezusätze, Fette, Öle und viele andere Stoffe, die täglich ins Wasser gelangen, müssen unter großem Aufwand in Kläranlagen wieder entfernt werden.

1 Ausbringen von Gülle

Aber auch in noch so guten Kläranlagen kann das Wasser bis heute nicht vollständig gereinigt werden. Es bleiben immer gewisse Schadstoffe im Wasser zurück, die dann wieder in den natürlichen Wasserkreislauf gelangen.
Jeder kann durch sparsame Verwendung solcher Stoffe im Haushalt dazu beitragen, dass das Wasser weniger verunreinigt wird.

Industriebetriebe müssen stark verschmutztes Wasser reinigen, bevor sie es in Bäche, Seen und Flüsse einleiten dürfen. Aber es bleiben meist genügend Schadstoffe in den eingeleiteten Abwässern zurück, um den Naturhaushalt der Gewässer zu stören.

3 Industrieabwasser in einem Fluss

Unsere Gewässer werden von der Landwirtschaft, den privaten Haushalten und der Industrie verunreinigt.
Vor allem Gülle und Chemikalien sind eine Gefahr für das biologische Gleichgewicht der Gewässer.

2 Granit ist ein Feststoffgemisch.

3 Mischungen: Lösung, Suspension, Emulsion

1 Wasserfarben lösen sich in Wasser.

Feststoffgemische
Manche Gebirgszüge und Pflastersteine bestehen aus Granit. Im Granit sind verschiedene Feststoffe enthalten. Unter der Lupe kann man rötlichen Feldspat, weißen Quarz und schwarzen Glimmer erkennen (▷B 2, V 1).

Lösung
Wasserfarben lösen sich in Wasser. Es entstehen Farblösungen (▷B 1). Zucker und Speisesalz haben im festen Zustand eine weiße Farbe. Gibt man etwas davon in Wasser, entstehen klare, farblose **Lösungen**. Der gelöste Stoff ist nicht mehr zu erkennen. Auch manche Flüssigkeiten und Gase sind in Wasser löslich. Alkoholische Getränke enthalten z. B. Alkohol und Wasser, in Mineralwasser „mit Gas" ist das Gas Kohlenstoffdioxid gelöst.

Versuche

1 Betrachte Granit unter der Lupe. Notiere Farbe und Form der Teilchen, die du erkennen kannst.

2 Mische im Reagenzglas und schüttle:
a) Lehm und Wasser,
b) Speiseöl und Wasser.
Kannst du Unterschiede feststellen?

Suspension
Nicht alle Feststoffe lösen sich in Wasser. Wird Schlamm oder Lehm im Flusswasser mitgerissen, sieht das Wasser trüb und braun aus. Die Feststoffe sind im Wasser fein verteilt. Ein solches Gemisch aus Schlamm und Wasser nennt man **Aufschlämmung** oder **Suspension** (▷B 3).

Emulsion
Auch Flüssigkeiten lassen sich nicht immer gut vermischen. Speiseöl z. B. setzt sich an der Wasseroberfläche ab. Schüttelt man ein Gemisch aus Wasser und Öl kräftig, entsteht eine trübe, milchige Flüssigkeit. Die Öltröpfchen bleiben für kurze Zeit fein verteilt im Wasser. Man bezeichnet das als **Emulsion** (▷B 3).

Löst sich ein fester, flüssiger oder gasförmiger Stoff in Wasser, entsteht eine klare Lösung.
In einer Suspension liegt ein ungelöster Feststoff fein verteilt in Wasser vor.
In einer Emulsion sind die Tröpfchen einer Flüssigkeit in Wasser fein verteilt.

Aufgabe

1 In Bild 4 sind eine Lösung, eine Suspension und eine Emulsion abgebildet. Ordne die Getränke richtig zu und begründe.

4 Orangensaft, Apfelsaft, Milch

Werkstatt

Soßen selbst gemacht

In der Küche stellen wir die unterschiedlichsten Gemische her. Achte bei diesen Versuchen besonders auf saubere Materialien.

1 Essig und Öl

Material

6 Reagenzgläser mit Stopfen, Reagenzglasgestell, Wasser, Essig, Speiseöl, Kochsalz

Versuchsanleitung

Stelle im Reagenzglas zunächst eines der Gemische a) bis f) her. Verschließe dann das Glas mit einem Stopfen und schüttle es kräftig. Stelle das Reagenzglas im Reagenzglasgestell ab und beobachte das Gemisch.

a) Fülle ein Reagenzglas 1 cm hoch mit Wasser und gib Essig dazu.

b) Fülle ein Reagenzglas 1 cm hoch mit Wasser und gib Speiseöl dazu.

c) Fülle ein Reagenzglas 1 cm hoch mit Essig und gib Speiseöl dazu.

d) Fülle ein Reagenzglas 1 cm hoch mit Wasser und gib einige Salzkörnchen dazu.

e) Fülle ein Reagenzglas 1 cm hoch mit Essig und gib einige Salzkörnchen dazu.

f) Fülle ein Reagenzglas 1 cm hoch mit Speiseöl und gib einige Salzkörnchen dazu.

1 Versuche mit Essig und Speiseöl

Gemisch	Aussehen im Reagenzglas	Beobachtung
Essig und Wasser		
Speiseöl und Wasser		
Essig und Speiseöl		

2 Beschreibung von Gemischen

Aufgaben

1. Fertige in einer Tabelle wie in Bild 2 eine Zeichnung des Gemisches im Reagenzglas an. Beschreibe das Verhalten der Mischungen in Stichworten.

2. Wenn man eine Salatsoße aus Essig, Salz und Öl herstellt, werden die Zutaten gründlich vermischt. Begründe dieses Vorgehen.

2 Öl und Wasser und Ei

Material

Reagenzglas mit Stopfen, Reagenzglasgestell, Teelöffel, Wasser, Speiseöl, Eigelb

Versuchsanleitung

Mische im Reagenzglas Speiseöl und Wasser. Gib nun einen halben Teelöffel Eigelb dazu. Verschließe das Glas mit einem Stopfen und schüttle es. Lass das Reagenzglas stehen. Beobachte das Gemisch einige Minuten.

Aufgabe

Was beobachtest du beim Mischen von Wasser, Öl und Eigelb? Vergleiche mit Versuch 1b). Kennst du ein Lebensmittel, das aus den drei im Versuch verwendeten Zutaten besteht?

3 Milch und Pulver

Material

1 Packung Dessertsoße „ohne Kochen" (Schokoladen- oder Vanille-Geschmack), 250 ml kalte Milch, Rührschüssel, Löffel, Schneebesen, Dessertschalen

Versuchsanleitung

Gib 250 ml kalte Milch in eine Rührschüssel. Füge unter ständigem Rühren das Soßenpulver hinzu. Schlage die Mischung anschließend eine Minute lang mit dem Schneebesen schnell und kräftig auf, damit sich keine Klümpchen bilden. Stelle die fertige Soße kalt und verteile anschließend Kostproben.

Aufgabe

Lies die Inhaltsangabe auf der Packung. Welche der genannten Stoffe kennst du?

3 Inhaltsstoffe einer Dessertsoße

4 Dieser Nachtisch ist schnell zubereitet.

Werkstatt

Auslesen, Sieben, Abgießen

1 Studentenfutter auslesen

Material
1 flacher Teller, Holzstäbchen,
1 Packung Studentenfutter

Versuchsanleitung
a) Schütte das Studentenfutter aus der Packung auf einen flachen Teller.
b) Nimm ein Holzstäbchen und sortiere die im Studentenfutter enthaltenen Bestandteile.

Aufgabe
Nach welchen Eigenschaften hast du die Bestandteile ausgelesen?

2 Trennen mit unterschiedlichen Sieben

Material
Siebe mit unterschiedlichen Maschenweiten, Tee, Nudeln, Kies, Sand, Wasser, Salz, Gasbrenner, Anzünder, Topf, Teller, 2 Teegläser

Versuchsanleitung
a) Schütte zunächst etwas Sand zum Kies. Versuche nun, diese Mischung mithilfe eines Siebes wieder zu trennen (▷B 1).
b) Brühe einen Tee aus kochendem Wasser und Teeblättern auf. Gieße den Tee anschließend durch ein Teesieb in ein Teeglas (▷B 2).
c) Koche Nudeln in einem Topf mit Salzwasser. Schütte die fertigen Nudeln durch ein Nudelsieb ab (▷B 3).

1 Trennen durch ein Sieb

2 Ein Teesieb hat feine Maschen.

3 Beim Nudelsieb können die Maschen weiter sein.

Aufgabe
Fertige im Heft eine Tabelle an wie in Bild 4. Trage ein, welche Bestandteile der Gemische im Sieb bleiben und welche durch das Sieb durchgehen.

Gemisch	Bestandteil im Sieb	Bestandteil unter dem Sieb
Sand/ Kies		
Wasser/ Teeblätter		
Salzwasser/ Nudeln		

4 Was man mit dem Sieb alles trennen kann.

3 Sedimentieren und Dekantieren

Material
Erlenmeyerkolben (250 ml, Weithals), 2 Bechergläser (150 ml, hohe Form), Löffel, Glasstab, Wasser, Sand, Erde

Versuchsanleitung
a) Fülle ein Becherglas etwa zur Hälfte mit Wasser. Gib mit einem Löffel Sand und Erde in das Wasser.
b) Rühre mit einem Glasstab gut um. Lass das Becherglas ohne weitere Bewegung stehen.
c) Gieße das überstehende klare Wasser vorsichtig in einen Erlenmeyerkolben ab (▷B 5). Achte darauf, dass weder Sand noch Erde mit abgegossen werden.
d) Stelle die abgegossene Flüssigkeit neben ein Becherglas mit Wasser.

Aufgabe
Vergleiche die abgegossene Flüssigkeit mit dem Wasser im Becherglas. Ist die Flüssigkeit jetzt rein?

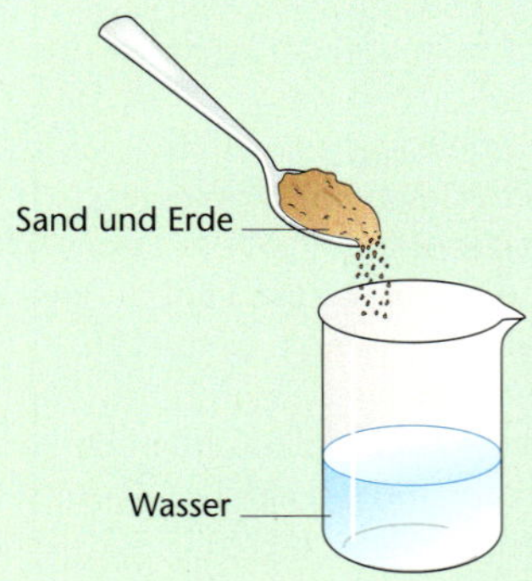

5 Trennen durch Absetzen lassen (Sedimentieren) und Abgießen (Dekantieren)

An einem Vogelhaus kann man reges Treiben beobachten. Was dem einen Vogel nicht schmeckt, wird von einem anderen aufgepickt.

Trennen durch Auslesen
Oft werden die Vogelfuttermischungen fertig gekauft. Die einzelnen Bestandteile lassen sich leicht voneinander unterscheiden und durch Auslesen trennen. Unbekannte Gemischbestandteile sortiert man einfach nach Form, Größe und Farbe.

Trennen durch Sieben
Im Frühjahr wird in manchen Gärten der Kompost umgesetzt. Mit einer Schaufel wirft man den fertigen Kompost gegen ein großes Metallsieb. An diesem Sieb trennt sich die feine, krümelige Erde von den nicht verrotteten Ästchen und den Steinen (▷B 3).

1 Reges Treiben am Vogelhaus

2 Der Wind trennt die leichte Spreu vom Weizen.

3 Der Kompost wird an einem Sieb getrennt.

Windsichten
Bei diesem Trennverfahren hilft der Wind. Man lässt ein Gemisch aus Korn und Spreu im Wind zu Boden rieseln. Das schwerere Korn fällt zur Erde, die Spreu verweht im Wind (▷B 2).

Sedimentieren und Dekantieren
Entnimmt man einem Gartenteich nach einem Regenguss Wasser, erscheint es im Licht meist recht trüb. Mit der Zeit klärt sich der Inhalt, gleichzeitig bildet sich ein Bodensatz. Dieses Absetzenlassen wird Sedimentieren genannt. Durch vorsichtiges und langsames Abgießen (Dekantieren) lässt sich die geklärte Flüssigkeit vom Bodensatz trennen (▷B 4). Wiederholt man den Vorgang mehrfach, werden das Wasser und die festen Stoffe vollständig voneinander getrennt.

Durch Sedimentieren und Dekantieren können unlösliche Feststoffe und Flüssigkeiten voneinander getrennt werden.

4 Sedimentieren und Dekantieren

1 Das Wasser des Aquariums wird ständig gefiltert.

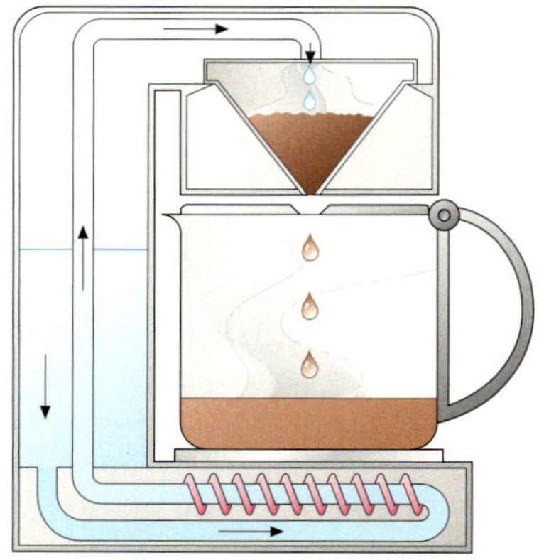

2 Ein gefiltertes Produkt – der Kaffee

Filtrieren und Eindampfen im Labor
Gießt man eine Aufschlämmung von Kochsalz und Sand durch ein Filterpapier, ist das Filtrat klar. Im Filterpapier verbleibt ein heller Rückstand (▷ V 1). Durch Filtrieren kann das gelöste Kochsalz vom Sand getrennt werden.

Durch Filtrieren kann man ungelöste Feststoffe von einer Flüssigkeit trennen.

Dampft man das Filtrat ein, erhält man einen weißen Rückstand. Unter der Lupe erkennt man Kristalle von Kochsalz (▷ V 2). Durch Eindampfen kann das gelöste Kochsalz zurückgewonnen werden.

Durch Eindampfen werden gelöste Stoffe zurückgewonnen. Die Flüssigkeit verdampft, die Feststoffe bleiben zurück.

Filter im Alltag
In einer Kaffeemaschine (▷ B 2) tropft kochend heißes Wasser auf Kaffeepulver in einem Papierfilter. Der heiße, dunkelbraune Filterkaffee wird in der Kanne aufgefangen. Im Papierfilter bleibt das unlösliche Kaffeepulver zurück.

In Aquarien sind Filteranlagen eingebaut. Sie befreien das Wasser von den Verunreinigungen, die darin schweben. Das klare, gefilterte Wasser wird ins Aquarium zurückgeleitet (▷ B 1).

Sand-Kies-Filter (▷ B 3) sind Mehrschichtenfilter. Sand und Kies sind unterschiedlich fein gekörnt. Wie in einem Bachbett befindet sich der feine Sand über dem groben Kies. Das verschmutzte Wasser wird in den verschiedenen Schichten von den im Wasser unlöslichen Feststoffen befreit. Klares Wasser verlässt den Filter.

Eindampfen in der Küche
Marmelade wird durch Einkochen von Früchten mit Zucker hergestellt. Dabei verdampft das Wasser aus der Fruchtmasse, die Marmelade dickt ein.
Das kennst du: Bratensoße wird eingedampft. Die Soße wird beim Eindampfen dickflüssig, sie schmeckt dann intensiver.

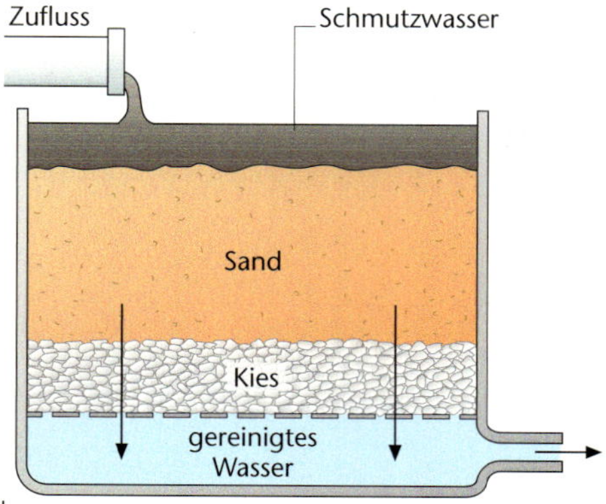

3 Aufbau eines Sand-Kies-Filters

Versuche

1 Gieße eine Aufschlämmung von Kochsalz und Sand durch einen Papierfilter in einem Trichter. Fange das Filtrat in einem Erlenmeyerkolben auf. Betrachte das Filterpapier nach dem Versuch. Bewahre das Filtrat auf.

2 Erwärme in einer schwarzen Porzellanschale das Filtrat aus Versuch 1, bis ein fester, weißer Rückstand entsteht. Betrachte den Rückstand unter der Lupe.

Kochsalz aus Steinsalz

Steinsalz kommt in Lagerstätten vor. Es ist ein Gemisch aus Kochsalz und Gestein. Mithilfe verschiedener Versuche kannst du daraus Kochsalz herstellen.

1 Zerkleinern

Material
Schutzbrille, einige Steinsalz-Brocken, Reibschale mit Pistill

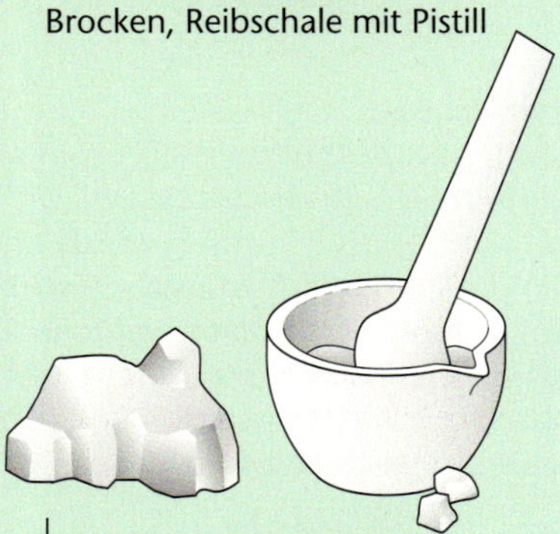

1 Zerkleinern in der Reibschale

Versuchsanleitung
Zerkleinere das Steinsalz in einer Reibschale mit einem Pistill (▷ B 1).

2 Lösen in Wasser

Material
Becherglas (250 ml), Spatellöffel, Glasstab, destilliertes Wasser, zerkleinertes Steinsalz

Versuchsanleitung
Fülle destilliertes Wasser in ein Becherglas. Löse darin einen Teil des zerriebenen Steinsalzes aus Versuch 1. Rühre zwischendurch um (▷ B 2).

2 In Wasser lösen

3 Sedimentieren und Dekantieren

Material
Becherglas mit Steinsalz-Aufschlämmung aus Versuch 2, Becherglas

Versuchsanleitung
Lass zunächst das Becherglas mit der Steinsalz-Aufschlämmung einige Zeit ruhig stehen.
Gieße dann vorsichtig die klare Flüssigkeit in ein Becherglas ab, sodass der Bodensatz zurückbleibt (▷ B 3).

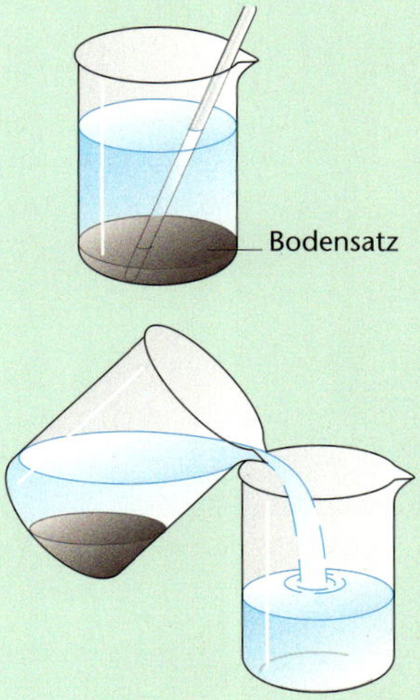

3 Dekantieren der geklärten Flüssigkeit

4 Filtrieren

Material
Rundfilter, Trichter, Erlenmeyerkolben (250 ml, Enghals), Becherglas mit der klaren Flüssigkeit aus Versuch 3

Versuchsanleitung
a) Nimm ein Rundfilterpapier und falte es zunächst in der Mitte.

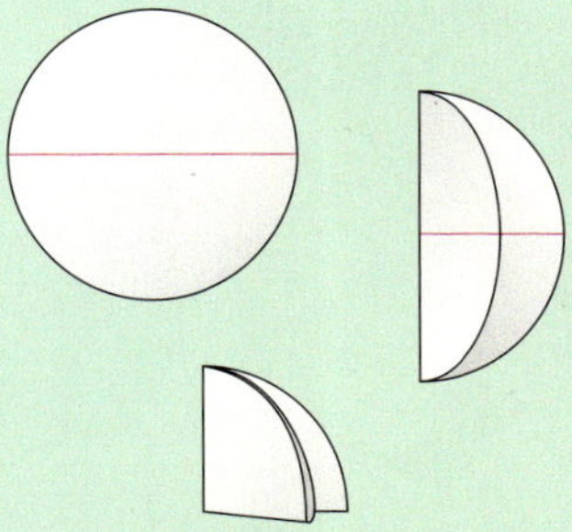

4 Das Filterpapier wird gefaltet.

5 Filtern

Falte dieses halbierte Papier noch einmal in der Mitte, sodass das Filterpapier die Form eines Viertelkreises hat (▷ B 4).

b) Forme aus dem Filterpapier einen Trichter. Stecke diesen in einen Kunststofftrichter und gieße die Flüssigkeit aus dem Becherglas hinein. Fange das Filtrat im Erlenmeyerkolben auf (▷ B 5).

5 Eindampfen

Material
Schutzbrille, Filtrat aus Versuch 4, Dreifuß, Keramik-Drahtnetz, Gasbrenner, Anzünder, Abdampfschale (schwarz), Tiegelzange, Lupe

Versuchsanleitung
Erwärme das Filtrat in einer schwarzen Abdampfschale bis zum Sieden. Lass das Wasser verdampfen, sodass in der Abdampfschale ein fester, weißer Rückstand übrig bleibt (▷ B 6). Betrachte diesen mit einer Lupe.

6 Eindampfen

Zeitpunkt

Das weiße Gold

1 Salztransport

2 Salzgewinnung um 1650

„Daß ein gesegnetes Salzwerk für einen Staat von großem Wert sey, darf nicht erst weitläufig erweisen werden. Ein solcher Staat erspahrt nicht nur sein eigen Geld; sondern er gewinnt wohl gar fremdes. Beydes macht ihn reich…"
(1773)

3 Salzgewinnung um 1750

4 Der Salzmarkt heute

Salzstraßen
Früher besaß das Kochsalz eine wesentlich größere Bedeutung als heute. Mit Planwagen (▷ B 1) und Schiffen wurde das weiße Gold nach Lübeck transportiert. Von dort aus wurde es im gesamten Ostseeraum verschifft. Wegen des hohen Wertes, den das Salz hatte, mussten die Transporte vor Räubern geschützt werden.

Noch heute kann man auf Landkarten an den Namen vieler Orte und Städte den einstigen Verlauf der Handelsstraßen nachvollziehen. Die Ortsnamen enthalten Silben wie -salz, -sol oder -hall. Auch Brauchtumsfeste wie der Haller Siedertanz, der in Schwäbisch Hall stattfindet, erinnern an diese Zeit.

Salz als Zahlungsmittel
Auf den Handelsstraßen des Mittelalters wurde das kostbare Salz als Tausch- und Zahlungsmittel von Stadt zu Stadt gebracht. Der Handel mit Salz brachte Reichtum. Aus diesem Grund wurde das Salz als weißes Gold bezeichnet.

Früher im Salzbergwerk
Die Arbeit im Salzbergwerk war früher hart und anstrengend. Das Salz wurde nur mit Muskelkraft in unterirdischen Stollen abgebaut und dann in Körben oder Fässern nach oben transportiert. Die Aufzüge in den Salzdomen wurden von Grubenpferden bewegt (▷ B 2).

Salzmärkte
Wie im Mittelalter werden auf afrikanischen Salzmärkten auch heute noch Waren wie Stoffe oder Teppiche gegen Salz getauscht (▷ B 4). Dort hat das weiße Gold noch nichts von seiner Bedeutung eingebüßt.

Werkstatt

Kristalle selbst gezüchtet

1 Herstellen einer gesättigten Lösung

Material
Schutzbrille, Dreifuß, Keramik-Drahtnetz, Becherglas (500 ml, niedere Form), Gasbrenner, Anzünder, Spatellöffel, Glasstab, Thermometer (–10 °C bis 110 °C), Alaunsalz, destilliertes Wasser

Versuchsanleitung
Fülle ein Becherglas etwa zur Hälfte mit destilliertem Wasser. Gib mit einem Spatellöffel Alaun ins Wasser und rühre es ständig mit einem Glasstab um. Falls sich ein Bodensatz bildet, erwärme die Lösung unter Umrühren auf höchstens 50 °C (▷ B 1).

1 Erwärmen einer gesättigten Lösung

2 Filtrieren

Material
Trichter, Filterpapier (rund), Erlenmeyerkolben (250 ml, Enghals), Lösung aus Versuch 1

Versuchsanleitung
Lass die Lösung aus Versuch 1 abkühlen und filtriere sie durch einen Papierfilter (▷ B 2). Fange das Filtrat in einem Erlenmeyerkolben auf.
Wenn du gewissenhaft arbeitest, bleibt eine klare Flüssigkeit ohne Bodensatz zurück.

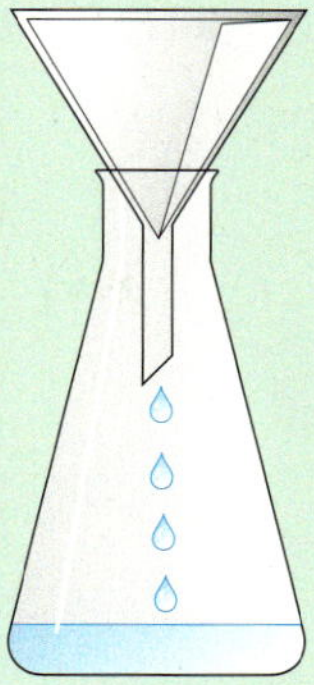

2 Filtrieren der Lösung

3 Züchtung kleiner Kristalle

Material
1 Petrischale mit Deckel, Pinzette, Filtrat aus Versuch 2

3 Die ersten Kristalle entstehen.

Versuchsanleitung
Gieße etwas von der klaren Salzlösung in die Petrischale. Lege den Deckel auf. Nach etwa einem Tag haben sich am Boden kleine Kristalle gebildet (▷ B 3). Nimm mit der Pinzette zwei oder drei Kristalle aus der Lösung und bewahre sie auf. Gieße den Rest der Lösung in ein Vorratsgefäß.

4 Wachsen lassen

Material
Becherglas (250 ml, hohe Form), Glasstab, Nähgarn, Kristallisierschale, Pinzette, Rundfilter, klare, gesättigte Salzlösung aus Versuch 2

Versuchsanleitung
a) Fülle die Kristallisierschale bis zur Hälfte mit einem Teil der klaren Salzlösung aus Versuch 2. Nimm mit einer Pinzette einen Salzkristall und lege ihn auf den Boden der Kristallisierschale. Decke die Schale mit einem Rundfilter ab, damit kein Staub in die Lösung kommt.
b) Gieße den Rest der klaren gesättigten Salzlösung aus Versuch 2 in ein Becherglas. Befestige den Kristall aus Versuchsteil a) an einem Faden und hänge ihn in die Lösung (▷ B 4). Bei zu hohen Temperaturen können sich die Kristalle wieder auflösen. Stelle die Lösung deshalb nicht in die Sonne.
c) Kontrolliere die Salzlösung im Zuchtgefäß mindestens einmal in der Woche. Wenn auf der Oberfläche Kristalle schwimmen oder an den Gefäßwänden Salzablagerungen zu sehen sind, nimm den Zuchtkristall heraus, filtriere die Lösung, reinige das Gefäß und setze den Kristall wieder ein.

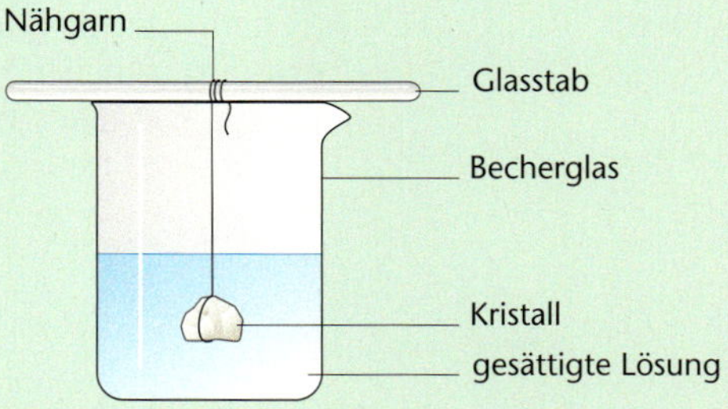

4 Kristallzucht am Faden

Aufgabe
Betrachte deinen Kristall mithilfe einer Lupe.
Fertige eine Skizze von deinem Kristall an und vergleiche diese mit denen deiner Mitschüler und Mitschülerinnen.

Ein lebender Filter

Ein riesiges Maul ohne Zähne

Der Blauwal hat keine Zähne. Stattdessen hängen von seinem Gaumen lange Hornplatten mit vielen haarartigen Fransen ins Maul herab. Diese Hornplatten nennt man Barten. Die Blauwale gehören zur Gruppe der **Bartenwale** (▷ B 3).
Zum Fressen öffnen die Bartenwale das Maul und lassen Wasser mitsamt dem Plankton hineinströmen (▷ B 2). Beim Schließen des Mauls pressen sie das Wasser mit der Zunge durch die Barten wieder hinaus. Die Barten wirken wie ein riesiger Filter, sie halten die Nahrung zurück. Mit einem Maul voll können so 50 kg Krill in den Magen des Wals gelangen.
Aufgrund ihrer Fressgewohnheiten gehören auch Buckelwale, Grönlandwale und Finnwale zu den Bartenwalen.

1 Ein Krill im Größenvergleich

Blauwale – Giganten im Meer

Blauwale sind die größten Tiere, die jemals auf der Erde gelebt haben. Sie können bis zu 30 m lang werden. Ein Blauwal wiegt etwa so viel wie 33 Elefanten.
Das Erstaunliche ist, dass sich diese Riesen von winzig kleinen Lebewesen ernähren, die man Plankton nennt. Ein Blauwal kann 100 Millionen Mal größer sein als die Nahrung, die er frisst.

Im Eismeer am Nordpol schweben Billionen von Planktonlebewesen nahe der Wasseroberfläche. Die kleinen Krebse, die in Massen unter dem Plankton zu finden sind, nennt man Krill. Die orangefarbenen Krebschen sind ungefähr so lang wie Streichhölzer (▷ B 1). Sie gedeihen am besten in sehr kaltem Wasser. Um satt zu werden, muss der Wal eine riesige Menge Krill fressen.

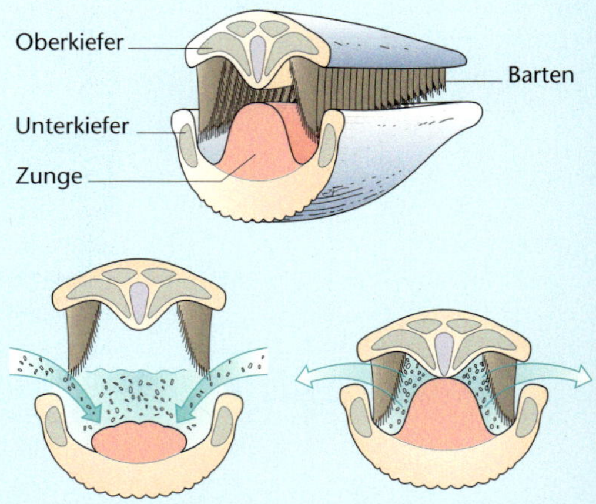

2 Nahrungsaufnahme beim Bartenwal

3 Wale im Eismeer

Werkstatt

Was Filter leisten können

1 Wie man Kohlestaub aus Wasser entfernt

Material

Reibschale mit Pistill, Sieb (engmaschig), Becherglas (250 ml, niedere Form), Erlenmeyerkolben (250 ml, Enghals), Glastrichter, Filterpapier (rund), Spatellöffel, Glasstab, Holzkohlestücke

1 Zerreiben von Holzkohle

Versuchsanleitung

a) Zerreibe einige Holzkohlestückchen mit dem Pistill in der Reibschale (▷ B 1). Arbeite sorgfältig, sodass kein Holzkohlepulver neben die Reibschale fällt.

b) Siebe das Holzkohlepulver über dem Becherglas, das zur Hälfte mit Wasser gefüllt ist (▷ B 2). Rühre die Flüssigkeit ständig um.

c) Gieße die Holzkohlesuspension durch einen Papierfilter in den Erlenmeyerkolben (▷ B 3). Betrachte die gefilterte Flüssigkeit.

2 Herstellung einer Holzkohlesuspension

3 Filtrieren der Holzkohlesuspension

2 Wie man einen Farbstoff zurückhält

Material

Wasser, Filterpapier (rund), Aktivkohlefilter (rund), Becherglas (100 ml, hohe Form), 2 Glastrichter, 1 Glasstab, 2 Erlenmeyerkolben (250 ml, Enghals), rote Schokolinsen

Versuchsanleitung

a) Löse zwei oder drei rote Schokolinsen in Wasser auf. Rühre die Lösung mit dem Glasstab um (▷ B 5).

b) Gieße die Hälfte der farbigen Lösung durch einen Papierfilter in einen Erlenmeyerkolben (▷ B 6).

c) Gieße die andere Hälfte der farbigen Lösung durch einen Aktivkohlefilter in den anderen Erlenmeyerkolben (▷ B 6).

Aufgaben

1. Vergleiche die Flüssigkeiten, die du durch das Filtrieren mit dem Papierfilter und mit dem Aktivkohlefilter (▷ B 4) erhältst.
Welchen Unterschied stellst du fest? Wie kannst du dir den Unterschied erklären?

2. Aktivkohlefilter werden in verschiedenen Geräten für den Haushalt und für die Industrie eingesetzt.
Informiere dich im Internet, wo diese Filter überall verwendet werden und welche Vorteile sie gegenüber anderen Filtern haben.

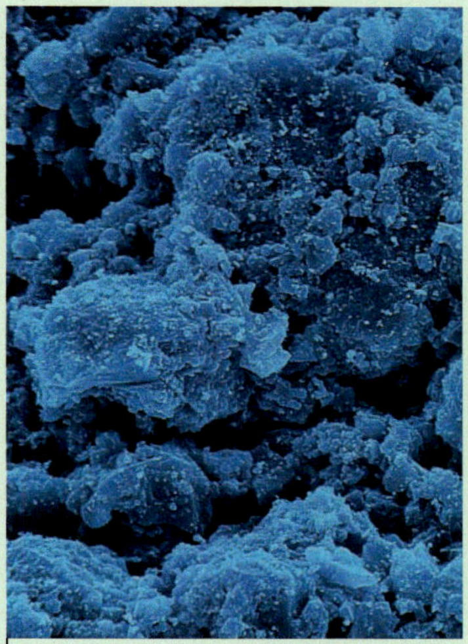

4 Aktivkohlefilter (Vergrößerung)

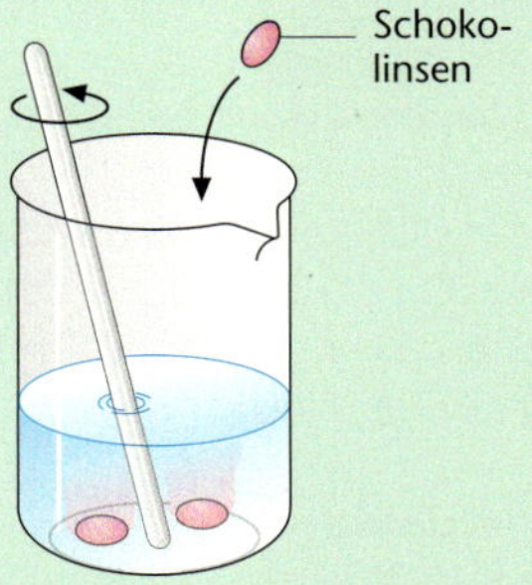

5 Die farbige Hülle der Schokolinsen löst sich im Wasser.

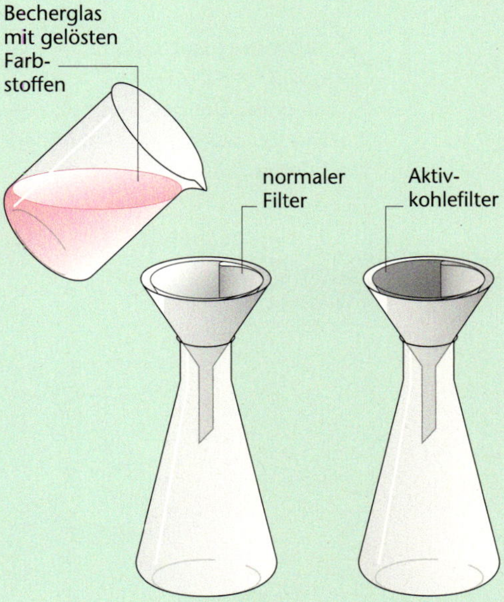

6 Die Farblösung wird filtriert.

Werkstatt

Wir entwickeln eine Destillationsapparatur

In vielen südlichen Ländern herrscht – vor allem im Sommer – Trinkwassermangel, obwohl diese Länder ans Meer grenzen. Wie ist das möglich, wenn Wasser doch im Überfluss vorhanden ist? Meerwasser hat einen hohen Salzgehalt (32 bis 43 Gramm pro Liter), deshalb ist es weder als Trinkwasser noch zur Bewässerung geeignet. In einigen Mittelmeerländern wird Trinkwasser durch Entsalzen von Meerwasser in Destillationsanlagen gewonnen. Mit den nachfolgenden Versuchen wollen wir eine Destillationsanlage entwickeln, in der wir eine Salzlösung, unser „Meerwasser", entsalzen.

1 „Meerwasser" herstellen

Material

Schutzbrille, Waage, Spatellöffel, Becherglas (250 ml, hohe Form), Glasstab, Messzylinder (100 ml), Kochsalz, destilliertes Wasser

Versuchsanleitung

Löse 3,5 g Kochsalz in 100 ml destilliertem Wasser. Rühre dabei gut um. Bewahre die Kochsalzlösung („Meerwasser") auf.

2 Kühlung mit Luft

Material

Schutzbrille, Dreifuß, Keramik-Drahtnetz, Gasbrenner, Anzünder, Becherglas (250 ml, hohe Form), Becherglas (100 ml, hohe Form), Glasplatte, Reagenzglashalter, „Meerwasser"

Versuchsanleitung

Erhitze die Kochsalzlösung aus Versuch 1 bis zum Sieden. Halte eine Glasplatte mit einem Reagenzglashalter schräg in den Dampf (▷ B 1). Fange die kondensierte Flüssigkeit auf.

3 Kühlung mit Kaltluft

Material

Schutzbrille, Becherglas (250 ml, hohe Form), Reagenzglas, Stopfen (einfach durchbohrt), Stativ, Doppelmuffe, Universalklemme, Glasrohr (ungleichschenklig gewinkelt), Gasbrenner, Anzünder, „Meerwasser"

Versuchsanleitung

a) Fülle ein Reagenzglas zu einem Drittel mit „Meerwasser". Befestige das Reagenzglas mit einer Universalklemme schräg an einem Stativ. Verschließe das Reagenzglas mit einem Stopfen, durch dessen Bohrung ein ungleichschenklig gewinkeltes Glasrohr gesteckt wurde. (Vorsicht! Bruchgefahr!)
Lass das freie Glasrohrstück in ein Becherglas münden (▷ B 2).
b) Erhitze das „Meerwasser" im Reagenzglas mit einer schwach rauschenden Brennerflamme. Fange das Kondenswasser im Becherglas auf.
c) Prüfe die elektrische Leitfähigkeit der gebildeten Flüssigkeit und vergleiche mit dem „Meerwasser".

Aufgabe

Wodurch unterscheiden sich Meerwasser und Kondenswasser?

4 Kühlbad

Material

Schutzbrille, Becherglas (400 ml, hohe Form), 2 Reagenzgläser (Durchmesser 30 mm), 1 Stopfen (einfach durchbohrt), Glasrohr (ungleichschenklig gewinkelt), Stativ, 2 Doppelmuffen, 2 Universalklemmen, Gasbrenner, Anzünder, kaltes Wasser, „Meerwasser"

Versuchsanleitung

a) Fülle ein großes Reagenzglas etwa zu einem Drittel mit „Meerwasser". Verschließe das Reagenzglas mit einem Stopfen, durch dessen Bohrung ein ungleichschenklig gewinkeltes Glasrohr gesteckt wurde. (Vorsicht! Bruchgefahr!)
Befestige das Reagenzglas schräg am Stativ mit der Universalklemme und der Doppelmuffe.
b) Mache das andere Reagenzglas so am Stativ fest, dass es möglichst tief in das mit kaltem Wasser gefüllte Becherglas eintaucht (▷ B 3).
c) Erhitze das „Meerwasser" im Reagenzglas mit einer schwach rauschenden Brennerflamme, bis es zu sieden beginnt. Beobachte das Reagenzglas im Kühlbad.

Aufgabe

Vergleiche die Experimente und gib an, welche Kühlung besonders vorteilhaft ist.

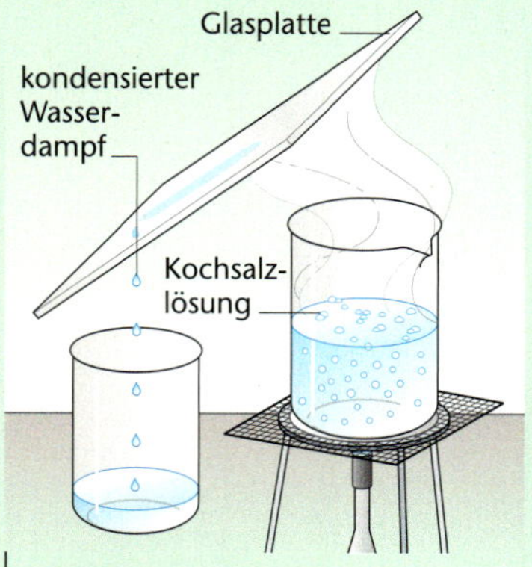

1 Kühlung mit Luft

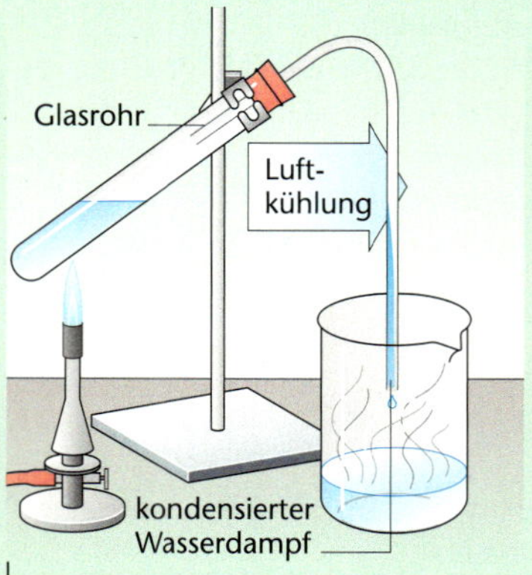

2 Kühlung mit Kaltluft

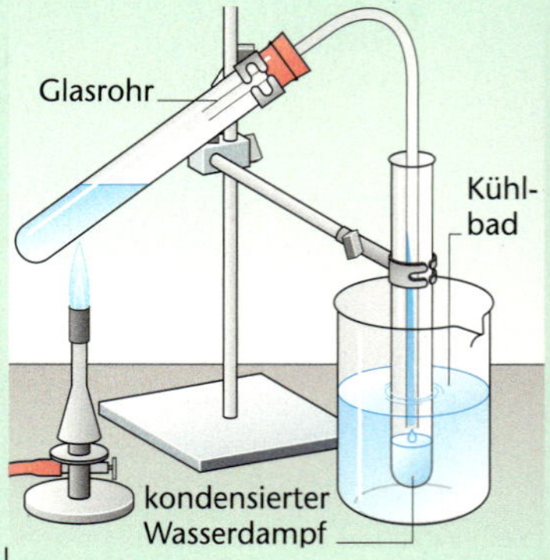

3 Kühlbad

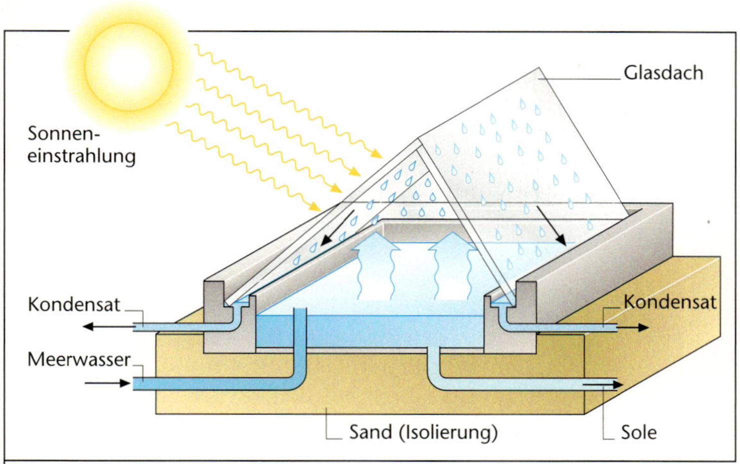

1 Schema einer Anlage zur Trinkwassergewinnung aus Meerwasser

3 Anlage zur Trinkwassergewinnung

Trinkwasser aus Meerwasser
Im Küstenbereich von Mittelmeerländern und auf manchen Inseln ist das Trinkwasser knapp. Zur Gewinnung von Trinkwasser muss das Meerwasser entsalzt werden. Dies erfolgt in Anlagen, in denen das salzhaltige Wasser erhitzt wird (▷ B 1). Die erforderliche Energie liefert die Sonne.

In der Destillationsapparatur von Bild 2 wird Meerwasser (Salzwasser) in einem Kolben bis zum Sieden erhitzt. Der Wasserdampf wird in einen Kühler geleitet. Dampf und Kühlwasser strömen in entgegengesetzte Richtungen. Der Dampf kondensiert.
Das herabtropfende Kondenswasser, man nennt es auch destilliertes Wasser, wird in einem Gefäß aufgefangen. Im Destillierkolben bleibt das feste Salz zurück.
Um das so gewonnene reine Wasser als Trinkwasser verwenden zu können, müssen ihm noch geringe Mengen an Mineralsalzen zugegeben werden. Die Zusammensetzung von Trinkwasser wird von den Behörden streng kontrolliert.

Das Trennen eines Stoffgemisches durch Verdampfen und Kondensieren wird Destillieren genannt.

Versuch

1 In einer Apparatur wie in Bild 2 wird Salzwasser bis zum Sieden erhitzt. Im Kühler kondensiert Wasserdampf. Das destillierte Wasser wird aufgefangen.

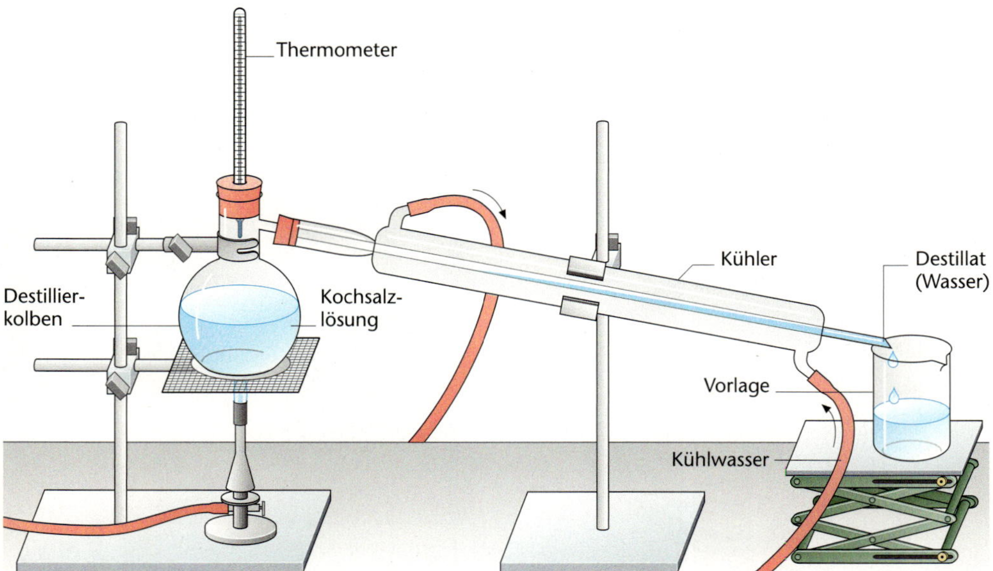

2 Destillationsapparatur im Labor

Brennpunkt

Schleudern

1 Salatschleuder

Salat schleudern ist Handarbeit

Eine Salatschleuder ist ein trickreiches Gerät (▷ B 1). Sie besteht aus einer Schüssel, einem Sieb und einem Deckel. Dreht man an der außen angebrachten Kurbel, wird das Sieb in der Schüssel in schnelle Umdrehungen versetzt. Der tropfnasse Salat wird an die Wand des Siebs gepresst. Das Wasser wird durch die Öffnungen im Sieb geschleudert und sammelt sich unten in der Schüssel. Das Wasser wird so vom Salat getrennt.

Wäsche schleudern in der Maschine

Jede Waschmaschine ist zugleich eine Schleudermaschine (▷ B 2). Nach dem Waschen ist die Wäsche tropfnass. Im Schleudergang dreht sich die Trommel in der Maschine sehr schnell. Dabei wird das Wasser aus der Wäsche geschleudert und abgepumpt.

Feinwäsche und Kleidungsstücke aus Wolle zerknittern leicht. Sie werden nur kurz und schonend bei 400 Umdrehungen pro Minute geschleudert. Bei Kochwäsche und Buntwäsche kann sich die Waschtrommel 900- bis über 1400-mal in der Minute drehen. Eine zusätzliche Wäscheschleuder entfernt das Wasser noch besser. Sie erreicht bis zu 2800 Umdrehungen pro Minute.

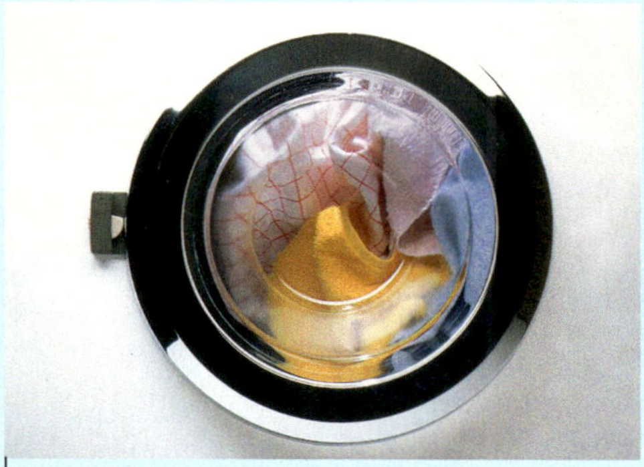

2 Wäscheschleuder

Honig aus der Honigschleuder

Bienen sammeln im Sommer Nektar aus Blüten. Ein Nektartropfen geht durch Hunderte von Bienenmägen, bis er zu Honig wird. Die Bienen lagern den Honig in den Waben (▷ B 3), damit sie auch im Winter genügend Nahrung haben. Ist der Honig reif, verschließen sie die Zellen der Wabe mit Wachsdeckelchen.

3 Bienenwabe

Jetzt beginnt die Arbeit des Imkers: Er nimmt die Honigwaben aus dem Bienenstock und ersetzt den Nahrungsvorrat der Bienen durch Zuckerwasser.

Dann entfernt er mit einer Spezialgabel die Wachsdeckel von den Honigwaben. Die Waben werden in die Honigschleuder gestellt (▷ B 4). Durch die schnelle Drehung wird der Honig an die Wand der Maschine geschleudert und läuft dort herab. Im unteren Bereich ist die Schleuder wie ein Trichter aufgebaut. Dort sammelt sich der Honig an und fließt dann über feine Siebe direkt in den Abfülleimer. Zum Schluss wird der Honig in Gläser abgefüllt.

4 Honig wird durch Schleudern gewonnen.

Trennverfahren von A bis Z

Auspressen
Mit einfachen Handpressen werden die halbierten Früchte ausgepresst. Dabei fließt der Saft durch ein Sieb, in dem das Fruchtfleisch hängen bleibt.

Chromatografieren
Man trägt wasserlösliche Filzstiftfarben um das Loch eines durchbohrten Rundfilters auf.
Tränkt man das Rundfilterpapier von innen mit Wasser, so beobachtet man die Entstehung verschiedener Farbzonen. Das Wasser transportiert die Farbstoffe mit unterschiedlicher Geschwindigkeit.

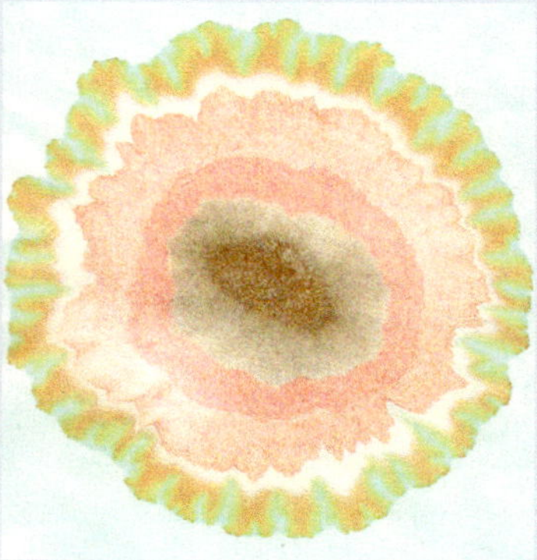

Entsaften
Der Saft von Karotten und Tomaten wird meist nicht ausgepresst, sondern durch Entsaften gewonnen. Im Entsafter wird das Gemüse zuerst zerkleinert. Die Masse wird dann in ein siebartiges Gitter gegeben, das sich sehr schnell dreht. Das Gemüse wird dadurch nach außen gepresst, der Saft fließt durch das Gitter in eine Rinne und läuft über eine Austrittsöffnung ins Glas.

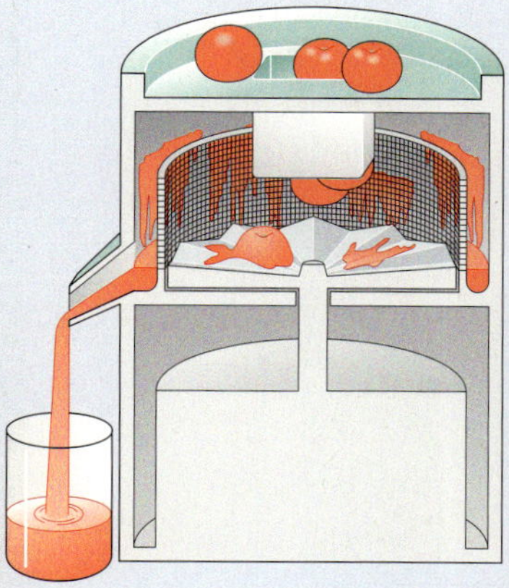

Filtrieren
Kaffeepulver wird mit heißem Wasser aufgebrüht. Die festen Bestandteile werden von einem Filter zurückgehalten. Die gelösten Farb- und Geschmacksstoffe können dagegen den Filter passieren.

Magnettrennung
Bei der Mülltrennung und der Verwertung von Schrott nutzt man die magnetischen Eigenschaften von Eisen aus. Mithilfe eines Elektromagneten werden Eisenteile aus dem zerkleinerten Müll auf dem Förderband aussortiert. Auch bei der Schrottverwertung wird Eisen auf diese Weise von anderen Metallen getrennt. Das wichtige Metall Eisen kann so zurückgewonnen und weiterverwertet werden.

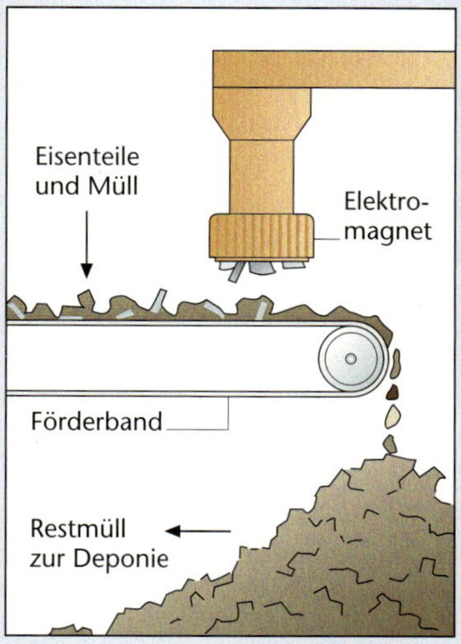

Sedimentieren
Beim Goldwaschen werden Schlamm, Steine und Sand von den winzigen Goldkörnchen getrennt. Durch geschicktes Schwenken der Schale bleiben die winzigen Goldkörnchen am Boden der Schale zurück, während Schlamm, Sand und Steine über den Pfannenrand gespült werden.

Zentrifugieren
Eine Zentrifuge arbeitet ähnlich wie eine Schleuder. Das flüssige Stoffgemisch wird in eine Trommel gegeben, die sich sehr schnell dreht. Die schweren Bestandteile werden nach außen geschleudert und so von den leichteren getrennt. Das Verfahren wird z. B. bei Milch angewendet, um die Molke vom Fett zu trennen.

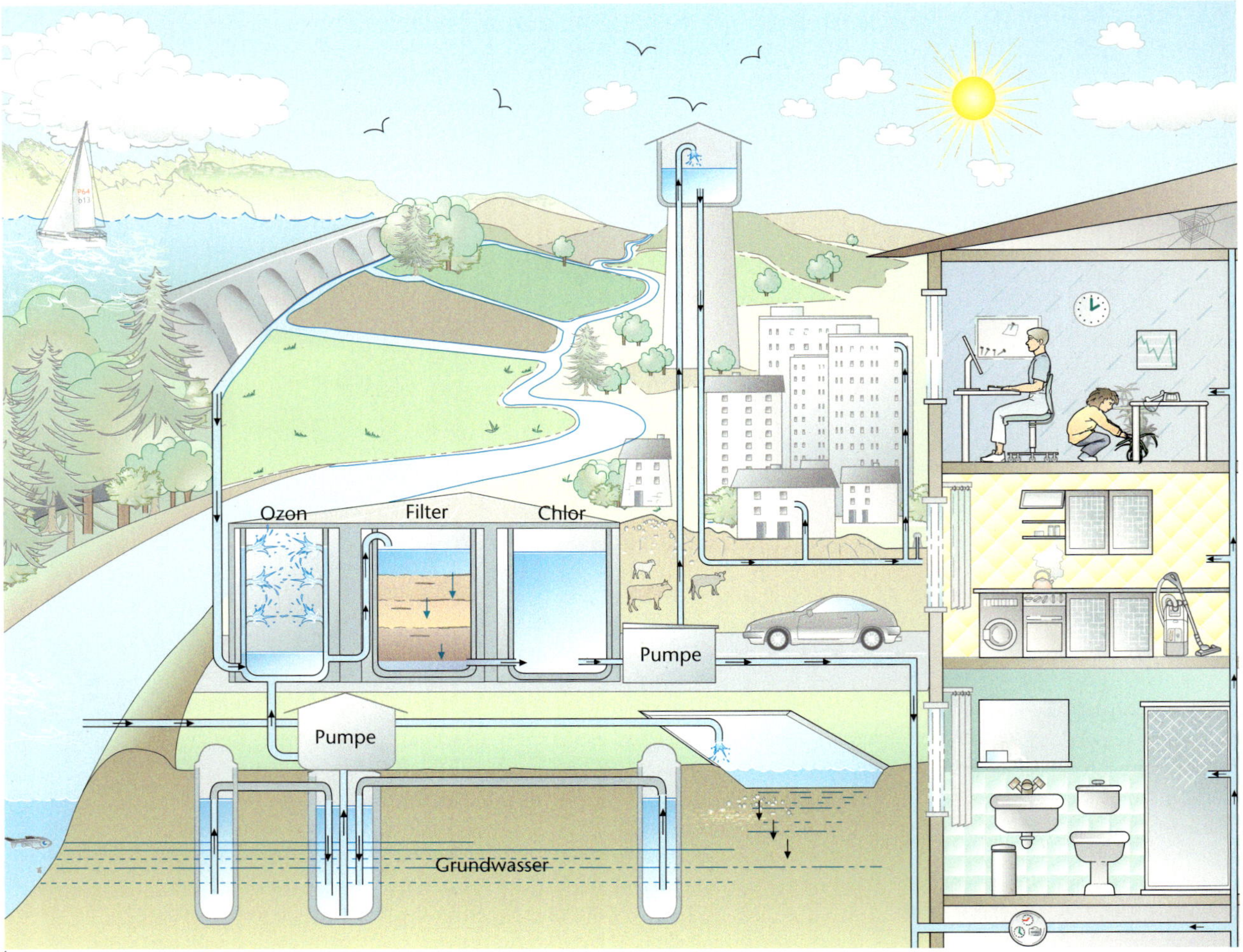

1 Versorgung mit Trinkwasser

2 Trinkwasser

Trinkwasser aus der Leitung
In vielen Ländern der Erde wird das Trinkwasser aus Brunnen oder Flüssen geschöpft und über weite Entfernungen zu den Häusern getragen. Bei uns kann man zu jeder Zeit den Wasserhahn aufdrehen und beliebig viel Wasser entnehmen. Die Wasserwerke versorgen die Haushalte mit Trinkwasser bester Qualität (▷ B 1; B 2).
Die Arbeit der Wasserwerke gliedert sich in vier große Bereiche: die Wassergewinnung, die Wasseraufbereitung, die Wasserspeicherung und die Wasserverteilung.

Wassergewinnung
In Deutschland wird der größte Teil des Trinkwassers aus Grund- und Quellwasser gewonnen. Meistens wird das Grundwasser aus Brunnen an die Oberfläche gepumpt. Legt man Brunnen in der Nähe von Flüssen an, gewinnt man außer Grundwasser auch noch das so genannte **Uferfiltrat**. Dabei versickert Wasser aus dem Fluss im Ufer, fließt auf dem Weg zum Brunnen durch Sand oder Kies und wird dabei wie in einem Filter gereinigt.

Wasseraufbereitung
Das so gewonnene Wasser enthält meist noch gelöste Stoffe und Schwebstoffe. Deshalb wird es weiter aufbereitet. Das Wasser gelangt zunächst in eine Belüftungskammer mit ozonhaltiger Luft, in der es durch Düsen fein zerstäubt wird. Die gelösten Stoffe wandeln sich dabei in Feststoffe um. Diese flocken aus und werden in Sand- und Kiesschichten, die als Filter wirken, abgetrennt.
In speziellen Anlagen können sie auch mithilfe von Aktivkohlefiltern aus dem Wasser entfernt werden. Enthält das Wasser noch Krankheitskeime, wird es durch eine Behandlung mit UV-Licht, Ozon oder Chlor desinfiziert.

3 Hochbehälter

Wasserspeicherung

In Talsperren (▷ B 5) wird Wasser aufgestaut und gespeichert. Der Wasserbedarf ist je nach Tageszeit und Jahreszeit sehr unterschiedlich. Damit immer ausreichend Wasser zur Verfügung steht, wird das Wasser in Hochbehältern gespeichert (▷ B 3). Häufig werden Speicherbehälter auf Bergkuppen angelegt und mit Erde bedeckt. Im flachen Gelände benutzt man Wassertürme (▷ B 4), aus denen das Wasser ohne Pumpen direkt zum Verbraucher gelangt.
Das Wasser befindet sich im oberen Teil des Wasserturmes. Durch ein Röhrensystem ist der Wasserturm mit den Haushalten verbunden. In diesem System kann das Wasser nur so hoch wie im Turm steigen.

4 Historischer Wasserturm in Lüneburg

5 Okertalsperre

Wasserverteilung

Unter den Straßen liegt ein weit verzweigtes Wasserleitungsnetz. Größere Städte besitzen meistens Ringleitungen mit Hauptrohren. Sie haben einen Durchmesser von bis zu einem Meter. Von diesen zweigen Straßenleitungen mit einem geringeren Durchmesser ab. Von den Straßenleitungen zweigen Hausleitungen ab, die sich hinter dem Wasserzähler im Haus verzweigen.

Wasseruhr

Wasseruhren sind in jedem Haushalt zu finden. Auf der Wasseruhr kannst du den Wasserverbrauch ablesen. Die durch die Wasseruhr hindurchgeflossene Wassermenge wird für den Haushalt als Verbrauch in Kubikmetern angezeigt (▷ B 6).

6 Wasseruhr: Zählerstand 176 m³

▶ Trinkwasser wird von den Wasserwerken zur Verfügung gestellt. Diese gewinnen das Wasser, bereiten es auf, speichern und verteilen es.

Aufgaben

1 Überlege, zu welchen Zeiten der Wasserbedarf im Haushalt besonders hoch ist.

2 Lies zuhause jeden Tag den Zählerstand der Wasseruhr (▷ B 6) ab und berechne den Wasserverbrauch pro Woche. Überlege, wie du Wasser sparen kannst.

7 Täglicher Wasserverbrauch einer Person

1 Rechen

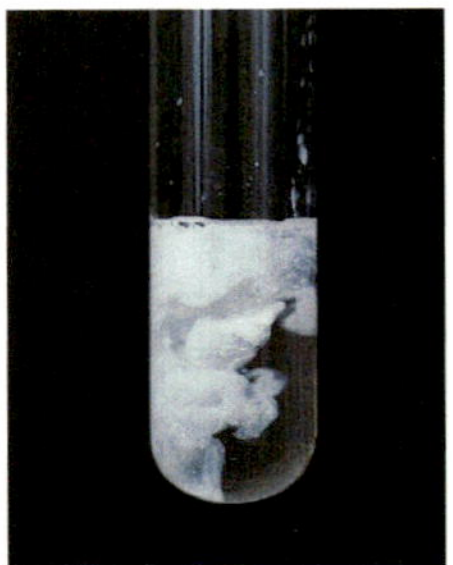

2 Eine Fällungsreaktion

Wohin fließt unser Abwasser?

Hast du dich schon einmal gefragt, wo die Abwässer der Stadt oder der Gemeinde, in der du lebst, bleiben? Unter den Straßen führen oft riesige Kanäle unsere Abwässer zu einer Kläranlage, die in vielen Fällen weit außerhalb der Stadt liegt.
In der Kläranlage wird das Schmutzwasser in verschiedenen Stationen so behandelt, dass es gereinigt wieder an die Umwelt abgegeben werden kann.

Wer klärt das Wasser?

Interessant dabei ist, dass in der zentralen, der **biologischen Reinigungsstufe**, das Abwasser fast wie bei einem Bach mithilfe von Kleinstlebewesen, vor allem Bakterien, gereinigt wird.

So kann eine Kläranlage aussehen

Eine moderne Kläranlage besteht aus der **mechanischen Reinigung** mit Rechen (▷ B 1), Sandfang und Vorklärbecken und der **biologischen Reinigung** mithilfe von Mikroorganismen. Eine weiter gehende Abwasserreinigung wird durch das Nachklärbecken und die Flockungsfiltration erreicht. Nur wenn die Belastung sehr hoch ist, werden Phosphate mithilfe von Eisensalzen während des normalen Klärprozesses chemisch ausgefällt (▷ B 2). Dazu werden zum Wasser so genannte Fällmittel zugegeben. Zusammen mit den Stoffen, die ausgefällt werden sollen, bilden die Fällmittel unlösliche Flocken. Diese fallen aus und werden durch Filter zurückgehalten. Deshalb spricht man von einer Flockungsfiltration. Danach gelangt das geklärte Wasser über den Vorfluter, das ist meist ein kleiner Bach, in den natürlichen Wasserkreislauf zurück.

Eine schlammige Angelegenheit

In allen Klärungsstufen wird Schlamm erzeugt und in den Faulturm geleitet.
Hier wird der Schlamm unter Abgabe von Methangas zersetzt. Das Gas wird in einem Turm gesammelt und für die Energiegewinnung verwendet. Bei der Zersetzung des Faulschlamms entsteht ein kompostartiges Produkt, das teilweise als Dünger verwendet werden kann. Aber viele Klärschlämme

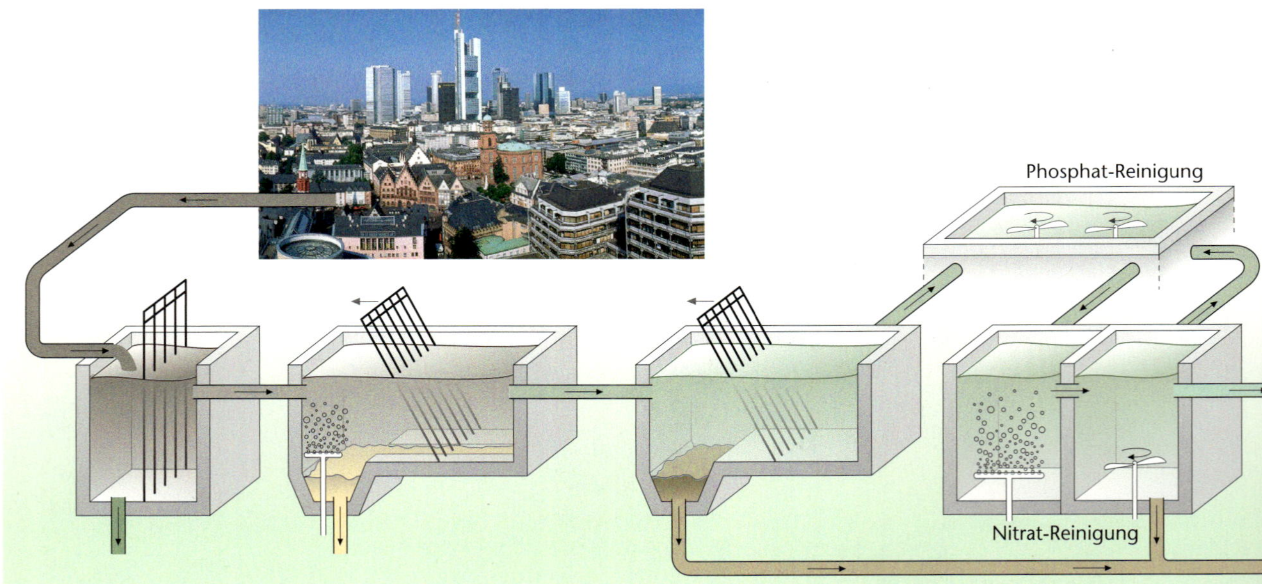

Rechen
Hier werden durch ein Gitter und Siebe grobe Stoffe aus dem ankommenden Wasser zurückgehalten.

Sandfang
In die Sandfangbecken wird Luft gepumpt, um das Abwasser aufzufrischen. Außerdem trennt sich der Sand so besser von den organischen Stoffen. Er setzt sich ab und wird mithilfe von Pumpen entfernt.
Bevor das Wasser in das Vorklärbecken gelangt, werden wasserunlösliche Stoffe wie Fette und Öle zurückgehalten.

Vorklärbecken
Die Fließgeschwindigkeit wird wieder herabgesetzt. Das Wasser fließt nun so langsam, dass sich die meisten Schwebestoffe im Wasser als Schlamm absetzen können.
Dieser Rohschlamm wird abgepumpt und im Faulturm gelagert.

Belebtschlammbecken
Die Zufuhr von Sauerstoff bietet Bakterien und anderen Einzellern ideale Lebensbedingungen. Die Mikroorganismen ernähren sich u. a. von den im Wasser gelösten Nitraten und Phosphaten. Dadurch werden diese Verbindungen entfernt. Der überschüssige Belebtschlamm wird zum Faulturm geleitet.

mechanische Reinigung | biologische Reinigung

sind so stark mit Schwermetallen belastet, dass sie nicht als Dünger eingesetzt werden dürfen, sondern in Deponien gelagert und verbrannt werden müssen.

Immer besser
Chemiker und Abwassertechniker entwickeln immer bessere Methoden, damit das Wasser noch sauberer wird.

Eine Kläranlage reinigt Abwasser in verschiedenen Stufen so gründlich, dass es wieder an die Natur abgegeben werden kann. Die Hauptreinigungsstufe ist die biologische Reinigung.

Aufgaben

1 Warum nennt man die wichtige Reinigungsstufe einer Kläranlage „biologische" Reinigung?

2 Überlegt, was geschehen würde, wenn nach wie vor alle Abwässer der Gemeinden entlang der Flüsse in Niedersachsen ungeklärt in die Gewässer geleitet würden.

3 Luftbild einer Kläranlage

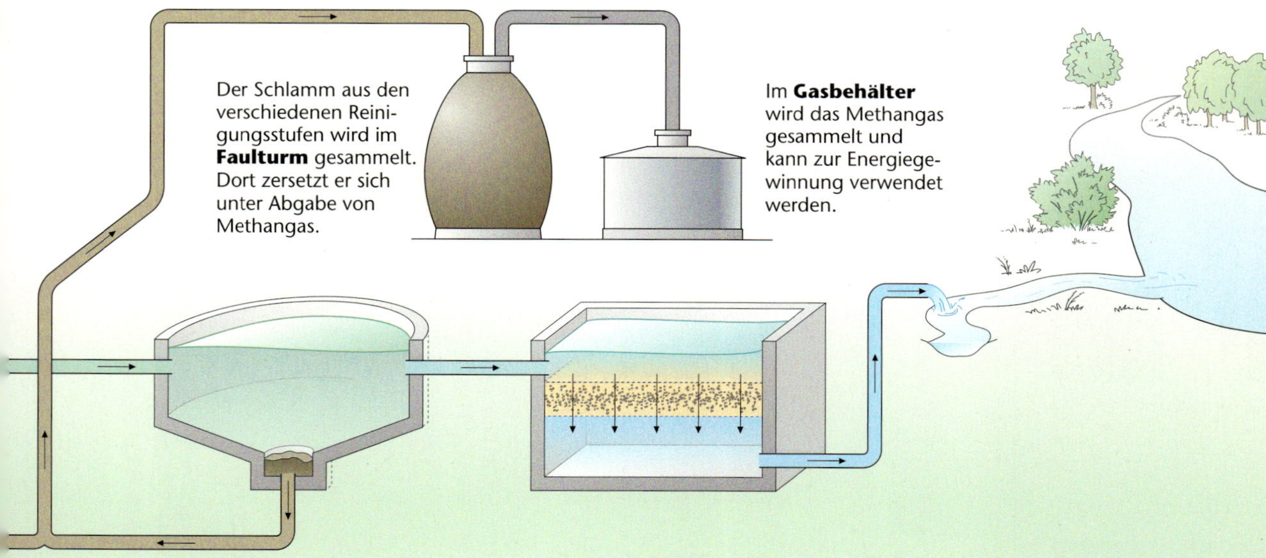

Nachklärbecken
Hier bleibt das Wasser einige Zeit stehen, damit sich die restlichen Flocken des Belebtschlamms absetzen können. Ein Teil des abgesetzten Belebtschlamms wird in den Faulturm gepumpt, der andere Teil wird nochmal in das Belebtschlammbecken zurückgepumpt.

Flockungsfiltration
Zum Schluss wird das Wasser noch von krank machenden Keimen und evtl. noch vorhandenen Phosphaten befreit. Dies geschieht mithilfe der Flockungsfiltration. Das Wasser hat nun fast Trinkwasserqualität.

Vorfluter
Über den Vorfluter, meist ein Fließgewässer, gelangt das gereinigte Wasser wieder in den natürlichen Wasserkreislauf.

(chemische Ausfällung nur nach Bedarf)

Schlusspunkt

Wasser

1 Wassernachweis mit Watesmopapier

2 Trinkwasser

3 Kläranlage

Nachweis von Wasser
Zum Nachweis von Wasser wird Watesmopapier verwendet. Mit Wasser zeigt es eine tiefblaue Färbung (▷ B 1).

Die Belastung der Gewässer
Unsere Gewässer werden von der Landwirtschaft, den privaten Haushalten und der Industrie verunreinigt. Vor allem Gülle und Chemikalien sind eine Gefahr für das biologische Gleichgewicht der Gewässer.

Lösung, Suspension, Emulsion
Löst sich ein fester, flüssiger oder gasförmiger Stoff in Wasser, entsteht eine klare Lösung (▷ B 4). In einer Suspension liegt ein ungelöster Feststoff fein verteilt in Wasser vor (▷ B 4). In einer Emulsion sind die Tröpfchen einer Flüssigkeit in Wasser fein verteilt (▷ B 4).

Sedimentieren und Dekantieren
Durch Sedimentieren und Dekantieren können unlösliche Feststoffe und Flüssigkeiten voneinander getrennt werden (▷ B 5).

Filtrieren, Eindampfen
Durch Filtrieren (▷ B 5) kann man ungelöste Feststoffe von einer Flüssigkeit trennen. Durch Eindampfen werden gelöste Stoffe zurückgewonnen (▷ B 5). Die Flüssigkeit verdampft, die Feststoffe bleiben zurück.

4 Lösung, Suspension, Emulsion

Destillation
Das Trennen eines Stoffgemisches durch Verdampfen und Kondensieren wird Destillieren genannt (▷ B 5).

Trinkwasser
Trinkwasser (▷ B 2) wird von den Wasserwerken zur Verfügung gestellt. Diese gewinnen das Wasser, bereiten es auf, speichern und verteilen es.

Kläranlage
Eine Kläranlage (▷ B 3) reinigt Abwasser in einer mechanischen und einer biologischen Reinigungsstufe so gründlich, dass es wieder in den natürlichen Wasserkreislauf abgegeben werden kann.

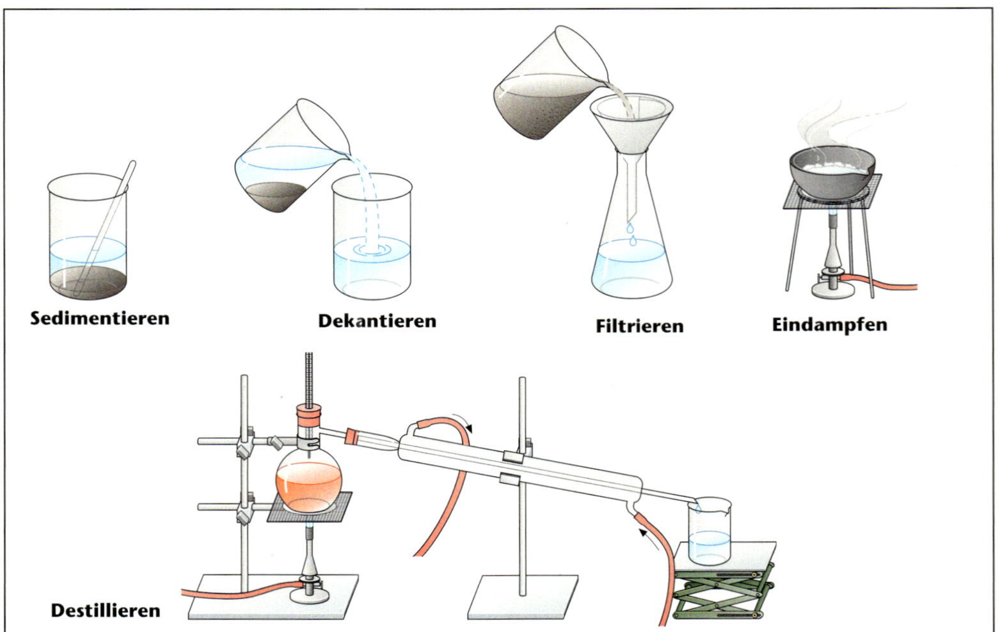

5 Trennverfahren

Aufgaben

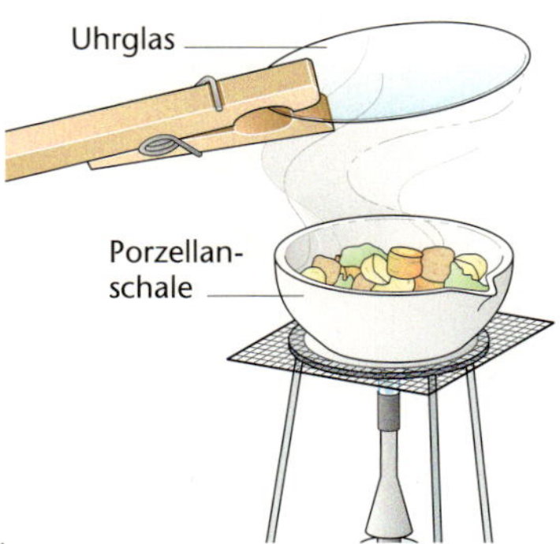

1 Zu Aufgabe 1

1 Wenn du wissen willst, wie viel Wasser bestimmte Nahrungsmittel enthalten, ist ein Versuchsaufbau wie in Bild 1 geeignet. Es empfiehlt sich, jeweils 50 g des Lebensmittels einzusetzen. Was musst du berücksichtigen, wenn du die Wassermenge bestimmst?

2 Kannst du durch Filtrieren aus einer Kochsalzlösung Kochsalz und Wasser zurückgewinnen? Beantworte die Frage mithilfe des Teilchenmodells. Würdest du eine andere Trennmethode vorschlagen? Begründe.

3 Wenn man Milch unter dem Mikroskop betrachtet, sieht man viele kleine Tröpfchen, die in einer Flüssigkeit schweben (▷ B 2).
a) Um welchen Stoff handelt es sich bei den fein verteilten Tröpfchen in der Milch?
b) Zu welcher Art von Stoffgemisch gehört Milch?

2 Zu Aufgabe 3

4 Gießt man Sprudel in ein Glas, steigen Gasbläschen auf (▷ B 3). Die Flüssigkeit ist klar und durchsichtig. Sprudel ist also ein Gemisch aus einem Gas und einer Flüssigkeit. Wie bezeichnet man dieses Stoffgemisch?

3 Zu Aufgabe 4

5 Reiner Zucker wird aus Zuckerrüben hergestellt (▷ B 4). Kocht man Rübenschnitzel in Wasser, löst sich der Zucker. Beschreibe ein Trennverfahren, mit dem man Zucker aus dem Zuckerwasser gewinnen kann.

4 Zu Aufgabe 5

6 Gipsputz wird auf Wände und Decken gesprüht. Er wird aus Gips und Wasser hergestellt. Lässt man das Gemisch einige Zeit stehen, setzt sich der Gips im Wasser ab. Rührt man kräftig um, verteilen sich die festen Teilchen im Wasser. Wie nennt man ein solches Stoffgemisch?

7 Motoröl darf nicht in die Umwelt gelangen. Ölhaltiges Wasser aus Tankstellen muss durch einen Ölabscheider geleitet werden (▷ B 5). Beschreibe, wie Motoröl von Wasser getrennt wird.

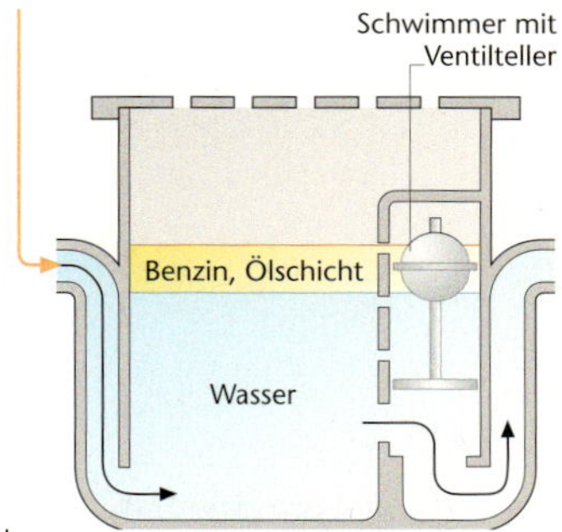

5 Zu Aufgabe 7

8 Regenwasser spielt im Alltag eine zunehmend größere Rolle (▷ B 6).
a) Nenne Gründe, wodurch dies begünstigt wird.
b) Erkundige dich, welche Probleme bei der Nutzung von Regenwasser auftreten.

6 Zu Aufgabe 8

9 Die Destillation ist ein wichtiges Trennverfahren. Beschreibe mit dem Teilchenmodell am Beispiel einer Kochsalzlösung die Trennung von Wasser und Kochsalz durch Destillieren.

Verbrennungen

Feuer übt eine große Anziehungskraft aus und ist für uns im Alltag von großem Nutzen. Wenn man unachtsam damit umgeht, kann Feuer aber auch lebensbedrohlich werden und großen Schaden anrichten.

Um ein Feuer zu machen, benötigst du brennbare Stoffe. Beispiele dafür sind Holz, Kohle, Heizöl oder Erdgas.
Feuer erzeugt Licht und Wärme. Die Flamme einer Öllampe leuchtet hell im Dunkeln. Am Lagerfeuer wird die Luft warm, in seiner Nähe kannst du dich aufwärmen. Über glühender Holzkohle oder der Flamme eines Gasherds kannst du Fleisch braten oder Gemüse kochen.

Feuer kann für Menschen und andere Lebewesen aber auch gefährlich sein. Die Flammen zerstören alles Brennbare, zurück bleibt meist nur Asche. Die Feuerwehr setzt geeignete Löschmittel zur Bekämpfung von Bränden ein. Das gebräuchlichste Löschmittel ist Wasser.

Luft und Feuer gehören zusammen. Starke Winde lassen Brände häufig wieder aufflammen. Ohne Luft ersticken die Flammen, das Feuer geht aus.

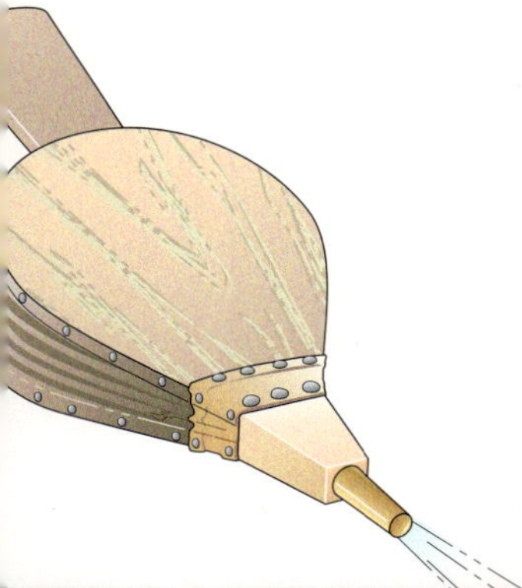

Vom Feuerstein zum Feuerzeug

1 Feuer durch Reibung

Von den Anfängen des Feuermachens

Feuerstein, auch Flint genannt, kommt in der Natur vor. Der graue oder schwarze Stein ist härter als Stahl, abgesplitterte Bruchstücke sind scharfkantig. Feuersteine dienten dem Menschen in der Steinzeit zum Feuerschlagen. Der Funkenflug entzündete einen Zunderschwamm, das ist ein Baumpilz, der vor allem auf alten Buchen wächst.
Nicht nur durch Schlagen, auch durch Reibung wurde früher Feuer entfacht. Dazu wickelte man eine Schnur schleifenförmig um einen Holzstab und befestigte sie an einem Bogen. Durch Bewegen des Bogens drehte sich der Stab schnell auf weichem Holz (▷B 1). Durch Reibung entstand Wärme, die trockenes Material zusammen mit Zunder entzündete.

2 Griechisches Feuer

Feuerwaffen und Feuerwerke

Griechisches Feuer wurde im 7. Jahrhundert als „Feuerwaffe" in Seeschlachten im Mittelmeer eingesetzt (▷B 2). In einer Chronik wird berichtet, dass im Jahr 674 Kaiser KONSTANTIN IV. Feuer speiende Rohre gegen feindliche Schiffe gerichtet und diese in Brand gesetzt hat. Der Brandsatz enthielt unter anderem auch Petroleum. Mit der Erfindung von Feuerwaffen wurde auch das **Lustfeuerwerk** entdeckt, zuerst in China, später auch in Europa (▷B 3). Ab dem 15. Jahrhundert wurden Feste an europäischen Fürsten- und Königshäusern mit Feuerwerk gefeiert. Dazu stellten Feuerwerker schnell und langsam brennende Zündschnüre und Pulvermischungen her. Durch Zusatz von Salzen ließen sich die Flammen gelb, rot oder grün färben.

Feuerzeuge – früher und heute

Das erste Feuerzeug wäre heute nicht mehr zulässig. In Paris erfand im Jahr 1808 JEAN-LOUIS CHANCEL ein **Tunkfeuerzeug** (▷B 4). Dazu wurden Hölzer mit Schwefel und einer Zündmischung bestrichen. Wollte man Feuer anzünden, tauchte man den Kopf des Holzes in eine Paste mit Schwefelsäure.
Die heutigen Feuerzeuge (▷B 5) werden meist mit verflüssigtem Butan, das leicht wieder verdampft, betrieben. Wird ein Stahlrädchen an einem Zündstein gerieben, entsteht ein Funke, der das ausströmende Gas entzündet. Bei vielen modernen Feuerzeugen wird das ausströmende Gas durch einen so genannten piezoelektrischen Funken gezündet. Dabei wird durch Druck auf einen Kristall ein elektrischer Funke erzeugt.

3 Ein historisches Feuerwerk

4 Tunkfeuerzeug

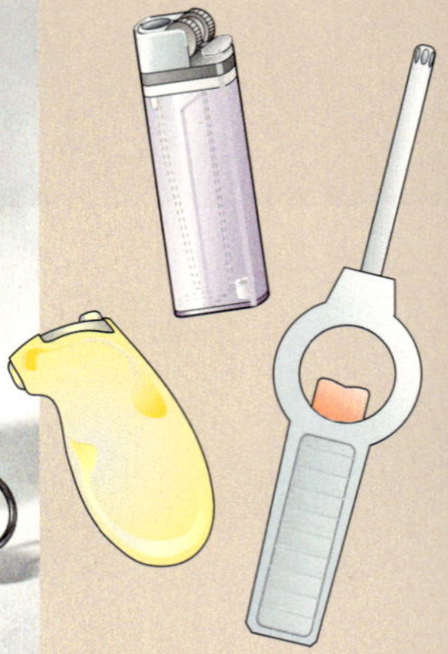

5 Moderne Feuerzeuge

Versuche mit einer Kerze

1 Flamme auf dem Sprung

Material
Schutzbrille, Kerze, Kerzenhalter, Streichhölzer

Versuchsanleitung
Entzünde die Kerze. Warte, bis die Flamme ruhig brennt. Blase die Flamme aus und halte ein brennendes Streichholz sofort in die Nähe des Dochtes. Wiederhole den Vorgang mehrmals nacheinander mit jeweils größerem Abstand zum Docht (▷ B 1).

1 Flamme auf dem Sprung

2 Eine Tochterflamme

Material
Schutzbrille, Kerze, Kerzenhalter, Streichhölzer, Glasröhrchen (gewinkelt oder gerade), Tiegelzange

Versuchsanleitung
Entzünde eine Kerze. Halte mit einer Tiegelzange ein Glasröhrchen mit der einen Öffnung in den innersten Bereich der Kerzenflamme. Bringe eine Streichholzflamme an das offene Ende des Glasröhrchens (▷ B 2).

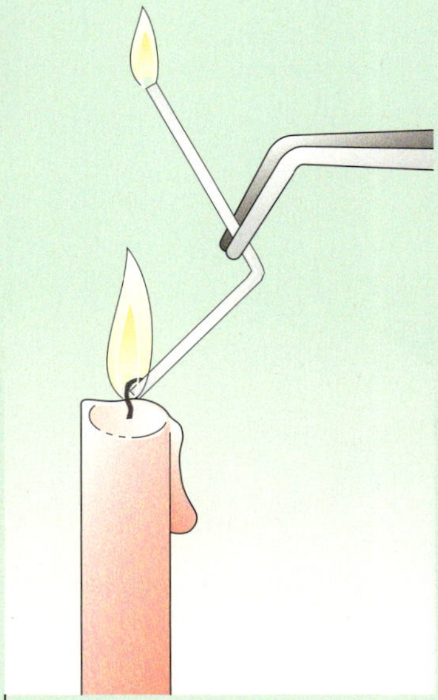

2 Flamme aus der Flamme

3 Auf die Luft kommt es an

Material
Schutzbrille, Kerze, Kerzenhalter, Zündhölzer, Glasrohr (beidseitig offen, Ø etwa 30 mm), Holzplatte, Glasplatte, 2 Unterlegklötzchen

Versuchsanleitung
a) Stelle eine brennende Kerze auf eine Holzplatte. Stülpe ein Glasrohr über die Kerze. Decke das obere Ende des Glasrohres mit einer Glasplatte ab (▷ B 3, links).

b) Wiederhole den Versuch, stelle dabei das Glasrohr auf zwei Holzklötzchen. Lass das Glasrohr oben offen (▷ B 3, rechts).

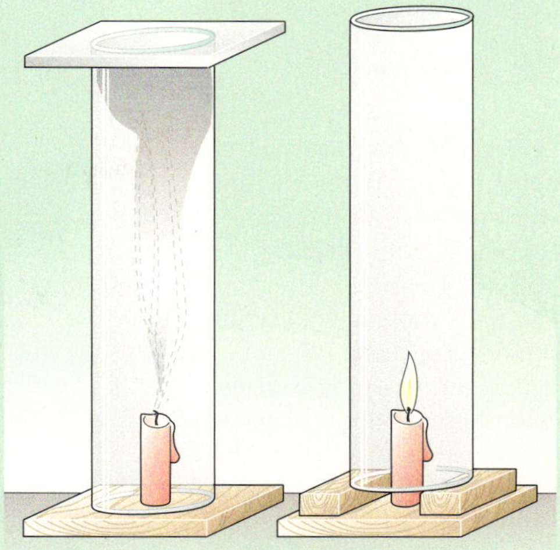

3 Auf die Luft kommt es an.

4 Mikadostäbchen selbst gemacht

Material
Schutzbrille, Kerze, Kerzenhalter, Streichhölzer, Holzstäbchen

Versuchsanleitung
Entzünde eine Kerze. Halte ein Holzstäbchen zwischen beiden Händen, führe es durch den unteren Teil der Flamme und drehe es. Wiederhole den Vorgang mehrmals, bis ein markiertes Mikadostäbchen nach Wahl entstanden ist (▷ B 4).

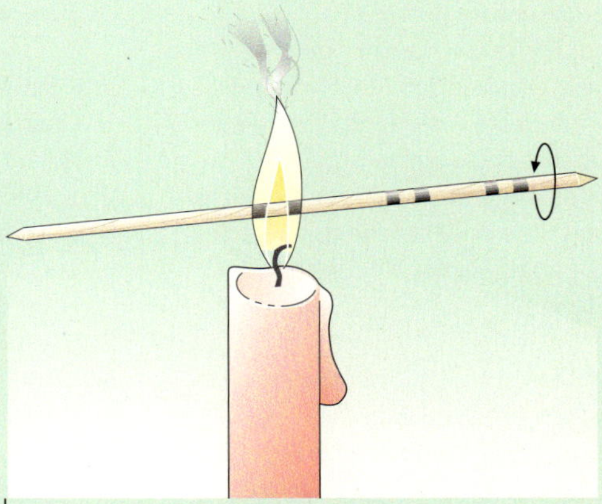

4 Mikadostäbchen selbst gemacht

Aufgaben
1. Beobachte das erstmalige Entzünden einer Kerze genau und überlege, warum die Flamme zunächst kleiner wird.
2. Fertige eine farbige Zeichnung einer brennenden Kerze an.

Brennmaterial für ein Lagerfeuer

Ein Feuer im Freien darf nur an genehmigten Plätzen entzündet werden. Am besten geeignet ist ein ummauerter Grillplatz.

Das Feuer muss ständig beaufsichtigt werden. Wenn starker Wind aufkommt, musst du das Feuer sofort löschen. In der Nähe von Gebäuden oder leicht entzündlichen Stoffen darfst du kein Feuer anmachen.

Aufgabe
Erkunde einen Platz, an dem eine Feuerstelle vorhanden ist und ein Feuer gemacht werden darf.

1 Was brennt am besten?

Material
Zeitungspapier, Papiertüte, Schreibpapier, Stroh, Watte, Heu, dünne und dicke Ästchen, dünne und dicke Holzscheite, Tannenzapfen, Holzkohle, Tiegelzange, Teelicht, Streichhölzer, feuerfeste Handschuhe, Wasserflasche, Wasser, feuerfeste Unterlage, Schutzbrille

Versuchsanleitung
a) Ziehe die Handschuhe an. Stelle ein brennendes Teelicht auf die feuerfeste Unterlage in der Feuerstelle. Halte kleine Stücke eines Brennmaterials mit der Tiegelzange über die Flamme des Teelichts. Beobachte, ob die Stoffe Feuer fangen.

b) Feuchte Papier und kleine Ästchen mit Wasser an. Wie schnell fängt das Material jetzt Feuer?

Aufgaben
1. Erstelle ein Versuchsprotokoll. Gib zuerst an, welches Brennmaterial du verwendet hast. Beschreibe anschließend, welche Stoffe schnell Feuer fangen. Wie sehen die Brandreste aus?

2. Was beobachtest du, wenn das Brennmaterial feucht ist?

3. Wieso kannst du mit einem Blasebalg (▷ B 1) die Verbrennung beschleunigen?

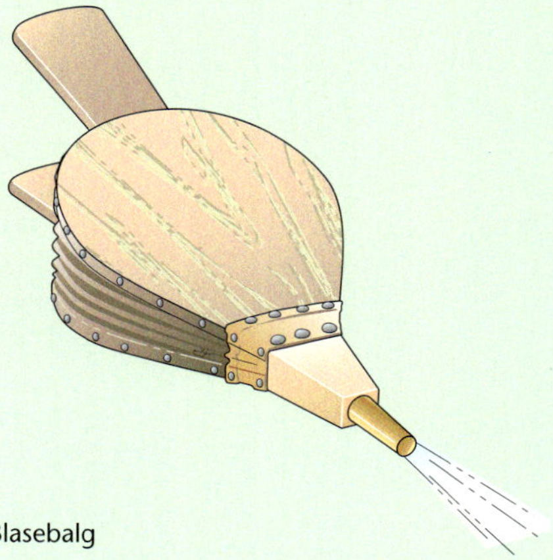

1 Blasebalg

2 Ein Lagerfeuer aufschichten

Material
Verschiedene Brennmaterialien, feuerfeste Handschuhe, Streichhölzer, Schutzbrille

Versuchsanleitung
Schichte in der richtigen Reihenfolge aus verschiedenen Brennmaterialien ein Lagerfeuer auf und entzünde es. Beobachte, wie die Stoffe nacheinander Feuer fangen.

Aufgaben
1. Warum werden locker zerknüllte Papierseiten ins Feuer gelegt und nicht die zusammengefaltete Zeitung?

2. Darf überall ein Lagerfeuer abgebrannt werden?

3 Feuer aus!

Material
Sand, Schaufel

Versuchsanleitung
Lösche das Lagerfeuer mit Sand (▷ B 2). Beobachte die Feuerstelle so lange, bis du sicher bist, dass das Feuer vollständig gelöscht ist und in der Asche keine Glut mehr vorhanden ist.

Aufgaben
1. Ist ein Feuer gelöscht, wenn keine Flammen mehr zu sehen sind?

2. Unter welchen Bedingungen kann sich ein Feuer wieder entzünden?

3. Die Feuerwehr lässt nach dem Löschen eines Brandes eine Brandwache zurück. Nenne Gründe dafür.

2 Eine Flamme wird erstickt.

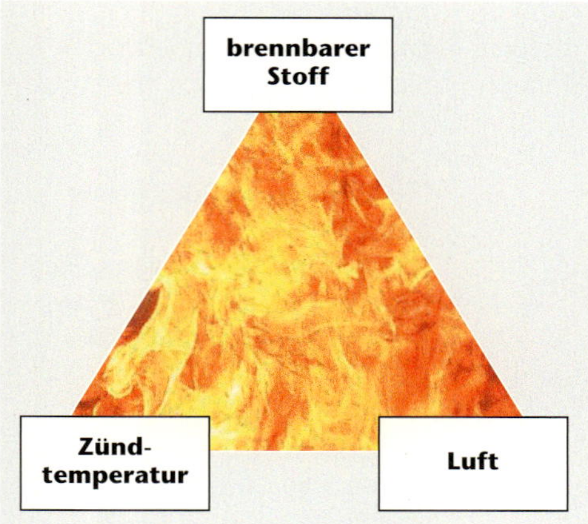

1 Bedingungen für eine Verbrennung

2 Was zündet zuerst?

Ein Lagerfeuer vorbereiten

Unten liegt zerknülltes Zeitungspapier, darüber legt man dünne Äste und trockene Holzstücke. Wurzelstücke und dicke Äste werden so aufgestellt, dass Luft dazwischen gelangen kann.

Bedingungen für eine Verbrennung

Für ein Feuer benötigst du **brennbare Stoffe**. Papier, Holz und Kohle sind feste Brennstoffe. Benzin ist ein flüssiger, Erdgas ein gasförmiger Brennstoff.

Bevor ein Stoff Feuer fängt, muss er auf seine **Zündtemperatur** erwärmt werden (▷B2; V1). Ein Lagerfeuer wird nach der Zündtemperatur der Brennstoffe geschichtet. Beim Verbrennen von Papier wird so viel Wärme frei, dass die Zündtemperatur von Holz erreicht wird. Dünne Äste und kleine Holzstücke fangen schnell Feuer. Die entstehende Hitze führt dann zur Zündung der dicken Holzscheite.
Kommt ein Lagerfeuer nicht richtig in Gang, fehlt meistens **Luft**. Nur wenn ausreichend Luft vorhanden ist, entsteht ein kräftiges Feuer.

Damit eine Verbrennung stattfindet, muss
- ein brennbarer Stoff vorliegen,
- die Zündtemperatur erreicht sein,
- genügend Luft zugeführt werden.

Zerteilungsgrad und Verbrennung

Die Auswahl des Brennmaterials für das Lagerfeuer hat gezeigt, dass feines Astholz im Vergleich zu dicken Holzstücken rasch verbrennt. Holzspäne brennen lichterloh, Holzstaub kann sogar explodieren. Je feiner zerteilt das Brennmaterial ist, desto größer ist die Oberfläche und umso heftiger verläuft die Verbrennung (▷B3).

Je höher der Zerteilungsgrad, desto heftiger läuft die Verbrennung.

Versuch

1 Auf einer Metallplatte liegen ein Stück Pappe, ein Holzklotz, ein Stück Kohle und mehrere Zündhölzer. Mit der Brennerflamme wird die Plattenmitte von unten erhitzt.

3 Mit zunehmendem Zerteilungsgrad läuft die Verbrennung heftiger ab.

Werkstatt

Zündende Versuche

Wie kannst du einen Stoff zum Brennen bringen? Beim Umgang mit Feuer kannst du lernen, wie es gelingt, ein Feuer zu entfachen. Wer ein Feuer entzünden kann, weiß auch, wie er das Zünden verhindert.

1 Zünden durch Reiben

Material
Schutzbrille, Streichholzschachtel, Streichhölzer, feuerfeste Unterlage

Versuchsanleitung
Entnimm der Streichholzschachtel ein Streichholz. Bewege das Streichholz entlang der Reibfläche, bis es entzündet wird (▷ B 1). Bewege es vom Körper weg.

1 Zünden eines Streichholzes

Aufgaben
1. Hast du eine Idee, was beim Zünden des Streichholzes passiert?

2. Nach dem Entzünden kannst du das brennende Streichholz nur kurz zwischen den Fingern halten. Was geschieht, wenn du es nach oben, nach unten oder waagerecht hältst? Versuche eine Erklärung dafür zu finden.

2 Zünden durch Hitze

Material
Schutzbrille, Reagenzglas, Reagenzglashalter, feuerfeste Unterlage, Gasbrenner, 6 Streichhölzer

Versuchsanleitung
a) Gib in ein Reagenzglas 3 Streichhölzer mit dem Streichholzkopf nach unten. Halte das Reagenzglas über die nicht leuchtende Brennerflamme (▷ B 2).

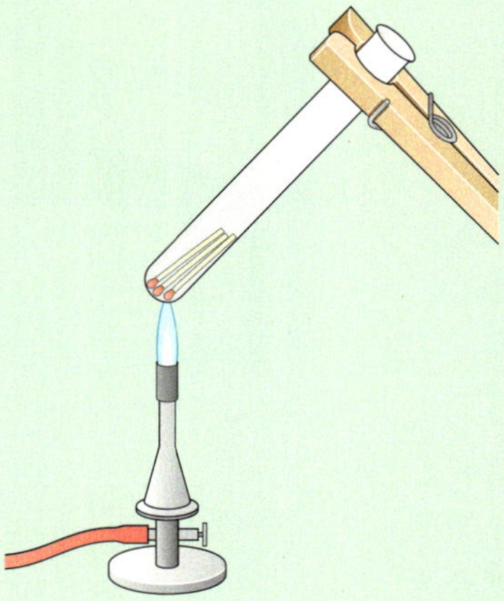

2 Zu Versuch 2

b) Wiederhole den Versuch mit 3 Streichhölzern, deren Kopf nach oben weist. Vergleiche mit Versuchsteil a).

Aufgabe
Beschreibe, wodurch die Zündhölzer Feuer fangen. Wie sehen die Brandreste aus?

3 Zünden in der Flamme

Material
Schutzbrille, Teelicht, Streichhölzer, Wunderkerze, feuerfeste Unterlage

Versuchsanleitung
Halte eine Wunderkerze über die Flamme eines Teelichts (▷ B 3). Achte darauf, dass die sprühende Wunderkerze in sicherem Abstand zu Personen und brennbaren Stoffen abbrennt.

3 Brennende Wunderkerze

Aufgabe
Warum dürfen Wunderkerzen nicht unbeaufsichtigt abbrennen?

4 Zünden aus der Ferne

Material
Schutzbrille, feuerfeste Unterlage, feuerfeste Schale, langer Holzspan, Teelicht, Streichhölzer, Brennspiritus

Versuchsanleitung
Brennspiritus ist ein feuergefährlicher Stoff (▷ B 5).
Gib 5 ml Brennspiritus in die Schale. Stelle die Schale auf eine feuerfeste Unterlage. Schätze ab, wie nahe ein brennender Holzspan an die Flüssigkeitsoberfläche gebracht werden muss, bis der Spiritus Feuer fängt.
Entzünde nun einen langen Holzspan über der Flamme eines Teelichts und nähere den brennenden Holzspan langsam von oben der Schale mit Spiritus (▷ B 4).

4 Zu Versuch 4

Aufgaben
1. Überlege, weshalb sich der Spiritus bereits entzündet, bevor der brennende Span die Flüssigkeit berührt.

2. Welche Sicherheitsvorschriften müssen beim Umgang mit feuergefährlichen Stoffen beachtet werden (▷ B 5)?

5 Sicherheitshinweise

Verbrennung und Flamme
Hält man ein brennendes Streichholz an einen Kerzendocht, so dauert es einen Augenblick, bis eine Kerzenflamme entsteht. Beim Entzünden eines Dochtes muss erst das erstarrte Wachs geschmolzen und verdampft werden, bevor sich eine Flamme bildet. Nur der Wachsdampf, gasförmiges Wachs, brennt also.
Benzin ist eine brennbare Flüssigkeit, bei der Vorsicht geboten ist. Flüssigkeiten wie Brennspiritus und Benzin verdampfen leicht. Nähert man einer Schale mit Benzin einen brennenden Holzspan, so entflammen die Dämpfe sofort (▷ B 4). Der Holzspan erlischt, wenn man ihn in das Benzin eintaucht (▷ B 5). Es brennt also nicht die Flüssigkeit, sondern der sich bildende Dampf. Eisenwolle verbrennt ohne Flamme, sie verglüht (▷ B 2).

Flammen sind brennende Gase oder Dämpfe.

Schwerer oder leichter?
Das Verbrennungsprodukt von Magnesium ist ein fester Stoff und schwerer als das eingesetzte Magnesium (▷ V 1). Eine Kerze dagegen wird beim Verbrennen leichter (▷ V 2). Ihr Verbrennungsprodukt ist gasförmig und verflüchtigt sich im Raum. An einem Becherglas, das über eine Flamme gehalten wird, bilden sich Tropfen. Es kondensiert also eine Flüssigkeit. Ein Watesmopapier zeigt, dass es sich um Wasser handelt. Beim Verbrennen der Kerze entsteht zunächst also Wasserdampf, gasförmiges Wasser, das schnell kondensiert.

Versuche

1 Ein 15 cm langes Magnesiumband wird in eine Porzellanschale gelegt und zusammen mit der Schale gewogen. Dann wird das Magnesiumband über der Schale verbrannt und die Schale erneut gewogen. Achtung, nicht direkt in die Flamme schauen!

2 Stelle eine Kerze auf eine Digitalwaage und zünde sie an. Halte ein kaltes, trockenes Becherglas über die Flamme.

3 Man verbrennt unter dem Trichter der Apparatur nach Bild 1 ein Teelicht und leitet die Verbrennungsgase durch ein gekühltes U-Rohr und weiter durch eine Waschflasche mit Kalkwasser. Man prüft das Kondensat im U-Rohr mit Watesmo.

4 Man wiederholt den Versuch 3 mit glühender Holzkohle und danach mit der Flamme des Gasbrenners.

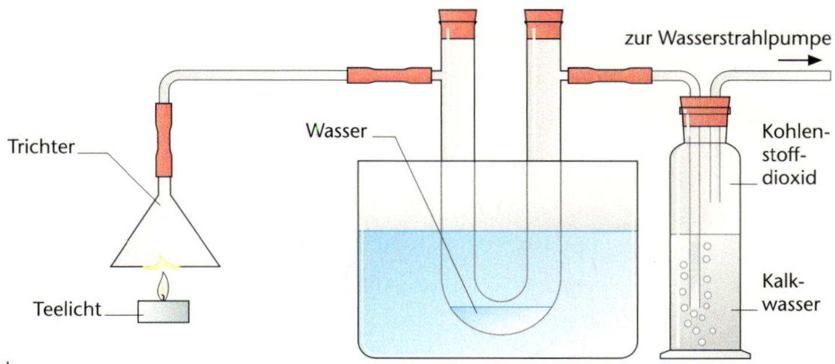

1 Nachweis der Verbrennungsprodukte eines Teelichts

Verbrennungsprodukte nachweisen
Wasserdampf ist nicht das einzige Verbrennungsprodukt der Kerzenflamme. Neben **Wasser** entsteht noch ein Gas, **Kohlenstoffdioxid**.

Mit einem Versuchsaufbau wie in Bild 1 kann man die Verbrennungsgase auffangen und nachweisen (▷ V 3). Im gekühlten U-Rohr kondensiert der Wasserdampf. Das Kohlenstoffdioxid wird in die Gaswaschflasche mit Kalkwasser geleitet. Kalkwasser wird vom Kohlenstoffdioxid getrübt (▷ B 3). Beim Verbrennen von Holzkohle entsteht nur Kohlenstoffdioxid, während die Brennerflamme auch Wasser liefert (▷ V 4).

Bei Verbrennungsvorgängen entstehen feste, flüssige oder gasförmige Verbrennungsprodukte.

2 Eisenwolle verglüht.

3 Kohlenstoffdioxid trübt Kalkwasser.

4 Benzindämpfe entzünden sich.

5 Der Span erlischt im Benzin.

Werkstatt

Wir verbrennen Stoffe

1 Wie lange brennt das Teelicht?

Material

Schutzbrille, Teelicht, Becherglas (100 ml), Becherglas (250 ml), Becherglas (500 ml), Stoppuhr, feuerfeste Unterlage, Streichhölzer

Versuchsanleitung

Stelle ein Teelicht auf die feuerfeste Unterlage und entzünde es. Stülpe das kleinste Becherglas über das Teelicht. Miss die Zeit, wie lange das Teelicht unter dem Becherglas brennt. Wiederhole den Versuch mit dem mittleren und zuletzt mit dem größten Becherglas. Vergleiche die Brenndauer.

1 Wie lange brennt das Teelicht?

2 Verändert sich die Masse von Holz beim Verbrennen?

Material

Schutzbrille, Zahnstocher aus Holz, Waage, Pinzette, Porzellanschale, feuerfeste Unterlage, Streichhölzer

Versuchsanleitung:

Wiege 20 Zahnstocher in einer Porzellanschale. Verbrenne diese Zahnstocher, halte sie dabei mit der Pinzette. Wiege die verbrannten Reste der Zahnstocher und vergleiche die Massen vorher und nachher.
Erkläre das Versuchsergebnis.

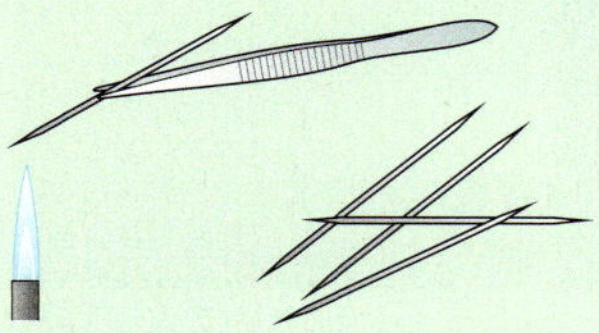

3 Verändert sich die Masse von Eisen beim Glühen?

Material

Schutzbrille, Waage, Porzellanschale, Gasbrenner, Eisenwolle

Versuchsanleitung

a) Stelle die Porzellanschale auf die Waage und stelle die Waage auf „null“. Lege die Eisenwolle in die Porzellanschale und bestimme die Masse der Eisenwolle (▷ B 2a).

b) Nimm die Porzellanschale mit der Eisenwolle von der Waage. Zünde den Gasbrenner an und halte die schwach rauschende Gasflamme vorsichtig von der Seite an die Eisenwolle (▷ B 2b). Stelle die Porzellanschale mit der verglühten Eisenwolle wieder auf die Waage. Was kann man aus der Massenveränderung schließen?

c) Verreibe das Verbrennungsprodukt und vergleiche seine Farbe und seine Festigkeit mit der Eisenwolle.

a)

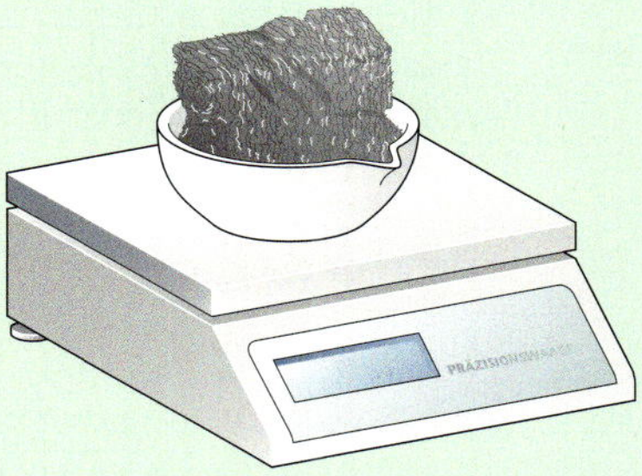

b)

2 Eisenwolle wird gewogen und entzündet.

3 Zahnstocher auf der Unterlage tragen die Münzen.

4 Verbrennungen verändern Stoffe

Material

Schutzbrille, 6 kleine Münzen, 2 Zahnstocher aus Holz, Pinzette, 2 Holzklötzchen als Unterlage, Waage, feuerfeste Unterlage, Gasbrenner

Versuchsanleitung

a) Lege 2 Zahnstocher wie in Bild 3 gezeigt über die Klötzchen und belaste sie mit den Münzen. Drücke mit dem Finger zusätzlich darauf und prüfe die Festigkeit der Zahnstocher.

b) Verbrenne die beiden Zahnstocher wenigstens auf einer Länge von 4 cm. Halte sie dabei mit der Pinzette. Halte die Zahnstocher waagerecht und drehe sie beim Verbrennen um ihre Längsachse, dann bleiben sie nahezu gerade. Lege die zwei verbrannten Zahnstocher über die Klötzchen. Untersuche, wie viele Münzen die beiden verbrannten Zahnstocher tragen können.

Aufgabe

Erkläre die Versuchsergebnisse.

1 Vorher enthielt das Lagerfeuer noch Holz.

2 Eine Fackel erzeugt Licht.

Verbrennungen verändern Stoffe

Von einem Lagerfeuer bleibt am Ende nicht viel übrig (▷B 1). Das Holz hat sich in Asche und Rauch verwandelt. Rauch ist ein Gemisch aus Verbrennungsgasen, Luft und feinen Ruß- und Staubkörnchen. Eine Kerze brennt ab. Die bei der Verbrennung entstandenen Stoffe (Kohlenstoffdioxid und Wasser) haben sich verflüchtigt.

Bei der Verbrennung sind neue Stoffe mit neuen Eigenschaften entstanden. Es hat eine Stoffumwandlung stattgefunden. Einen Vorgang, bei dem Stoffe mit neuen Eigenschaften entstehen, nennt man eine **chemische Reaktion**.

▶ Bei einer chemischen Reaktion entstehen Stoffe mit neuen Eigenschaften.

Magnesium verbrennt

Wenn man ein Stück Magnesium anzündet, verbrennt das graue, glänzende Metall zu einem festen weißen Stoff (▷B 3; V 1). Auch bei dieser Verbrennung findet also eine chemische Reaktion statt.

Verbrennungen setzen Energie frei

Ein Lagerfeuer wärmt. Eine Fackel erhellt den dunklen Nachthimmel (▷B 2). Bei der Verbrennung von Magnesium kannst du eine grell leuchtende Flamme beobachten (▷B 3).
Bei einer Verbrennung entstehen nicht nur neue Stoffe, sondern es wird auch immer Energie frei. Diese Energie wird in Form von Wärme und Licht abgegeben.

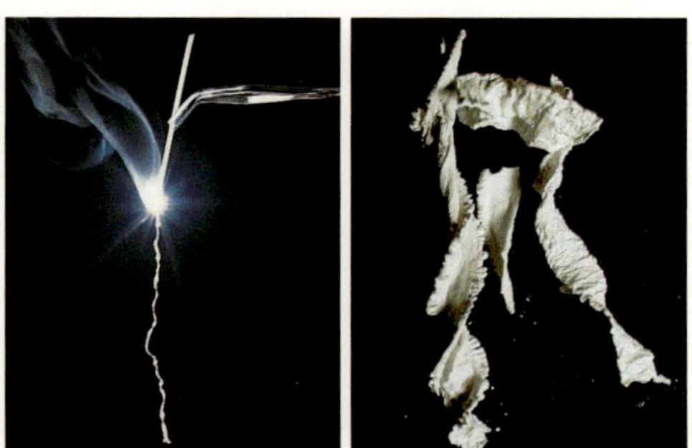

3 Magnesium verbrennt zu einem neuen Stoff.

▶ Bei jeder Verbrennung wird Energie frei.

Brennstoffe im Alltag

Im Haushalt und der Industrie werden jeden Tag große Mengen Brennstoffe wie Holz, Kohle, Heizöl und Erdgas verbrannt, um Energie zum Heizen zu gewinnen. In Kraftwerken wird mit der Energie aus Verbrennungen Wasserdampf erzeugt. Dieser treibt über eine Turbine einen Generator an, der elektrischen Strom erzeugt.

4 Dampflokomotiven aus früherer Zeit erzeugten sehr viel Rauch.

Versuch

1 Ein 15 cm langes Magnesiumband wird über einer Porzellanschale verbrannt. Nicht direkt in die Flamme schauen!

1 Die Erde mit ihrer Lufthülle

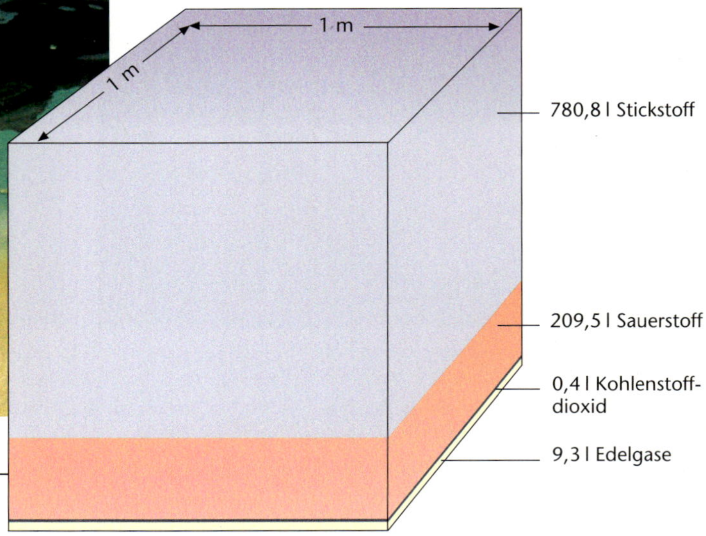

2 Zusammensetzung von 1000 l trockener, reiner Luft

Die Bestandteile der Luft

Stellst du ein brennendes Teelicht unter ein luftgefülltes Becherglas, wird die Flamme nach einiger Zeit kleiner. Schließlich geht sie ganz aus (▷ B 3). Wiederholst du den Versuch mit demselben Becherglas und einem neuen brennenden Teelicht, erlischt die Flamme bereits an der Öffnung. Das erste Teelicht hat die Luft verändert oder verbraucht.

Für die Verbrennung wird nur ein Teil der Luft benötigt. Das Gas, das an der Verbrennung beteiligt ist, ist der **Sauerstoff**. Die Kerze erlischt, wenn der Sauerstoff verbraucht ist.
Der Sauerstoff der Luft ist für Lebewesen lebenswichtig: Sie brauchen ihn zum Atmen. Sauerstoff wird mit der Glimmspanprobe nachgewiesen: Hält man einen glimmenden Holzspan in reinen Sauerstoff, flammt der Span sofort auf (▷ B 4).

Das Restgas, das sich nach dem Erlöschen der Kerze noch im Zylinder befindet, fördert die Verbrennung nicht. Es besteht zum größten Teil aus **Stickstoff**. Die Eigenschaft, dass es Flammen erstickt, gab diesem Gas seinen Namen. Stickstoff ist der Hauptbestandteil der Luft (▷ B 2).

Ein weiterer Bestandteil der Luft ist das **Kohlenstoffdioxid**. Kohlenstoffdioxid ist für grüne Pflanzen lebensnotwendig: Sie brauchen es für ihr Wachstum. Dieses Gas lässt sich mit Kalkwasser nachweisen. Leitet man Kohlenstoffdioxid in Kalkwasser ein, wird die Flüssigkeit milchig-trüb.

3 Nach einiger Zeit erlischt das Teelicht unter dem Becherglas.

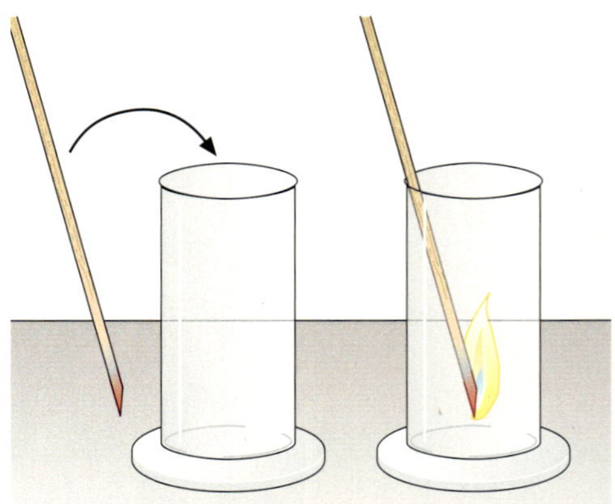

4 In Sauerstoff entflammt ein glimmender Holzspan.

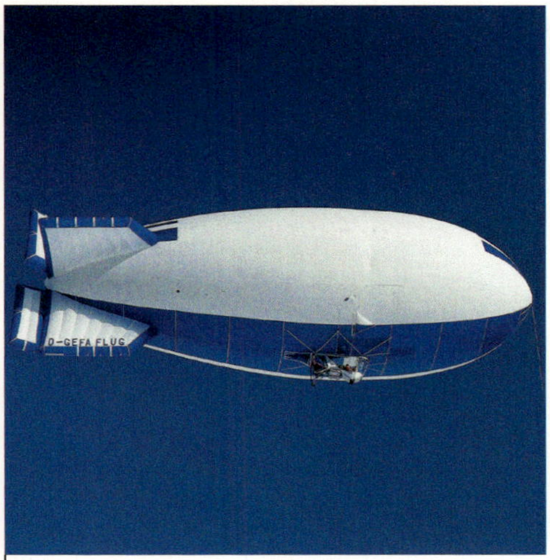

5 Das Luftschiff ist mit Helium gefüllt.

Sauerstoff weist man mit der Glimmspanprobe nach, Kohlenstoffdioxid durch Trübung von Kalkwasser.

Vor 150 Jahren entdeckten Wissenschaftler in der Luft weitere Stoffe, die **Edelgase**. Sie kommen nur in sehr geringen Mengen in der Luft vor (▷ B 2).
Ein Edelgas ist das Helium. Dieses leichte Gas wird z. B. als Füllgas für Zeppeline verwendet (▷ B 5). Farbige Leuchtröhren, die für Leuchtreklame verwendet werden, enthalten die Edelgase Neon und Argon (▷ B 6). Glühlampen werden mit den Edelgasen Krypton und Xenon gefüllt. Sie erhöhen die Lichtausbeute.

Luft ist ein Gasgemisch, das aus den Gasen Stickstoff, Sauerstoff, Kohlenstoffdioxid sowie den Edelgasen besteht.

6 Edelgase erzeugen unter Einwirkung von elektrischem Strom farbiges Licht.

Nachweis der Luftbestandteile

1 Sauerstoffnachweis

Material
Schutzbrille, Reagenzglas, Holzspan, Streichhölzer

Versuchsanleitung
Lass dir von deiner Lehrerin oder deinem Lehrer ein Reagenzglas mit Sauerstoff befüllen.
Entzünde einen Holzspan an einer Streichholzflamme und lass ihn richtig brennen. Blase die Flamme aus und tauche den glimmenden Span in das Reagenzglas (▷ B 1). Blase den entflammten Span außerhalb des Reagenzglases wieder aus. Wiederhole den Versuch mehrmals.

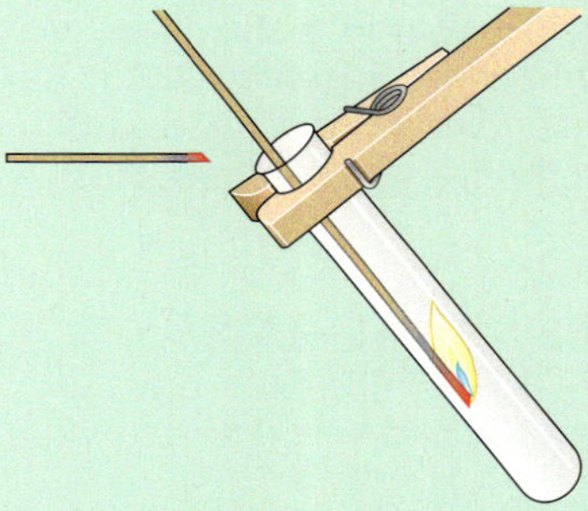

1 Die Glimmspanprobe – der Nachweis für Sauerstoff

2 Eine Münze trockenlegen

Material
1 flacher Teller, 1 Münze, 1 Kerze, Streichhölzer, Trinkglas, Wasser

2 Zu Versuch 2

Versuchsanleitung
Stelle eine brennende Kerze auf einen flachen Teller. Gieße etwas Wasser auf den Teller. Lege eine Münze am Rand des Tellers ins Wasser. Stülpe ein Trinkglas über die brennende Kerze. Der Rand des Trinkglases muss im Wasser sein (▷ B 2).

Aufgabe
Beobachte und beschreibe, was geschieht. Überlege, wodurch die Münze trockengelegt wird.

3 Kohlenstoffdioxidnachweis

Material
Schutzbrille, Standzylinder, Becherglas, Schlauchstück, Trinkhalm, Kalkwasser

Versuchsanleitung
a) Der Standzylinder wird zu einem Drittel mit Kalkwasser gefüllt. Deine Lehrerin oder dein Lehrer soll nun Kohlenstoffdioxid in das Kalkwasser einleiten.

b) Fülle das Becherglas zur Hälfte mit Kalkwasser. Deine Lehrerin/dein Lehrer zeigt dir, wie es weitergeht. Sie/er atmet tief ein und hält die Luft einen Moment lang an. Dann wird die Luft **langsam** und **gleichmäßig** durch den Trinkhalm **geblasen**. Sie/er muss dabei sehr vorsichtig sein, weil die Flüssigkeit nicht angesaugt werden darf!

3 Kalkwasser dient zum Nachweis von Kohlenstoffdioxid.

Aufgabe
Beobachte das Kalkwasser.

Ein natürlicher Kreislauf
Pflanzen haben eine große Bedeutung. Sie erzeugen den für Menschen und Tiere lebenswichtigen Sauerstoff (▷B 1). Grüne Pflanzen nehmen aus ihrer Umgebung Wasser und Kohlenstoffdioxid auf. Daraus stellen sie mithilfe des Sonnenlichtes Traubenzucker her; dabei wird Sauerstoff freigesetzt. Menschen und Tiere können ohne Sauerstoff nicht leben. Sie atmen den Sauerstoff aus der Luft ein. Beim Ausatmen geben sie Kohlenstoffdioxid ab. Auf diese Weise bilden Sauerstoff und Kohlenstoffdioxid einen natürlichen Kreislauf (▷B 2).

Im natürlichen Kreislauf ist die Aufnahme und Abgabe von Sauerstoff und Kohlenstoffdioxid ausgeglichen. Pflanzen nehmen Kohlenstoffdioxid auf und geben Sauerstoff ab. Menschen und Tiere nehmen Sauerstoff auf und geben Kohlenstoffdioxid ab.

Kohlenstoffdioxid und Umwelt
Kohlenstoffdioxid entsteht allerdings auch bei Verbrennungsvorgängen im Alltag. Ein zu hoher Anteil dieses Gases in der Luft kann dazu führen, dass die Temperatur in der Atmosphäre zunimmt und sich dadurch das Klima auf der Erde verändert. Umgekehrt ist ein gewisser Anteil an Kohlenstoffdioxid in der Luft erforderlich. Bei einem zu geringen Anteil würde die Temperatur der Atmosphäre absinken.

Es ist daher sehr wichtig, die Zusammensetzung der Luft im Gleichgewicht zu halten. Im natürlichen Kreislauf von Sauerstoff und Kohlenstoffdioxid ist dies der Fall. Eingriffe des Menschen in diesen Kreislauf müssen vermindert werden.

Aufgaben

1 Welche Bedeutung haben die Wälder für uns Menschen?

2 Beschreibe den in Bild 2 dargestellten Kreislauf mit eigenen Worten.

3 Das Lagerfeuer in Bild 2 steht für Verbrennungsvorgänge im Alltag. Welchen Einfluss haben Verbrennungsvorgänge in Haushalten, Verkehr, Industrie und Heizkraftwerken auf den Ausstoß von Kohlenstoffdioxid?

1 Bäume sind wichtig.

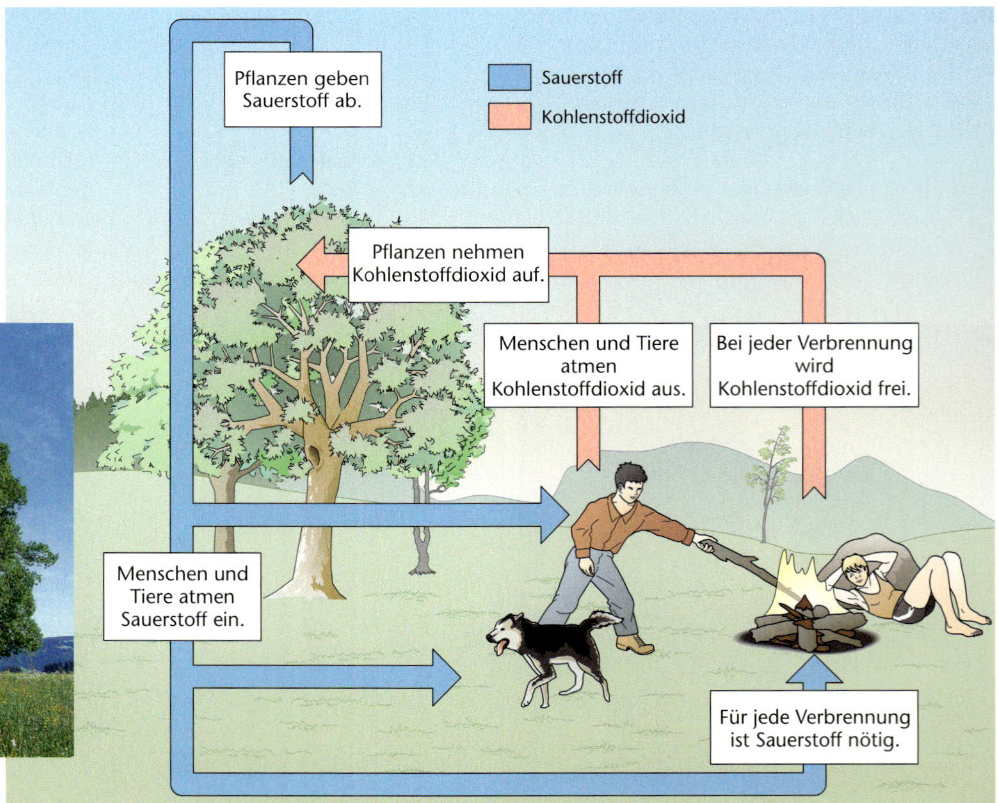

2 Sauerstoff und Kohlenstoffdioxid werden ständig verbraucht und wieder neu erzeugt – ein Kreislauf entsteht.

Stoffproduktion sichtbar gemacht

1 Der Versuch wird vorbereitet.

Material
4 Standzylinder, Becherglas (1 l), Dreifuß und Keramik-Drahtnetz, 4 Glaswannen, 1 kleine runde Glasscheibe, 1 dunkles Tuch, Etiketten, Wasserpestpflanze, Leitungswasser, kohlenstoffdioxidreiches Mineralwasser, Schutzbrille

Versuchsanleitung
Fülle etwa einen halben Liter Leitungswasser in ein Becherglas. Erhitze das Wasser bis es siedet. Lass das Wasser dann abkühlen. Das abgekochte Leitungswasser ist jetzt nahezu frei von Kohlenstoffdioxid.
Klebe auf jeden Standzylinder und jede Glaswanne ein Etikett und nummeriere die Zylinder und Glaswannen von 1 bis 4.

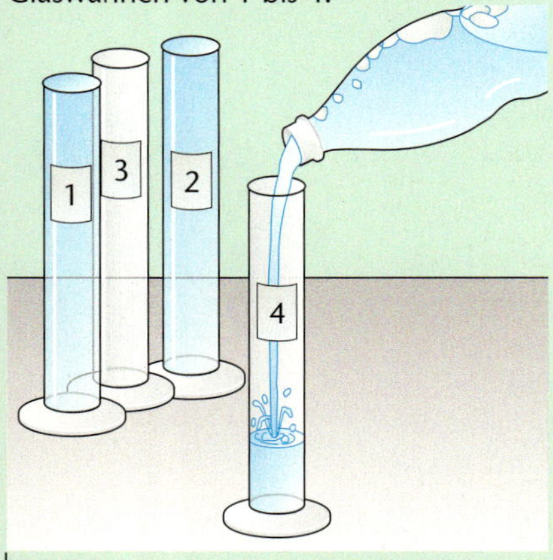

2 Kennzeichnung der Standzylinder

Befülle nun die vier Standzylinder bis zum Rand mit folgenden Flüssigkeiten:

Standzylinder 1: Leitungswasser
Standzylinder 2: abgekochtes Leitungswasser
Standzylinder 3 und 4: Leitungswasser und kohlenstoffdioxidreiches Mineralwasser (je zur Hälfte)
Fülle anschließend die Glaswannen 1 bis 4 etwa 5 cm hoch mit den entsprechenden Flüssigkeiten.

Gib in jeden Standzylinder zwei oder drei etwa gleich große Sprosse der Wasserpest. Die abgeschnittenen Sprosse sollten nach unten zeigen. Decke Standzylinder 1 mit einer Glasscheibe ab. Achte darauf, dass die Öffnung dicht verschlossen ist (▷ B 3).

3 Abdecken der gefüllten Zylinder

Drehe den Standzylinder um und tauche ihn mit der Öffnung nach unten in die mit der entsprechenden Flüssigkeit gefüllte Glaswanne. Sobald die Öffnung des Standzylinders ganz ins Wasser eintaucht, kannst du die Glasscheibe wegnehmen (▷ B 4).

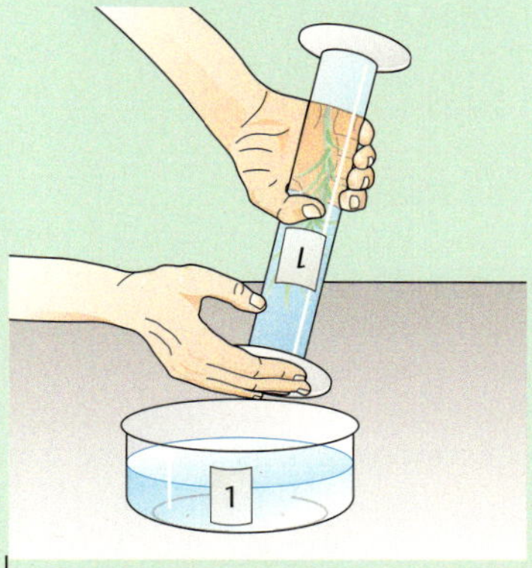

4 Eintauchen des Zylinders

Verfahre in gleicher Weise mit den Standzylindern 2, 3 und 4.
Stelle die vier Versuchsanordnungen an einem sonnigen Platz auf, z. B. an einem Fenster.
Dunkle die Versuchsanordnung 4 ab, indem du sie mit einem dichten schwarzen Tuch abdeckst oder einen Pappzylinder darüber stülpst (▷ B 5).

Aufgaben
1. Beobachte die Versuchsanordnung einige Tage lang und erstelle ein Protokoll zum Versuch.

2. Prüfe ein möglicherweise entstehendes Gas mit der Glimmspanprobe.

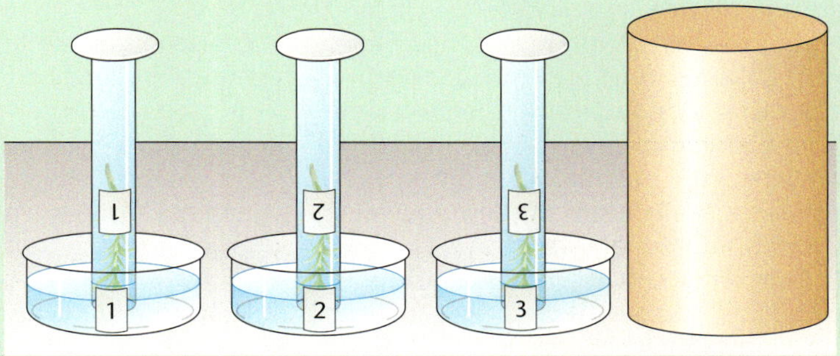

5 Die Versuchsanordnung wird über einen längeren Zeitraum beobachtet.

Holz verkohlen wie vor 2000 Jahren

Von Beruf Köhler
Dürre Ästchen verbrennen rasch, zurück bleibt ein kleines Häufchen Asche. Dicke Holzstücke dagegen verkohlen im Feuer, bevor sie entflammen und zu Asche verbrennen. Nur ein Köhler weiß, wie aus schweren Baumhölzern die leichte Holzkohle entsteht. Heute gibt es nur noch wenige Köhler, die die Kunst der Holzverkohlung beherrschen.

1 Ein Holzkohlenmeiler

2 Köhlerhütte aus früherer Zeit

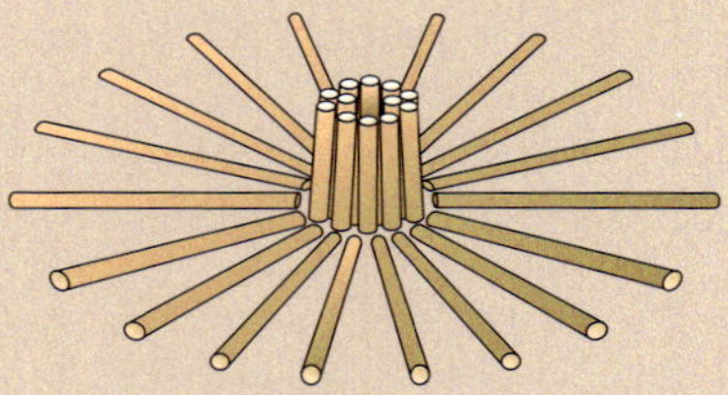

Zuerst wird die Ebene, die Kohlenplatte, hergestellt. In der Mitte entsteht ein Schacht.

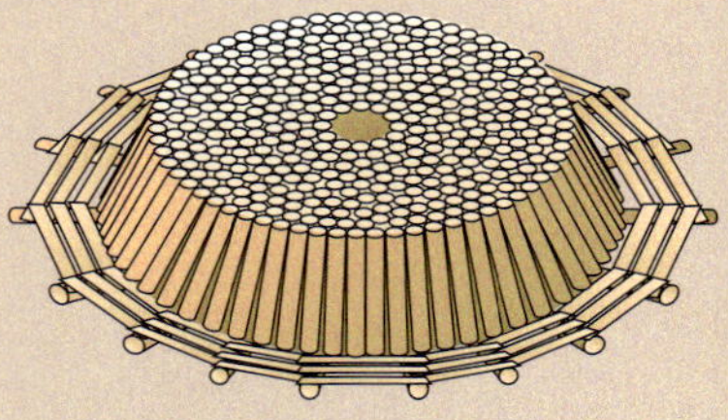

Auf der Kohlenplatte werden die Hölzer um den Schacht gesetzt.

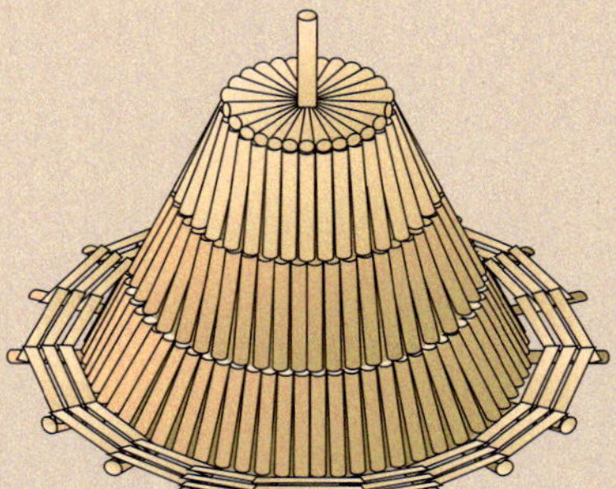

Der Holzstapel besteht aus drei bis vier Stockwerken stehender Holzstücke. In den Schacht wird der Füllstamm gestellt.

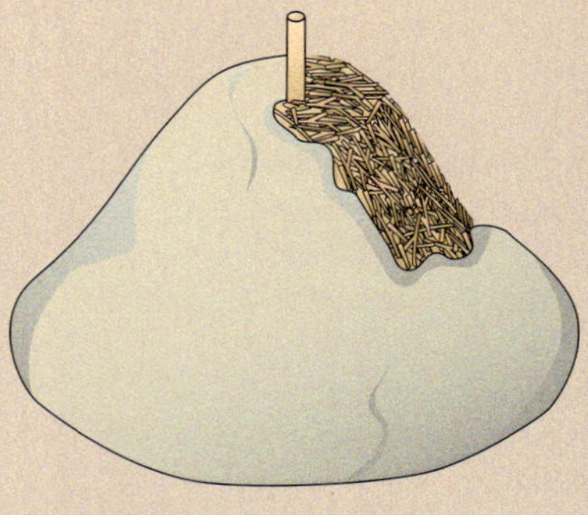

Der Meiler wird mit feuchtem Gras und feuchter Erde luftdicht abgedeckt. Der Meiler wird im Schacht gezündet.

3 Aufbau eines Holzkohlenmeilers

Kunstvoll geschichtet im Meiler
Die Herstellung von Holzkohle ist harte Arbeit und dauert mehrere Wochen. Während dieser Zeit bleibt der Köhler in seiner Hütte nahe beim Holzkohlenmeiler (▷B 1; B 2). Für den Aufbau des drei bis vier Meter hohen Meilers wählt er einen windgeschützten Platz, in dessen Nähe ein Bach vorbeifließt.
Zunächst werden lange Holzstangen so aufgestellt, dass in der Mitte ein schmaler Luftschacht bleibt. In diesen Schacht wird ab der ersten Lage ein Füllstamm eingesetzt. Rundherum werden trockene Holzstücke in mehreren Etagen zu einem Meiler aufgeschichtet (▷B 3). Meist werden dicke Buchenholzstücke verwendet, die etwa einen Meter lang sind. Darüber kommt eine Schicht aus feuchtem Laub oder Gras. Dann wird der ganze Meiler mit Erde luftdicht abgedeckt und gezündet. Dazu zieht der Köhler den Füllstamm in der Mitte heraus und füllt den Schacht von oben mit glühender Holzkohle.

Verkohlen bei Tag und bei Nacht
Nun muss der Köhler Tag und Nacht dafür sorgen, dass der Meiler nicht ausgeht oder Feuer fängt. Damit das Holz langsam verkohlt, sticht er kleine Luftlöcher in die Erdhülle. Bei etwa 300 °C bilden sich unter Luftabschluss im Holzkohlenmeiler Wasserdampf und Gase. Aus den Löchern steigen feine weiße Wölkchen auf (▷B 1). Man sagt: „Der Meiler schwitzt".

Entweicht blauer Rauch, ist die Verkohlung abgeschlossen und alle Luftlöcher müssen wieder verstopft werden. Ohne Luftzufuhr erstickt die Glut und der Meiler erkaltet. Schicht für Schicht wird die fertige Holzkohle abgetragen, mit Wasser gekühlt und in Säcke gefüllt.

Holzkohle (▷B 4) ist ein begehrter Brennstoff, da sie beim Verbrennen viel mehr Hitze entwickelt als Holz. Sie wird heute meist nicht mehr im Freien, sondern in modernen Industrieanlagen erzeugt.

4 Holzkohle

Strategie

Eine Dokumentation erstellen

Die Feuerwehr informiert
Erstelle zum Thema Feuerwehr eine Dokumentation.

A. Sammle Informationen
Organisiere zuerst bei der Feuerwehr einen Besuchstermin für die Klasse oder lade Feuerwehrleute in die Schule ein. Suche auch im Internet (Homepage der Feuerwehr) oder in Büchern Informationen zur Feuerwehr.

B. Wähle Informationen aus
Verschaffe dir einen ersten Überblick über das Stoffangebot, z. B. Jugendfeuerwehr, Ausrüstung der Feuerwehr, Brandursachen usw., und wähle dann ein interessantes Thema aus. Arbeite möglichst in einer Gruppe.

C. Ordne die Informationen
Nun müssen die unterschiedlichen Informationen und Themen zusammengetragen und sinnvoll geordnet werden. Mögliche Ordnungskriterien sind:

- gleichartige Informationen/Themen zusammenfassen;
- Überbegriffe bzw. übergeordnete Themen finden, z. B. Brände: Brandursachen/Brandarten/Brandbekämpfung;
- weniger wichtige Informationen aussortieren.

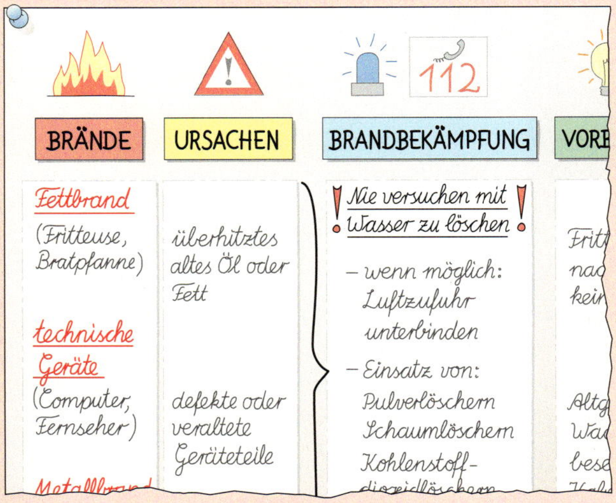

D. Erstelle eine Dokumentation
Welche Möglichkeiten gibt es hier (z. B. Plakatwand, Schaukasten)? Welche sind geeignet und warum?
Tipps:

- Die Dokumentation sollte aus Texten und Bildern bestehen.
- Die Dokumentation sollte nicht zu überladen sein (weniger ist mehr!).
- Der Textteil sollte kurz und informativ sein und in möglichst großer Schrift dargestellt werden.
- Die Bilder sollten ein Thema möglichst deutlich zeigen. Was ein Foto nicht zeigen kann, kann vielleicht gezeichnet werden.

1 Methoden der Brandbekämpfung

2 Brandklassen

Entzug des brennbaren Stoffes
Hitze und Trockenheit erhöhen im Sommer die Brandgefahr in einem Wald. Eine achtlos weggeworfene Flasche kann als Brennglas wirken und ein Feuer entfachen. Sind genügend trockene Brennstoffe vorhanden, breitet sich das Feuer rasch aus. Ein Flächenbrand kann meist nur noch aufgehalten werden, wenn die Feuerwehr breite Schneisen schlägt oder Gräben zieht. Ohne Brennstoffe geht das Feuer aus. Auch in einer dicht bebauten Altstadt kann sich ein Feuer rasch ausbreiten. Manchmal muss ein angrenzendes Haus eingerissen werden, um das Feuer zu stoppen (▷B 1).

Abkühlen unter die Zündtemperatur
Die Feuerwehr bekämpft einen Brand meist mit großen Mengen Wasser. Wasser löscht durch Kühlen. Der brennende Stoff wird unter seine Zündtemperatur abgekühlt (▷B 1; V 1 und V 2).

Unterbrechen der Luftzufuhr
Wasser ist nicht immer das geeignete Löschmittel. Kleine Brände in Töpfen oder Pfannen können durch rasches Abdecken erstickt werden. Die brennende Kleidung einer Person wird durch Einhüllen in eine Decke gelöscht (▷B 1).

Benzinbrände werden mit Schaum (▷B 3) oder mit Kohlenstoffdioxid bekämpft. Wasser ist als Löschmittel nicht geeignet, weil Benzin auf Wasser schwimmt und dort weiterbrennt. Der Schaum dagegen verhindert die Luftzufuhr, das gasförmige Kohlenstoffdioxid verdrängt die Luft und erstickt die Flammen. Metallbrände werden mit Sand, Salz oder Zement abgedeckt. Dadurch wird die Luftzufuhr unterbrochen und das Feuer geht aus.

Brandklassen
Brennbare Stoffe werden in vier Brandklassen mit den geeigneten Löschmitteln eingeteilt. Wie man an den Symbolen sieht (▷B 2), richten sich die Brandklassen A, B und C nach dem Aggregatzustand der Stoffe. Der Brandklasse D werden Metallbrände zugeordnet. Metallbrände sind schwer zu bekämpfen.

▶ Möglichkeiten der Brandbekämpfung:
- Entfernen des brennbaren Stoffes,
- Abkühlen unter die Zündtemperatur,
- Unterbrechen der Luftzufuhr.

3 Die Feuerwehrleute am Schaumlöscher werden mit Wasser gekühlt.

Versuche

1 Ein Streifen Pappe wird mit der Tiegelzange in die Nähe eines Teelichts gehalten. In welcher Entfernung fängt er Feuer? Der Versuch wird mit einem angefeuchteten Pappstreifen wiederholt. Vergleiche die Ergebnisse.

2 Eine leere Streichholzschachtel wird mit Wasser gefüllt und sofort mit der Tiegelzange über die Flamme eines Teelichts gehalten. Beobachte, was geschieht und erkläre deine Beobachtungen.

Richtiges Handeln kann Leben retten
Brände entstehen meist ganz überraschend. Wer weiß, was zu tun ist, kann sich und andere vor Schaden bewahren. Wenn es brennt, bilden sich Flammen, Hitze und Rauch. Rauch ist giftig und wirkt erstickend.

Bei einem Gebäudebrand ist es wichtig, möglichst alle Türen zu schließen. Dadurch werden Flammen und Hitze zurückgehalten und die Fluchtwege bleiben rauchfrei. Die Fluchtwege sind in öffentlichen Gebäuden durch grüne Schilder mit weißen Symbolen gekennzeichnet (▷B 1). Wer die Fluchtwege kennt, kann das Gebäude im Falle eines Brandes schnell verlassen.

1 Symbol Fluchtweg

An Orten, an denen mit feuergefährlichen Stoffen umgegangen wird, gelten besondere Sicherheitsvorschriften. In der Nähe brennbarer Stoffe ist es z. B. verboten zu rauchen oder ein offenes Feuer zu entzünden (▷B 7).

Feuer melden, Feuer löschen
Mit der Notrufnummer 112 wird der Feuerwehr ein Brand gemeldet. Wer einen Notruf abgibt, muss ruhig und deutlich sprechen. Für die Feuermeldung sind die Fragen in Bild 3 wichtig.
In vielen öffentlichen Gebäuden, wie z. B. in Schulen, stehen für erste Maßnahmen der Brandbekämpfung Löschmaterialien zur Verfügung (▷B 2). Man muss mit diesen Geräten vertraut sein, wenn man sie sinnvoll einsetzen will.

2 Mittel zur Brandbekämpfung

3 Feuermeldung über die Notrufnummer 112

Feuergefährliche Stoffe erkennen
Behälter mit feuergefährlichen Stoffen sind mit Gefahrensymbolen gekennzeichnet. Das Flammensymbol und der Buchstabe F+ bedeuten „hochentzündlich". Solche Stoffe können sich schon bei Temperaturen unter 0 °C entzünden. Das Flammensymbol und der Kennbuchstabe F weisen auf leicht entzündliche Stoffe hin (▷B 4).
Stoffe, die Brände fördern, werden durch das entsprechende Symbol und den Buchstaben O gekennzeichnet (▷B 5).

Stoffe, die explodieren können, sind mit dem Explosionssymbol und dem Buchstaben E gekennzeichnet (▷B 6).

4 Gefahrensymbol „leicht entzündlich"

5 Gefahrensymbol „Brand fördernd"

6 Gefahrensymbol „explosionsgefährlich"

7 Benzin ist feuergefährlich.

Waldbrand

2 Löschhubschrauber

1 Ausschlagen

4 Feuerwehr im Einsatz mit Strahlrohr

5 Waldbrand

3 Schneisen schlagen

Die Gefahr von Waldbränden ist in den heißen Sommermonaten am größten. Dann genügt schon eine glimmende Zigarettenkippe, um den Wald in Brand zu setzen.
Jeder Waldbrand beginnt mit einem Bodenfeuer. Die aufsteigende Wärme trocknet die Bäume aus und Funkenflug setzt die Baumkronen in Brand. Das Feuer in den Baumkronen erlischt wieder, wenn es keine Nahrung vom Boden erhält.

Von der Stelle, an der ein Feuer entsteht, breitet sich ein Waldbrand nach allen Seiten aus. Wind verschlimmert die Lage. Deshalb ist rasches Handeln erforderlich. Je früher ein Waldbrand entdeckt und gemeldet wird, desto wirkungsvoller kann das Feuer bekämpft und gelöscht werden. Als erste Maßnahme kann man versuchen, mit einfachen Mitteln, z. B. einer Feuerpatsche oder Schaufel, ein Bodenfeuer auszuschlagen (▷ B 1).

In Gebieten, in denen es keine Waldwege und keine Löschwasserteiche gibt, ist die Bekämpfung eines Waldbrandes schwierig und teuer. Hubschrauber (▷ B 2) und Löschflugzeuge kommen nur dann zum Einsatz, wenn die Brandstelle mit Tanklöschfahrzeugen nicht zu erreichen ist. Bei großflächigen Bränden werden Schneisen in den Wald geschlagen (▷ B 3). Dadurch wird ein Übergreifen des Brandes auf angrenzende Waldstücke vermieden.

6 Der Wald erneuert sich.

Aufgaben

1 Weshalb sind Rauchen und offenes Feuer im Wald und bis 100 m vom Wald entfernt vom 1. März bis 31. Oktober verboten?

2 Betrachte die Abbildungen 1 bis 4 auf dieser Seite. Mit welchen Mitteln und Methoden kann ein Waldbrand bekämpft werden? Begründe, wann welche Methode zum Einsatz kommt.

3 Zähle mögliche Gefahren auf, denen Feuerwehrmänner ausgesetzt sind, wenn der Wald brennt.

4 Nach großen Waldbrandkatastrophen verschwinden viele Tierarten aus ihren Lebensräumen. Nenne Gründe dafür.

Feurige Ratschläge

Brandschutzeinrichtungen
Feuermelder (▷ B 4) befinden sich in einem roten Kästchen, sie haben einen schwarzen Knopf. Im Notfall schlägt man die Scheibe ein (z. B. mit einem Schuh) und drückt kurz den schwarzen Knopf. Die Nummer des Feuermelders wird direkt an die Feuerwehr weitergeleitet. Ist kein Feuermelder vorhanden, kann man von jedem Handy und fast jedem öffentlichen Telefon kostenlos die Notrufnummern 110 (Polizei) oder 112 (Feuerwehr) anrufen. In öffentlichen Gebäuden befinden sich auch oft **Wandhydranten**, die mit einem eigenen Symbol gekennzeichnet sind. In einem Metallkasten ist ein flacher oder formbeständiger Druckschlauch aufgerollt, der über Steigleitungen an das Wassernetz angeschlossen ist.

Sprinkleranlagen
Vor allem Kaufhäuser, Theater, Tiefgaragen und Lagerhallen sind mit so genannten **Sprinkleranlagen** ausgerüstet. Sie sind zugleich Feuerlöscher und Feuermelder. Über Rohrleitungen gelangt Wasser zu Sprinklerdüsen, die an der Decke befestigt sind. **Sprinkler** (engl. to sprinkle: sprühen) sind kleine Brausen (▷ B 2). Ihre Öffnungen sind mit zugeschmolzenen Glasröhren verschlossen, die eine gefärbte Flüssigkeit enthalten. Bricht ein Feuer aus, erwärmt sich die Flüssigkeit im Glas und dehnt sich aus. Dadurch zerspringt das Glas. Das aus der Leitung strömende Wasser verteilt sich auf dem Sprühteller des Sprinklers und besprüht das Feuer. Gleichzeitig wird Feueralarm ausgelöst. Anstelle von Wasser können Sprinkler auch andere Löschmittel enthalten.

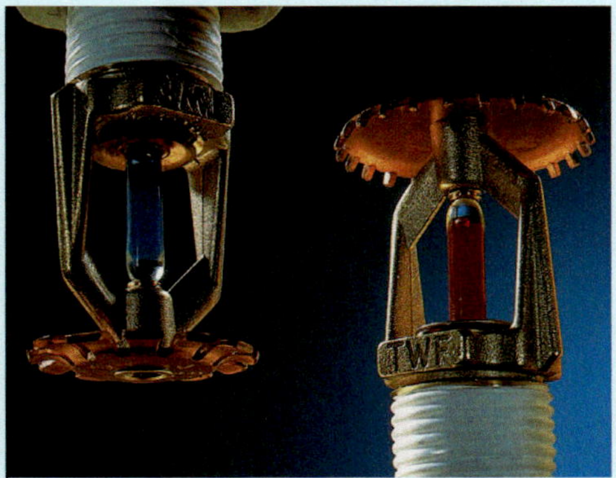

2 Sprinkler

1 Hinweise zur Bedienung eines Feuerlöschers

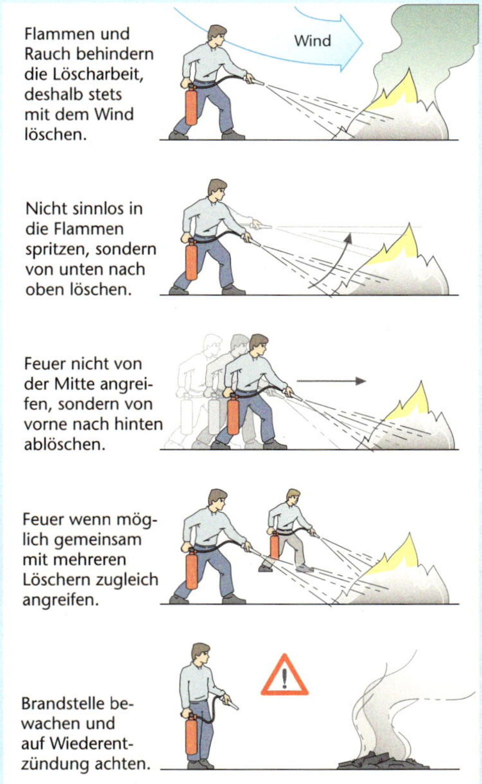

3 Feuerlöschen mit einem Handfeuerlöscher

4 Feuermelder

Feuerlöschen, Feuerlöscher

Kohlenstoffdioxidlöscher
Bei Bränden von Flüssigkeiten und Gasen werden Kohlenstoffdioxidlöscher eingesetzt. Der Löscher enthält unter Druck verflüssigtes **Kohlenstoffdioxid** (▷ B 1; ▷ B 2). Kohlenstoffdioxid bildet eine Schicht über der Brandstelle, welche die Flammen erstickt und die weitere Luftzufuhr verhindert.

Da sich das Gas beim Löschen restlos verflüchtigt, ist es das bevorzugte Löschmittel in der Nähe von Lebensmitteln oder bei teuren technischen Geräten.

Wasserlöscher
Sie sind nur für die Bekämpfung von Feststoffbränden der Brandklasse A geeignet. Damit das Wasser als Sprühstrahl mit vollem Druck herausspritzt, enthält der Löscher eine kleine Treibgasflasche mit Pressluft oder Stickstoff. Wasser wirkt auf Brände stark abkühlend und erschwert den Zutritt von Luft.

Pulverlöscher
Je nach Art des Löschpulvers können Pulverlöscher für alle Brandarten eingesetzt werden. Innen im Löscher ist eine Treibgasflasche, die mit Stickstoff oder Kohlenstoffdioxid gefüllt ist.
Betätigt man den Auslösehebel, wird das Treibgas frei und presst das Löschpulver mit Druck über ein Steigrohr in die Löschpistole. Die Pulverwolke unterbricht die Verbrennung schlagartig. Da das Löschpulver nicht abkühlend wirkt, kann das Feuer nach kurzer Zeit wieder aufflammen. Deshalb sollte man möglichst mit kurzen Pulverstößen löschen.

Von Nachteil ist, dass das Löschpulver starke Verschmutzungen an der Brandstelle verursacht und Personen kurzzeitig die Sicht nimmt.

Schaumlöscher
Sie sind bei Bränden von flüssigen und manchen festen Stoffen im Einsatz. Das im Gerät enthaltene Löschmittel wird mit einem Schaummittel gemischt. Man nennt es Light-Water („leichtes Wasser"), weil der entstehende Schaum auf der brennenden Flüssigkeit schwimmt und eine gasdichte Schicht darüber bildet. Der Schaumteppich verhindert für etwa 20 Minuten ein Wiederaufflammen des Brandes.

Löschfahrzeuge
Es gibt Löschgruppenfahrzeuge, in denen die Feuerwehrmänner zur Brandstelle fahren.

Die Tragkraftspritzenfahrzeuge (▷ B 3) transportieren tragbare Feuerlöschpumpen.

Tanklöschfahrzeuge befördern Wasser zur Einsatzstelle. Sie besitzen einen eingebauten Wassertank, in der Regel für 2 400 Liter Wasser.

Löschdecke
Menschen, die in Brand geraten, haben nur dann eine Chance zu überleben, wenn sofort Hilfe geleistet wird.
Genormte Löschdecken haben zum Schutz der Hände an zwei Seiten Grifftaschen. Man hält die Decke zum eigenen Schutz hoch vor den Körper, geht auf die brennende Person zu, legt ihr die Decke um den Hals und wickelt sie darin ein. Dann legt man die Person vorsichtig auf den Boden. Anschließend müssen Flammen und Glutstelle sorgfältig ausgedrückt werden.

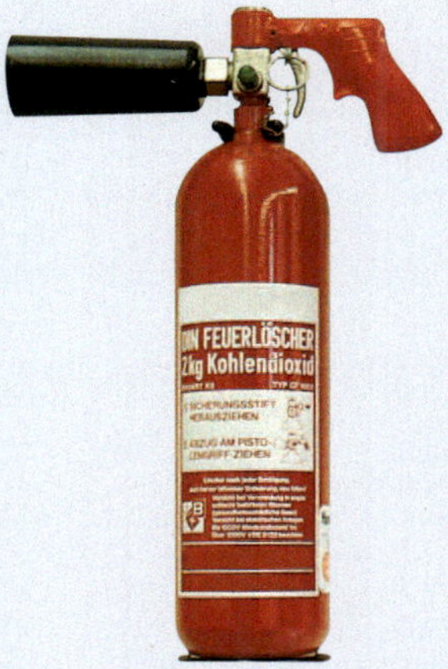

1 Kohlenstoffdioxidlöscher

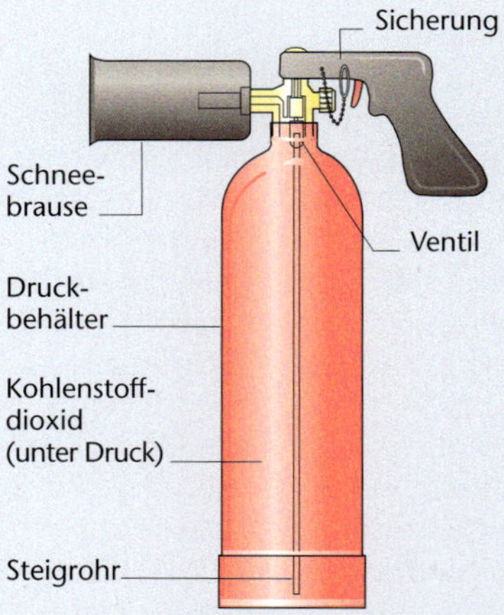

2 Aufbau eines Kohlenstoffdioxidlöschers

3 Tragkraftspritzenfahrzeug

Feuerspritzen

1 Brandbekämpfung im 17. Jahrhundert

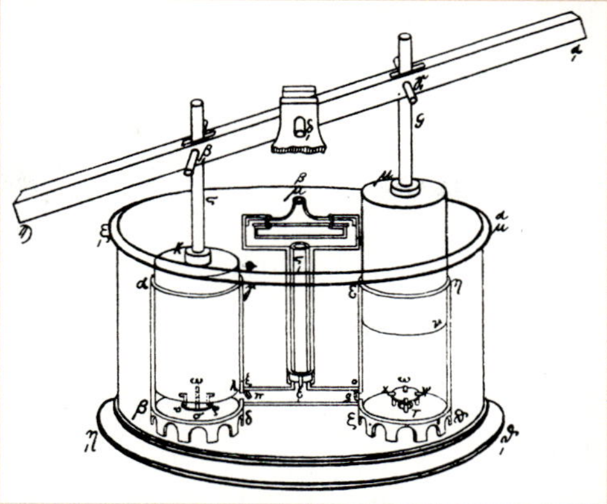

2 Zweizylindrige Feuerspritze des HERON VON ALEXANDRIA um 110 n. Chr.

3 Hölzerne Feuerspritze aus der Barockzeit

Brandwehr bei den Römern

Nachdem im Jahr 7 vor Christus ein Großbrand die Stadt Rom fast vernichtet hätte, stellte Kaiser AUGUSTUS eine Feuerwehrtruppe zusammen. Er teilte Rom in 14 Bezirke ein. Für jeweils zwei Bezirke war eine Wachmannschaft zuständig, zu der bis zu 1 200 Männer gehörten. Der Feuerlöschdienst war gut organisiert. Es gab Wasserträger mit Löscheimern, Spritzenleute mit urtümlichen Handspritzen und Leute mit Löschdecken aus Lumpen. Das Löschwasser konnte aus den gut ausgebauten römischen Wasserleitungen entnommen werden. Mit dem Untergang des römischen Reichs nach 500 Jahren geriet auch das Wissen über die Brandbekämpfung in Vergessenheit. Erst nach 1 300 Jahren gab es in Europa wieder eine gut ausgerüstete und organisierte Feuerwehr.

Feuerspritzen im Wandel der Zeit

Im Mittelalter standen die Menschen einem Großbrand fast hilflos gegenüber. Meist wurde nur mit Eimern gelöscht, die in einer Menschenkette bis zur Brandstelle weitergeleitet wurden. Im 15. Jahrhundert gab es dann einfache Handspritzen aus Holz.

Erst im 17. Jahrhundert waren transportable Löschmaschinen im Einsatz (▷ B 1). Zu dieser Zeit bestanden die Straßenwasserleitungen noch aus ausgehöhlten Ulmenstämmen.

Im Brandfall schlugen die Löschmannschaften die Bäume auf und ließen das Wasser auf die Straße laufen. Dort wurde es gestaut, in Eimer gefüllt und in den Wassertank der Feuerspritze gegossen.

Im Jahr 1828 baute der schwedische Erfinder JOHN ERICSSON eine Dampffeuerspritze, die auf dem Fahrgestell eines Wagens montiert war (▷ B 4). Nach der Erfindung des Ottomotors 1876 konnte man Feuer wirkungsvoll mit Motorspritzen und Kraftfahrspritzen bekämpfen.

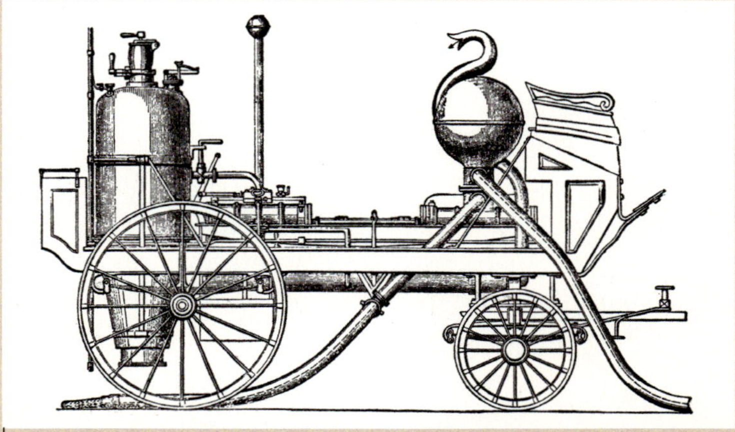

4 Erste Dampffeuerspritze von JOHN ERICSSON 1828

Die Belastung der Luft

Unsere Atmosphäre besteht nicht aus „reiner" Luft. Luft enthält z. B. Staub- und Rußteilchen, die durch den Wind verbreitet werden. Ein Teil dieser Stoffe gelangt durch natürliche Vorgänge wie Vulkanausbrüche oder Staubstürme in die Luft.
Aber auch der Mensch trägt zur Erhöhung der „Luftfracht" bei: Bei Verbrennungsvorgängen kann man beobachten, dass sich Rauch bildet. Es befinden sich dann Ruß- und Staubkörnchen in der Luft.
Verbrennungsvorgänge in Autos, Industrieanlagen, Kraftwerken und Haushalten erzeugen aber auch gasförmige Stoffe, die die Luft belasten. Man nennt sie Schadstoffe (▷B 2).
Diese Belastung bringt viele Probleme mit sich: Immer mehr Menschen leiden unter einer Reizung oder Erkrankung der Atemwege. Auch das Pflanzenwachstum wird beeinträchtigt. Mit Schadstoffen belastete, feuchte Luft wirkt so aggressiv, dass sogar Gestein angegriffen wird (▷B 1).

1 Verschmutzte Luft kann aggressiv wirken.

Smog

Eine Folge der zunehmenden Luftverschmutzung ist die Bildung von Smog. Das Wort Smog setzt sich aus den beiden englischen Wörtern **Sm**oke (= Rauch) und f**og** (= Nebel) zusammen. Von Nebel spricht man, wenn sich Flüssigkeitströpfchen in der Luft befinden. Schadstoffe in der Luft fördern die Nebelbildung. Das konnte man früher in London häufig beobachten.

Von Smog spricht man, wenn sich am Boden eine große Menge an Abgasen und Schadstoffen ansammelt. Für Menschen mit Herzbeschwerden oder Atemwegserkrankungen und für Kleinkinder kann diese Form der Luftverschmutzung lebensbedrohend werden.

2 Industrieabgase verunreinigen die Luft.

3 Smog schadet Menschen und Pflanzen.

4 Bei normaler Wetterlage werden die Schadstoffe abtransportiert.

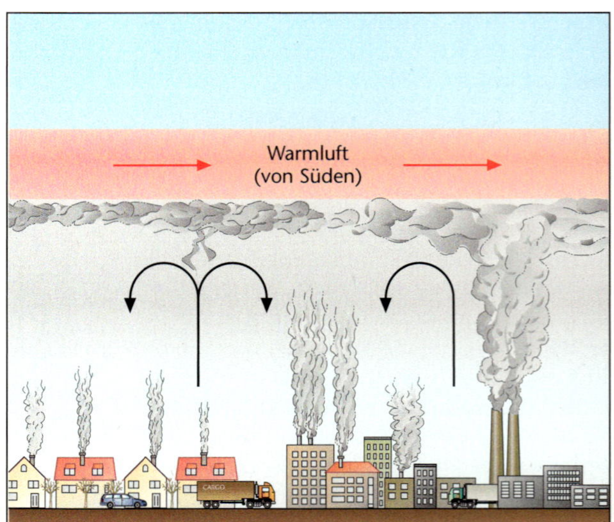

5 Bei „Smog-Wetterlage" sammeln sich die Schadstoffe am Boden.

6 Dunstglocke über einer Großstadt

Wintersmog
In der Regel ist die Luft am Erdboden wärmer als in der Höhe. Und weil warme Luft leichter ist als kalte Luft, steigt Bodenluft auf. Dabei transportiert sie die Schadstoffe vom Boden mit in die Höhe (▷ B 4). Während der kalten Jahreszeit kann es aber vorkommen, dass sich über die kalte Luft am Boden eine wärmere Luftschicht schiebt (▷ B 5). Diese warme Luftschicht wirkt wie ein Deckel. Sie verhindert das Aufsteigen der unteren Luftschicht und hält damit auch die Schadstoffe am Boden zurück – sie können nicht abziehen. Wenn diese besondere Wetterlage mehrere Tage anhält, dann kann die Schadstoffkonzentration gefährlich hohe Werte erreichen. Man spricht dann vom Wintersmog.
Im Dezember 1952 war die Smogbelastung in London verheerend groß. Innerhalb von 14 Tagen starben mehr als 4000 Menschen an den Folgen der Luftverschmutzung. Auch bei uns ist Wintersmog schon aufgetreten, allerdings nicht so heftig wie in London (▷ B 6 und B 7).

Smogalarm
Um die Menschen zu schützen, wird beim Überschreiten festgelegter Grenzwerte Smogalarm ausgelöst. Je nachdem, wie hoch der Gehalt an Schadstoffen ist, gelten verschiedene Alarmstufen. Damit der Schadstoffgehalt nicht weiter zunimmt, werden z. B. Fahrverbote für Fahrzeuge ausgesprochen und bestimmte Industrieanlagen stillgelegt. Ändert sich dann die Wetterlage, werden die Schadstoffe wieder abtransportiert und die Luft wird besser.

Sommersmog
In Großstädten wie Los Angeles, Mexiko-Stadt, Sao Paulo oder Athen werden die Menschen durch eine andere Form des Smogs belastet. Der starke Verkehr auf den Straßen und das heiße, sonnige Wetter führen zur Entstehung von Sommersmog. Dabei bilden sich unter dem Einfluss der Sonnenstrahlung und der Autoabgase giftige Stoffe wie z. B. Ozon. Sommersmog tritt inzwischen immer häufiger auch in Deutschland auf. Du hast vielleicht auch schon einmal mitbekommen, dass über das Radio oder das Fernsehen eine Ozonwarnung ausgesprochen wurde.
Das Ozon reizt die Atemwege. Die damit verbundenen Beschwerden hängen aber nicht nur vom Ozongehalt, sondern auch von der eingeatmeten Luftmenge ab. Daher sollte man bei einer Ozonwarnung keinen Sport im Freien treiben.

7 Londoner Nebel

Aufgaben

1 Erkläre die Bedeutung des Begriffs „Smog".

2 Unter welchen Voraussetzungen entsteht Wintersmog bzw. Sommersmog?

3 Welche Gefahren für Mensch und Umwelt sind mit dem Smog verbunden?

Werkstatt

Smog im Glas

Material
2 große Bechergläser, 2 Standzylinder, 2 Räucherkegel, Thermometer, Streichhölzer, Kochsalz, Eis, Wasser

Versuchsanleitung
Fülle die beiden Bechergläser je zur Hälfte, das eine mit heißem Wasser, das andere mit einer Kältemischung aus Kochsalz und Eis. Stelle in jedes Becherglas einen Standzylinder.

Miss nach einigen Minuten die Temperatur der Luft im unteren Bereich der Standzylinder und die Temperatur im oberen Bereich. Notiere die Messwerte. Gib anschließend in beide Standzylinder einen glimmenden Räucherkegel.

Aufgabe
Beobachte, wie sich der Rauch in den beiden Zylindern ausbreitet. Kannst du Unterschiede erkennen? Erkläre deine Beobachtung.

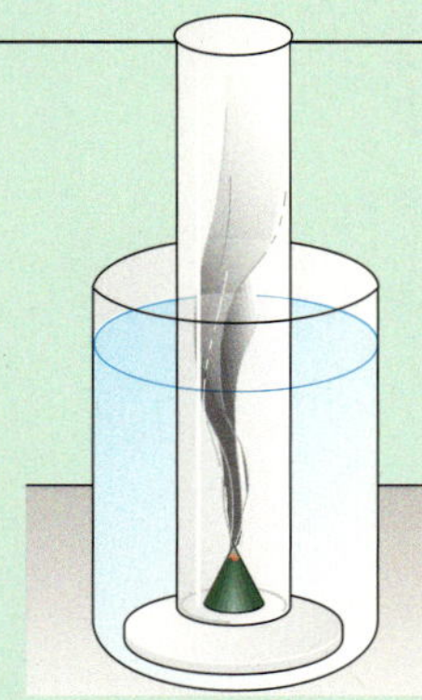

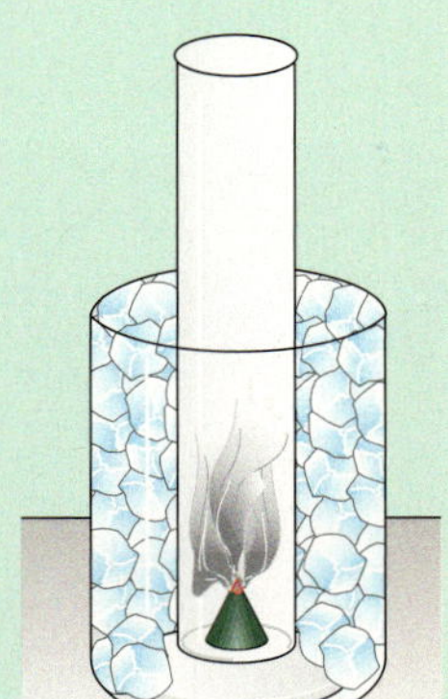

Verbrennungen

1 Feuer und Flamme

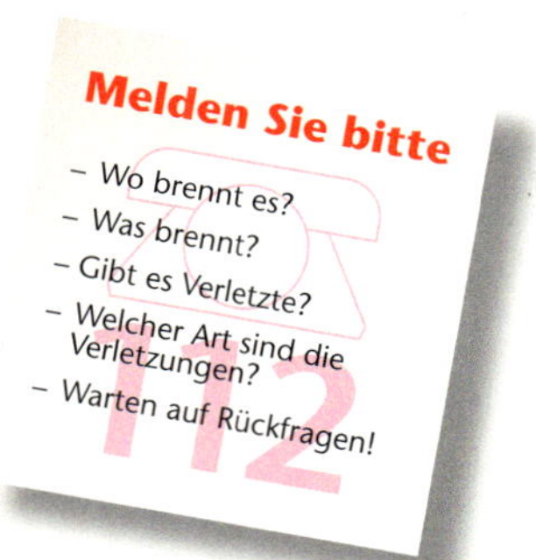

2 Meldung des Brandes

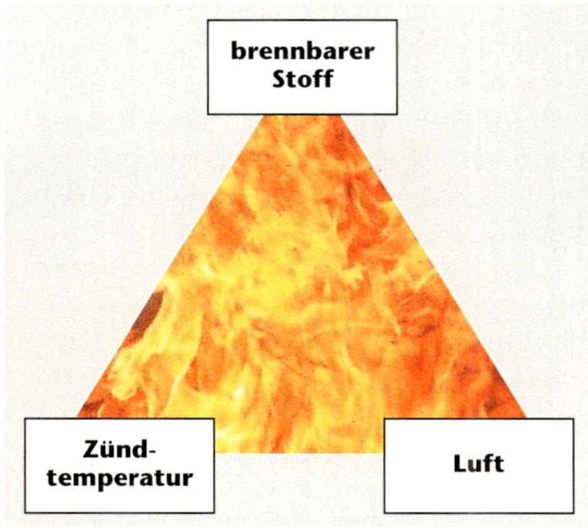

3 Bedingungen für eine Verbrennung

Bedingungen für eine Verbrennung
Damit eine Verbrennung stattfindet muss
- ein brennbarer Stoff vorliegen,
- die Zündtemperatur erreicht sein,
- genügend Luft zugeführt werden (▷ B 3).

Zerteilungsgrad
Je höher der Zerteilungsgrad, desto heftiger läuft die Verbrennung ab.

Flammen
Flammen sind brennende Gase oder Dämpfe (▷ B 1).

Verbrennungsprodukte
Bei Verbrennungsvorgängen entstehen feste, flüssige oder gasförmige Verbrennungsprodukte.

Chemische Reaktion
Bei einer chemischen Reaktion entstehen Stoffe mit neuen Eigenschaften. Jede Verbrennung ist eine chemische Reaktion. Bei einer Verbrennung wird Energie frei.

4 Nachweis von Sauerstoff und Kohlenstoffdioxid

Sauerstoff, Kohlenstoffdioxid
Sauerstoff weist man mit der Glimmspanprobe nach, Kohlenstoffdioxid durch Trübung von Kalkwasser (▷ B 4).

Luftbestandteile
Luft ist ein Gasgemisch, das aus den Gasen Stickstoff, Sauerstoff, Kohlenstoffdioxid sowie den Edelgasen (Helium, Neon, Argon, Krypton und Xenon) besteht (▷ B 8).

Möglichkeiten der Brandbekämpfung
Es gibt verschiedene Möglichkeiten, ein Feuer zu löschen (▷ B 5, ▷ B 6, ▷ B 7):
- Entfernen des brennbaren Stoffs,
- Abkühlen unter die Zündtemperatur,
- Unterbrechung der Luftzufuhr.

Die Meldung eines Brandes
Bei der Meldung eines Brandes oder eines Unfalls sind die Angaben von Bild 2 wichtig.

5 Entfernen des brennbaren Stoffes

6 Abkühlen unter die Zündtemperatur

7 Unterbrechung der Luftzufuhr

① 780,8 l Stickstoff
② 209,5 l Sauerstoff
③ 0,4 l Kohlenstoffdioxid
④ 9,3 l Edelgase

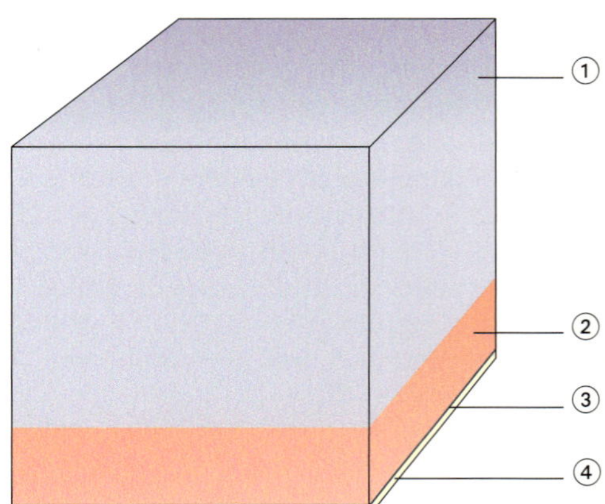

8 Zusammensetzung der Luft

Aufgaben

1 In den meisten Fällen entstehen Brände durch die Unachtsamkeit von Menschen.
a) Welche Tätigkeiten können zu Bränden führen?
b) Zu welchen Jahres- oder Tageszeiten entstehen vermehrt Brände (▷ B 1)?
c) Welche Gegenstände oder Geräte im Haushalt können ein Feuer verursachen?

2 Brennendes Fett darf nicht mit Wasser gelöscht werden! Wie könntest du ein Feuer in der Pfanne bekämpfen (▷ B 2)? Erkläre die Vorgehensweise mit deinem Wissen über die Brandbekämpfung.

3 Betrachte eine Kerzenflamme genau.
In welchem Zustand brennt das Wachs, im festen, im flüssigen oder im gasförmigen Zustand? Überlege, wie du deine Antwort überprüfen kannst.

4 Beschreibe, was du der Feuerwehr melden musst, wenn du einen Brand entdeckst.

5 Welchen Vorteil hat die Einteilung in Brandklassen (▷ B 5)?

6 Warum ist bei Brandklasse B Wasser keine geeignete Löschart (▷ B 5)?

7 Ein Streichholz entflammt im Reagenzglas ohne direkten Kontakt mit einer offenen Flamme (▷ B 3). Erläutere an dieser Beobachtung die Bedingungen der Verbrennung.

8 Erkläre, warum eine Kerzenflamme erlischt, wenn man eine Kupferwendel, die etwa den Durchmesser der Kerzenflamme hat, über die Flamme hält (▷ B 4).

1 Zu Aufgabe 1

3 Zu Aufgabe 7

2 Zu Aufgabe 2

4 Zu Aufgabe 8

Brandklasse	Symbol	Stoffart	Löschart
	Brennende Holzstücke	Feststoffe außer Metallen	– Wasserlöscher – ABC-Pulverlöscher – Schaumlöscher
	Brennender Benzinkanister	Flüssigkeiten	– ABC- und BC-Pulverlöscher – Kohlenstoffdioxid-Löscher – Schaumlöscher
	Flamme am Brenner eines Gasherdes	Gase	– ABC- und BC-Pulverlöscher – Kohlenstoffdioxid-Löscher
	Brennendes Zahnrad	Leichtmetalle	– Pulverlöscher für Metallbrände

5 Zu Aufgabe 5 und 6

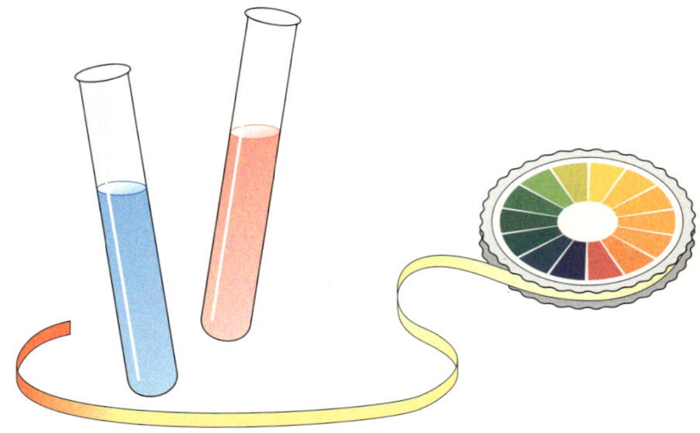

Stoffe –
früher und heute

Wir haben viele Stoffe kennen gelernt, die im Alltag wichtig sind. Einige werden wir vertiefend betrachten, andere erst erforschen.

Auf den folgenden Seiten öffnen einige Museen ihre Türen und laden zu einem Besuch ein. In Häusern, Werkstätten und in Bergwerken kann man sich in die vergangenen Zeiten hineinversetzen. Am besten gelingt dies vor Ort, aber auch Texte und Bilder der folgenden Seiten zeigen, wie verschiedene Stoffe das frühere Alltagsleben prägten.

Holz beispielsweise spielte nicht nur als Brennstoff eine wichtige Rolle, sondern auch als Werkstoff. Aus Metallen, vor allem aus Eisen, wurden Gebrauchsgegenstände hergestellt. In den Bauernhöfen des Museumsdorfes in Cloppenburg wird dies für die Zeit vom 16. bis zum 20. Jahrhundert deutlich.

Feuer und Wasser waren notwendig, um wichtige Rohstoffe, wie beispielsweise Erze und Salz zu gewinnen. Diese Stoffe machten die Städte, in denen sie gewonnen wurden, reich und mächtig. In den Museen dieser Städte wird diese Vergangenheit lebendig: im Besucherbergwerk und Bergbaumuseum Rammelsberg bei Goslar und im Deutschen Salzmuseum in Lüneburg.

Aber auch Fragen, die uns hier und heute beschäftigen, werden gestellt. Beispielsweise wie sauber oder schmutzig unsere Gewässer sind, wie hart oder weich Wasser sein kann. Was wir trinken und wozu wir Salze brauchen, warum wir mit Farben und Indikatoren umgehen.

V & V
mit viel guter Schokolade

Feuer und Wasser

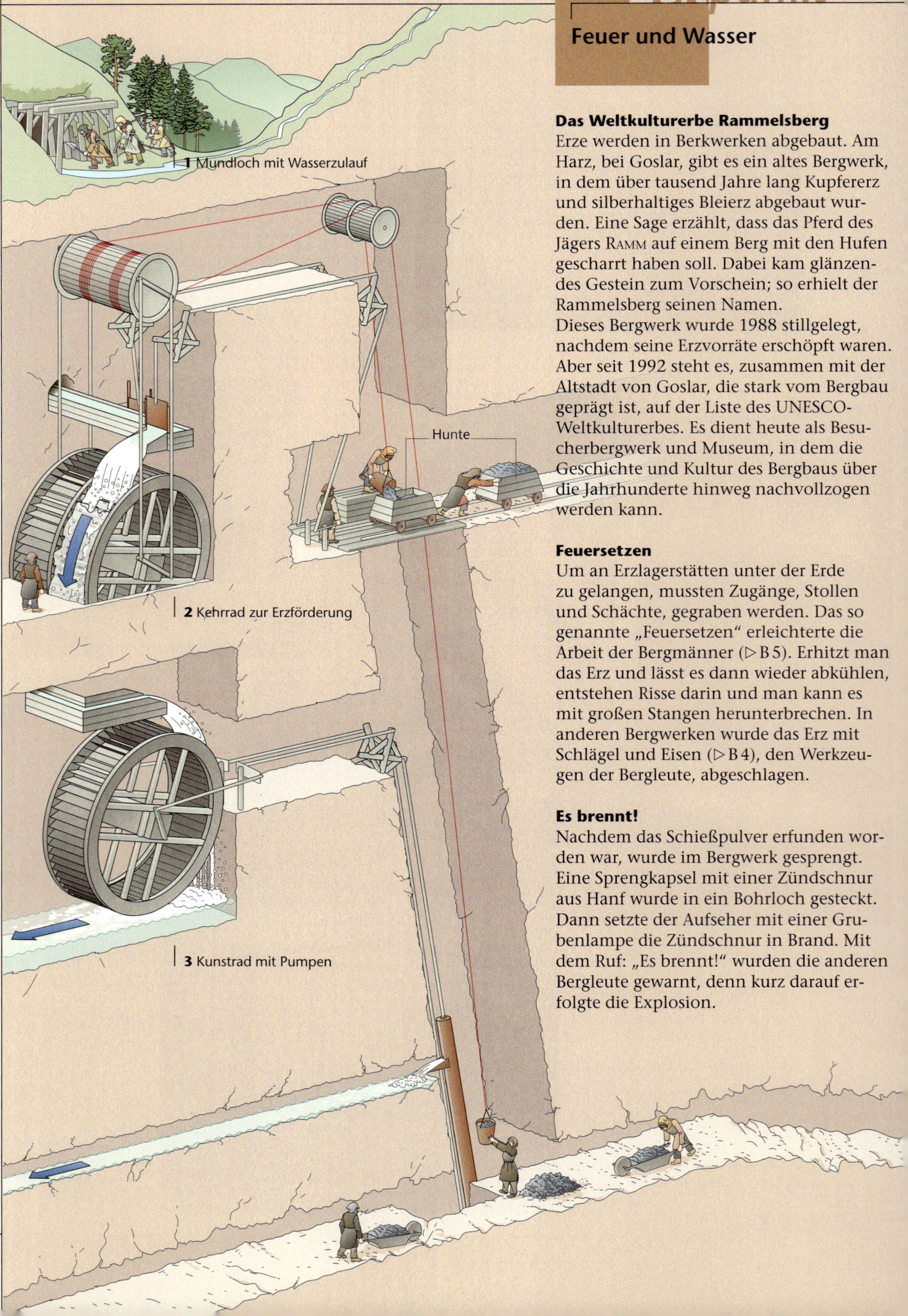

Das Weltkulturerbe Rammelsberg
Erze werden in Berkwerken abgebaut. Am Harz, bei Goslar, gibt es ein altes Bergwerk, in dem über tausend Jahre lang Kupfererz und silberhaltiges Bleierz abgebaut wurden. Eine Sage erzählt, dass das Pferd des Jägers RAMM auf einem Berg mit den Hufen gescharrt haben soll. Dabei kam glänzendes Gestein zum Vorschein; so erhielt der Rammelsberg seinen Namen.
Dieses Bergwerk wurde 1988 stillgelegt, nachdem seine Erzvorräte erschöpft waren. Aber seit 1992 steht es, zusammen mit der Altstadt von Goslar, die stark vom Bergbau geprägt ist, auf der Liste des UNESCO-Weltkulturerbes. Es dient heute als Besucherbergwerk und Museum, in dem die Geschichte und Kultur des Bergbaus über die Jahrhunderte hinweg nachvollzogen werden kann.

Feuersetzen
Um an Erzlagerstätten unter der Erde zu gelangen, mussten Zugänge, Stollen und Schächte, gegraben werden. Das so genannte „Feuersetzen" erleichterte die Arbeit der Bergmänner (▷ B 5). Erhitzt man das Erz und lässt es dann wieder abkühlen, entstehen Risse darin und man kann es mit großen Stangen herunterbrechen. In anderen Bergwerken wurde das Erz mit Schlägel und Eisen (▷ B 4), den Werkzeugen der Bergleute, abgeschlagen.

Es brennt!
Nachdem das Schießpulver erfunden worden war, wurde im Bergwerk gesprengt. Eine Sprengkapsel mit einer Zündschnur aus Hanf wurde in ein Bohrloch gesteckt. Dann setzte der Aufseher mit einer Grubenlampe die Zündschnur in Brand. Mit dem Ruf: „Es brennt!" wurden die anderen Bergleute gewarnt, denn kurz darauf erfolgte die Explosion.

Beleuchtung
Zur Beleuchtung dienten große Schalen mit brennendem Öl, in Nischen steckten Kienfackeln. Jeder Bergmann hatte aber auch sein eigenes „Geleucht", eine Grubenlampe aus Eisen, deren Form ihr den Namen gab: der Frosch (▷ B 4). Als Brennstoffe dienten Rindertalg und Rüböl.

Holz im Bergbau
Holz wurde aber nicht nur als Brennholz benutzt, sondern auch für den Grubenausbau (▷ B 1). Die Stollen, durch die die Bergleute ins Bergwerk „einfuhren" (auch wenn sie zu Fuß gingen sprachen sie vom „einfahren"), wurden mit Holz abgestützt. Als senkrechte Pfosten dienten Holzstämme, quer darauf lagen ebenfalls Stämme und darauf Bretter, die vor Steinschlag schützten. Das Holz knarrte, wenn es die Last des Berges nicht mehr tragen konnte und der Einsturz einer Grube drohte. Das Holz könne „sprechen" meinten die Bergleute.

Auch die Leitern für den senkrechten Einstieg in den Berg durch Schächte waren aus Holz.
Vierrädrige Karren aus Holz, die „Hunte", beförderten das abgeschlagene Erz aus dem Bergwerk hinaus. Aus Holz waren auch die Wasserräder, die als Wasserhebemaschinen und zum Transport des Erzes ans Tageslicht dienten.

Bergbau und Wasser
Große Probleme bereitete das in Stollen und Schächte einsickernde Wasser. Wasserknechte mussten mit Holz- oder Ledereimern das Wasser herausschöpfen. Auf Leitern reichten sie die mit Wasser gefüllten Eimer nach oben weiter. Es wurden so genannte „Wasserlösungsstollen" angelegt, um das Wasser mit einem leichten Gefälle seitlich aus dem Berg zu leiten. Die Stelle, wo ein Stollen ans Tageslicht tritt, nennt der Bergmann „Mundloch" (▷ B 1).

Wasser durch Wasser heben
Eine große Hilfe für die im Bergwerk beschäftigten Menschen war es, als das eingesickerte Wasser mithilfe von Wasserkraft aus dem Berg entfernt werden konnte. Dazu dienten große Holzräder (Kunsträder) mit einem Schaufelkranz und einem Pumpengestänge (▷ B 3), auf die Wasser geleitet wurde. „Wasser durch Wasser heben" sagte man.

Erzförderung
Mit Wasserkraft wurden auch Kehrräder angetrieben, mit deren Hilfe die herausgeschlagenen Erze aus dem Bergwerk befördert wurden. Ein Kehrrad (▷ B 2) ist ein in zwei Richtungen drehbares großes Holzrad. Die Kehrräder besitzen zwei Schaufelkränze, die in entgegengesetzter Richtung laufen. Das Wasser wird in einen großen „Wasserkasten" geleitet, der sich über dem Rad befindet und auf beiden Seiten je eine Klappe besitzt. Wird eine Klappe geöffnet, stürzt das Wasser auf den einen Schaufelkranz und das Kehrrad dreht sich in der einen Richtung. Öffnet man die andere Klappe, dreht es sich in der anderen Richtung.

Das „Oberharzer Wasserregal"
Um die Holzräder anzutreiben, brauchte man Antriebswasser. Bausteine des Wasserkraftsystems sind Teiche, Gräben und Wasserläufe. Die Teiche wurden künstlich angelegt, um Regenwasser zu sammeln und für Trockenzeiten zu speichern. Aus den Teichen wurde das Wasser in künstlich angelegten Gräben auf die Wasserräder geleitet (▷ B 1).
Durch ein „Regal", ein Königsrecht, wurde die Nutzung des Wassers für den Bergbau erlaubt. Das „Oberharzer Wasserregal" ist eine historische Anlage zur Wasserversorgung des Bergbaus. Die meisten Anlagen stammen aus der Zeit zwischen 1540 und 1730. Heute stehen sie unter Denkmalschutz.

4 Arbeit mit Schlägel und Eisen

5 Erzabbau durch Feuersetzen

Einen Museumsbesuch planen

Nicht immer nur still sitzen; Museumsbesuche sind auch Unterricht, aber anders: Sie sind Unterricht „vor Ort". Im Museum könnt ihr viele Einblicke in Natur, Technik und eure Umwelt bekommen, die ihr im Klassenzimmer nicht so lebendig erfahren könnt.

A. So könnt ihr mithelfen ...
Einen Museumsbesuch sollte nicht der Lehrer allein planen, ihr solltet bei der Vorbereitung mithelfen. Sprecht zuerst das grobe Thema mit eurer Lehrerin oder eurem Lehrer ab.

B. Sammelt Informationen über das Museum
- Fordert Broschüren an,
- studiert Unterlagen,
- sucht in Fachliteratur, z. B. Nachschlagewerken, und im Internet.

C. Legt den Ablauf fest und erstellt einen Zeitplan
- Wann geht es los?
- Wie kommt ihr an euer Ziel?
- Wo plant ihr Treffpunkte?
- Wann wollt ihr fertig sein?

D. Fragen stellen
Sammelt gemeinsam Fragen, die ihr beantwortet haben möchtet. Legt Schwerpunkte fest. Sprecht mit dem Personal im Museum über eure Wünsche, Fragen und Schwerpunkte. Je genauer die Museumsführer informiert sind, desto besser gelingt euer Museumsbesuch.

E. Was ihr braucht
- Eine Schreibunterlage, Schreibzeug und Papier zum Protokollieren sind wichtig.
- Technische Hilfsmittel wie Fotoapparat, Videokamera oder Kassettenrekorder nur nach Absprache mit dem Personal des Museums einsetzen!
- Da viele Museen auch Außenstellen haben oder (bei Bergwerksbesuchen) die Besichtigung „unter Tage" stattfindet, solltet ihr zweckmäßig gekleidet sein: festes Schuhwerk und passende Kleidung braucht ihr auf jeden Fall.

F. Was wird gegessen?
- Sorgt für Proviant.
- Manchmal gibt es auch im Museum ein zünftiges Essen, bei Bergwerksbesichtigungen z. B. eine „Tzscherpermahlzeit" unter Tage, oder es wird nach alten Rezepten gekocht.

Noch ist die Arbeit nicht zu Ende ...
Nach dem Besuch eines Museums solltet ihr eure Ergebnisse dokumentieren: das kann ein Bericht sein, ihr könnt auch die gesammelten Aufzeichnungen in einer Ausstellung präsentieren, z. B. eure Fotos und Filme.
Viel Spaß bei eurem nächsten Museumsbesuch!

Die Gewässer-TÜV-AG

2 Schülerinnen und Schüler auf der Plattform „ihres“ Wasserturmes

Der Wasserturm und seine Schule

In den Jahren 1906/1907 wurde der Wasserturm in Lüneburg erbaut. Sein Wasserbehälter konnte 500 000 l Wasser speichern. Als er 1985 stillgelegt wurde, sollte er abgerissen werden. Er blieb dann zwar erhalten, wurde sogar unter Denkmalschutz gestellt, blieb aber ungenutzt und verfiel zusehends. Seit 1998 gehört der alte Wasserturm einem Verein, der an der benachbarten Hauptschule Stadtmitte gegründet wurde. Heute erfahren Besucher von Schülerinnen und Schülern dieser Schule Wissenswertes zum Thema Wasser. Oben im Turm gibt es eine „Wasserwerkstatt“. Dort werden die Ergebnisse von Wasseruntersuchungen einer Arbeitsgemeinschaft, der „Gewässer-TÜV-AG“ der Hauptschule Stadtmitte, gezeigt.

Die Gewässergüte

„Es gibt sieben Güteklassen für die Qualität eines Gewässers“, erfahren wir von einem Schüler, der mit der Gewässer-TÜV-AG schon einige Gewässer untersucht hat. *„Will man das Wasser untersuchen“*, fährt er fort, *„spielen chemische Analysen des Wassers und auch die Lebewesen im Gewässer eine Rolle.“ „Mit biologischen Methoden werden die Art und die Anzahl bestimmter Lebewesen (Leitorganismen genannt) ermittelt“*, erzählt eine Schülerin. *„Es gibt typische Schmutzwasserorganismen und Anzeiger für sauberes, sauerstoffreiches Wasser.“*

Und eine andere Schülerin ergänzt: *„Mit chemischen Methoden werden der Sauerstoffgehalt, der Gehalt an Nitrat, Ammonium und Phosphat sowie der pH-Wert ermittelt. Das klingt schrecklich schwierig, wir haben das alles aber selbst schon gemessen. Das war kein Problem!“* Erklärungen und Tipps für die Untersuchungen mit chemischen Mitteln hat die Gruppe für interessierte Schülerinnen und Schüler auf einer „Werkstattseite“ zusammengestellt. *„Damit könnt ihr locker Gewässer bei euch in der Umgebung untersuchen und beurteilen!“*

Reines und schmutziges Wasser

Frau Sturm ist die Lehrerin, die jedes Jahr eine neue Arbeitsgemeinschaft von Schülerinnen und Schülern auf die Untersuchungen vorbereitet und auch draußen, „vor Ort“, unterstützt. Sie ergänzt die Aussagen der Schüler: *„Reines Quellwasser ist durchsichtig und klar, enthält viel gelösten Sauerstoff und wenig Bakterien. Abwässer enthalten Stoffe, so genannte organische Stoffe, die von Bakterien und Abwasserpilzen „aufgefressen“ werden. Dazu benötigen sie den im Gewässer gelösten Sauerstoff. Gelangen mit dem Abwasser viele organische Stoffe ins Wasser, so vermehren sich Bakterien und Abwasserpilze stark. Der Sauerstoff im Gewässer wird verbraucht.“*

1 Die Gewässer-TÜV-AG bestimmt den Nitratgehalt.

3 Hoffentlich ist das Wasser nicht schmutzig!

1 Sauer macht lustig …

6 … oder auch nicht!

2 Schwarzer Tee mit und ohne Zitronensaft

3 Rotkohl mit und ohne Essig

Schwarzer Tee und Rotkohlsaft

Viele Teeliebhaber trinken ihren schwarzen Tee gerne mit etwas Zitronensaft. Der Saft ändert aber nicht nur den Geschmack, sondern auch die Farbe des Tees: Schwarzer Tee wird bei der Zugabe des sauren Saftes heller (▷ B 2; V 1). Auch die Farbe von frisch geschnittenem Rotkohl ändert sich, wenn man Essig zugibt (▷ B 3). Sie wird intensiv rot.

Spült man eine Schüssel, in der noch Reste von Rotkohl sind, mit einem Spülmittel, färben sich diese blau. Seifenlösung und Spülmittel sind alkalische Lösungen. Die Blaufärbung ist ein Nachweis für eine alkalische Lösung. Mit reinem Wasser tritt keine Farbänderung ein, reines Wasser ist neutral.

In der Natur gibt es Pflanzenfarbstoffe, die durch Farbänderung saure, alkalische und neutrale Lösungen anzeigen. Man nennt sie Indikatoren (lat.: indicare, anzeigen).

Ein Indikator für alle Fälle

Im Unterricht wird ein Universalindikator verwendet. In sauren Lösungen wird Universalindikator rot gefärbt, in alkalischen blau, in neutralen grün. Diesen Indikator gibt es als Papier und als Flüssigkeit (▷ B 4; B 5). Seine Anzeige reicht auf einer Skala von 0 bis 14. Es handelt sich um die pH-Wert-Angaben, die du z. B. auch auf Seifenverpackungen findest.

▶ Ein Universalindikator zeigt durch seine Färbung an, ob eine Lösung sauer (rot), alkalisch (blau) oder neutral (grün) ist.

Indikator-Test für Fische

Das Wasser im Aquarium muss regelmäßig überprüft werden (▷ B 6; V 2). Dies geschieht mit Teststäbchen, die zu diesem Zweck nur einen Teil der pH-Wert-Skala angeben, z. B. zwischen 6,5 und 10,0.

Versuche

1 Gib einige Tropfen Zitronensaft in schwarzen Tee.

2 Prüfe mit Teststäbchen das Wasser im Schulaquarium. Beachte die Informationen zu den Teststäbchen.

4 Universalindikatorpapier

5 Universalindikator in verschiedenen Lösungen

Test mit Indikatoren

1 Wie sauer sind Obst und Gemüse?

Material
Mörser mit Pistill, Messer, Universalindikatorpapier, Wasser, verschiedene Obst- und Gemüsesorten

Versuchsanleitung
Schneide das Obst oder das Gemüse auf und lege auf die frische Schnittstelle ein Stück Universalindikatorpapier. Beobachte die Farbreaktion. Verwendest du Salat, Sauerkraut oder ist die Schnittstelle bereits ausgetrocknet, gibst du etwas von der Probe in den Mörser und stellst mit wenig Wasser einen Brei her. Lege nun ein Universalindikatorpapier auf den Brei.

Aufgabe
Notiere, ob das Obst oder Gemüse sauer, alkalisch oder neutral ist. Lege dazu eine Tabelle an.

	sauer	alkalisch	neutral
Gurke			

2 Rotkohlsaft als Indikator

Material
Schutzbrille, 2 Bechergläser (500 ml, weit), Gasbrenner, Dreifuß, Keramik-Drahtnetz, Trichter, Rundfilter, Schere, Reagenzgläser, Folienstifte, Reagenzglasgestell, Messzylinder (10 ml), Stopfen, frische Rotkohlblätter, Leitungswasser, Universalindikatorflüssigkeit, Haushaltsprodukte wie z. B. Zitronensaft, Speiseessig, Seifenlösung

1 Rotkohl wird gekocht und anschließend filtriert.

Versuchsanleitung
a) Zerschneide frische Rotkohlblätter in feine Streifen. Bedecke in einem Becherglas die Streifen mit Wasser. Koche den Inhalt über dem Gasbrenner, bis die Flüssigkeit intensiv rot gefärbt ist (▷ B 1). Lass das Gemisch danach abkühlen. Filtriere die Lösung in das 2. Becherglas (▷ B 1).
b) Stelle jeweils in 2 Reagenzgläsern Lösungen der verschiedenen Haushaltsprodukte her. Beschrifte die Reagenzgläser.
c) Gib etwa 2 ml filtrierten Rotkohlsaft aus Versuchsteil a) in das 1. und Universalindikatorflüssigkeit in das 2. Reagenzglas zu jeder Lösung. Schüttle, bis eine deutliche Farbe zu erkennen ist.

Aufgabe
Erstelle eine Tabelle, trage die Lösungen und die Farben der beiden Indikatoren ein.

	Rotkohlsaft	Universalindikator
Gurke		

3 Wir stellen einen „Regenbogen" her

Material
Schutzbrille, 5 Reagenzgläser, Reagenzglasgestell, 1 Tropfflasche (50 ml) mit stark verdünnter Natronlauge, 1 Tropfflasche (50 ml) mit stark verdünnter Salzsäure (beides von der Lehrerin/dem Lehrer vorbereitet, höchstens 0,1 mol/l), 1 Tropfflasche mit Universalindikator, destilliertes Wasser

Versuchsanleitung
a) Stelle 5 Reagenzgläser nebeneinander in das Reagenzglasgestell (▷ B 2) und fülle sie zur Hälfte mit destilliertem Wasser. Gib in jedes Reagenzglas 4 Tropfen Universalindikator.
b) Deine Lehrerin/dein Lehrer gibt in das 1. und 2. Reagenzglas jeweils 4 Tropfen verdünnte Salzsäure.
Sie/er gibt in das 4. und 5. Reagenzglas jeweils 4 Tropfen verdünnte Natronlauge.
c) Nun tropft man so viel Salzsäure und so viel Natronlauge in das 2., 3. und 4. Reagenzglas, bis die gewünschten Farben des Regenbogens entstehen (▷ B 2). Gib Anweisungen, wie viel Säure bzw. Lauge zugetropft werden soll.

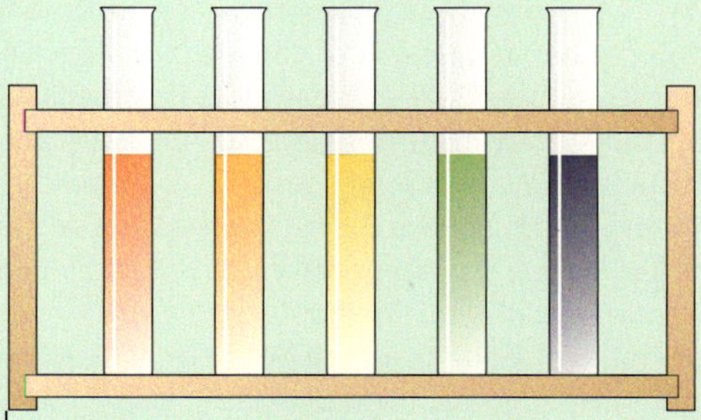

2 Regenbogen in Gläsern

Entsorgung
Verdünnte Salzsäure und Natronlauge sind Chemikalien, die gesammelt werden. Den Inhalt der 5 Reagenzgläser gießt man in den Behälter für saure und alkalische (basische) Abfälle.

Werkstatt

Wir untersuchen ein Gewässer

Neben den Pflanzen und Tieren, die im Bereich eines Gewässers leben, ist es auch wichtig, die physikalischen und chemischen Bedingungen zu kennen. Sie haben einen großen Einfluss auf die hier lebenden Arten. Ändern sich die Bedingungen, kann dies auch eine Veränderung der Tier- und Pflanzenwelt zur Folge haben.

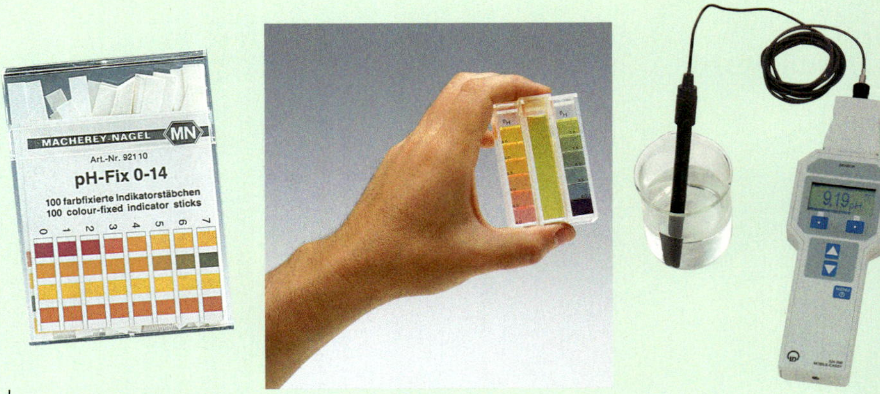

1 Teststäbchen, Reagenziensatz und pH-Messgerät

Führt die nachfolgenden Versuche in Gruppen durch. Notiert vor jeder Untersuchung die meteorologischen Daten wie z. B. Bewölkung, Niederschläge, Lufttemperatur an den Messtagen.

Nach Abschluss der Arbeiten am Gewässer müsst ihr euch gründlich die Hände waschen. Beachtet auch die Entsorgungshinweise für die verwendeten Chemikalien.

1 Aussehen und Geruch

Material

Gewässerprobe, destilliertes Wasser, 2 Bechergläser (250 ml, niedere Form), weißes Papier

Versuchsanleitung

a) Vor der Probeentnahme muss das Gefäss mehrmals mit dem zu untersuchenden Gewässer gespült werden.
b) Füllt je eine Probe des zu untersuchenden Wassers sowie destilliertes Wasser in je ein Becherglas. Haltet ein weißes Papier dahinter und vergleicht die Trübung.
c) Prüft den Geruch, indem ihr die Nase möglichst dicht über die Wasseroberfläche haltet. Wechselt mehrmals zwischen der Gewässerprobe und dem destillierten Wasser hin und her.
d) Tragt die Ergebnisse der Prüfungen in ein Versuchsprotokoll ein.

2 Messung des pH-Wertes

Chemische Messungen führt man am einfachsten mit speziellen Teststäbchen durch.

Der pH-Wert gibt an, ob ein Gewässer sauer (pH unter 7), neutral (pH = 7) oder alkalisch (pH über 7) ist. Bei unbelasteten Gewässern liegt der pH-Wert zwischen 6,5 und 8. Weicht der pH-Wert hiervon ab, hat dies Auswirkungen auf die Pflanzen und Tiere. Viele können dann nicht mehr in dem Gewässer leben. Die Zusammensetzung der Arten ändert sich.

Material

pH-Teststäbchen, Farbskala, Papier, Stift

Versuchsanleitung

Führt die pH-Wert-Messung entsprechend der Anleitung zu den Teststäbchen durch.

Aufgaben

1. Vergleicht die Verfärbung des Teststäbchens mit der Farbskala.
2. Bestimmt den pH-Wert und notiert ihn. Gebt an, ob es sich um ein saures, neutrales oder alkalisches Gewässer handelt.

3 Nitrat, Ammonium und Phosphat

Nitrate, Ammoniumsalze und Phosphate sind Verbindungen, die in der Landwirtschaft als Düngemittel verwendet werden. Bei zu reichlicher Düngung werden diese Salze aus dem Boden ausgeschwemmt und belasten die Gewässer der Umgebung. Es kommt zu erhöhtem Algenwachstum, die Wasserpflanzen nehmen sich gegenseitig den Lebensraum weg.

Material

Teststäbchen für Nitrat-, Ammonium- und Phosphatbestimmung, 2 Bechergläser (50 ml), Papier, Stift

Versuchsanleitung

Führt die Messungen entsprechend den Anleitungen zu den Teststäbchen durch.
a) Taucht einen Teststreifen zur Nitratbestimmung ins Wasser.
b) Wiederholt den Versuch mit neuen Teststäbchen an anderen Stellen des Gewässers.

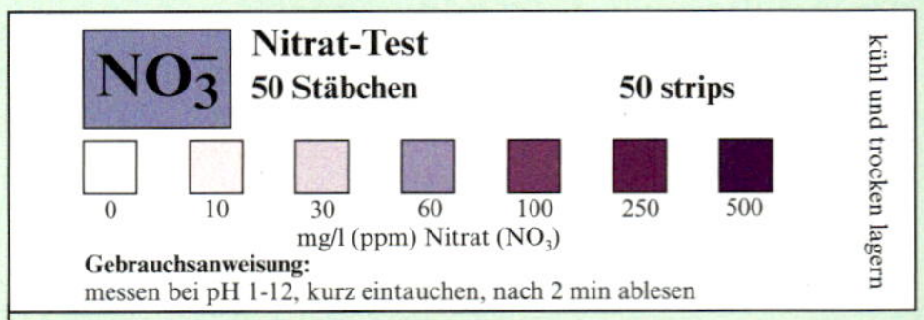

2 Nitrattest mit Stäbchen

c) Führt die Versuche mit den Teststäbchen zur Ammonium- und Phosphatbestimmung entsprechend der Versuchsanleitung oben durch.

Aufgaben

1. Vergleicht die Farbänderung des Teststäbchens mit der jeweiligen Farbskala und notiert sie.

2. Für die Belastung eines Gewässers durch Nitrat gibt es eine Einteilung. Sie ist der Tabelle (▷ B 3) zu entnehmen.
a) In welchem Bereich liegen die gefundenen Werte?
b) Welche Auswirkungen könnte der ermittelte Nitratgehalt auf die Pflanzen im Wasser haben?

3. Für die Belastung eines Gewässers durch Phosphat gibt es eine Einteilung. Sie ist der Tabelle (▷ B 3) zu entnehmen.
a) In welchem Bereich liegen die gefundenen Werte?
b) Welche Auswirkungen könnte der ermittelte Phosphatgehalt auf die Wasserpflanzen und das gesamte Gewässer haben?

4 Sauerstoffgehalt

Ohne Sauerstoff kann sich in natürlichen Gewässern kein Leben entwickeln. Durch Austausch mit der Umgebungsluft gelangt Sauerstoff in das Wasser und liegt in gelöster Form vor. Für die Wassertiere ist der im Wasser gelöste Sauerstoff lebensnotwendig.

Material
Reagenziensatz für die Sauerstoffbestimmung, Thermometer, Wasserproben

Versuchanleitung
a) Untersucht die Wasserproben direkt an der Entnahmestelle. Der Sauerstoffgehalt ändert sich bei längerem Stehenlassen der Probe.
b) Haltet euch genau an die Gebrauchsanweisung.
c) Da die Löslichkeit des Sauerstoffs temperaturabhängig ist, muss die Wassertemperatur mitgemessen werden.
d) Der Wert des Sauerstoffgehaltes wird in mg/l angegeben. Damit ihr den gemessenen Wert richtig einordnen könnt, müsst ihr die prozentuale Sauerstoffsättigung berechnen (▷ B 5).

Aufgaben
1. Die chemische Untersuchung eines Gewässers gibt Hinweise auf Verschmutzungsquellen.
Wie beurteilt ihr das untersuchte Gewässer?

2. Die chemische Untersuchung zeigt eine Momentaufnahme.
Was beurteilt die biologische Untersuchung?

Parameter	**unbedenklich** sauber bis fast sauber	**zunehmend kritisch** leicht bis erheblich verschmutzt	**gefährlich** stark bis sehr stark verschmutzt	**abwasserähnlich** übermäßig verschmutzt
Biologische Gewässergüte	I bis I/II	II bis II/III	III bis III/IV	IV
Wassertemperatur in °C*	12–14	15–18	21–23	über 23
Sichttiefe (stehende Gewässer)	5 m	3–1 m	0,5 m	unter 0,5 m
pH-Wert	6,5–7,5	6,0–8,5	5,5–9	unter 5,5; über 9
Sauerstoffgehalt in mg/l	über 8	über 6	über 4	unter 2
Sauerstoffsättigung in %	85–110	85–50	40–20	unter 10
Ammonium in mg/l	unter 0,1	unter 0,3	unter 1	über 2
Nitrat in mg/l	unter 1	unter 5	über 5	(über 100)
Phosphat in mg/l	0,1	0,5–2	3–5	über 8

*(jahreszeitlich bedingt; hier Sommerwerte)

3 Gewässergüte

°C	Sauerstoff in mg/l	°C	Sauerstoff in mg/l	°C	Sauerstoff in mg/l	°C	Sauerstoff in mg/l
0	14,16	10	10,92	20	8,84	30	7,53
1	13,77	11	10,67	21	8,68	31	7,42
2	13,40	12	10,43	22	8,53	32	7,32
3	13,05	13	10,20	23	8,38	33	7,22
4	12,70	14	9,98	24	8,25	34	7,13
5	12,37	15	9,76	25	8,11	35	7,04
6	12,06	16	9,56	26	7,99	36	6,94
7	11,76	17	9,37	27	7,86	37	6,86
8	11,47	18	9,18	28	7,75	38	6,76
9	11,19	19	9,01	29	7,64	39	6,68

4 Sauerstoffsättigungswerte in Abhängigkeit von der Temperatur

Beispiel für die Berechnung der Sauerstoffsättigung:

Gemessene Wassertemperatur: 13 °C

Sauerstoffsättigungswert (Tabelle): 10,2 mg/l

Sauerstoffgehalt bei Entnahme: 8,7 mg/l

prozentuale Sättigung:

$$\frac{8{,}7 \cdot 100\,\%}{10{,}2} = 85{,}3\,\%$$

5 Beispiel zur Berechnung der prozentualen Sauerstoffsättigung

	Temperatur °C	
Sauerstoff	Sättigungswert (Tabelle mg/l)	
Sauerstoff	gemessener Wert in mg/l	
	pH-Wert	
	Ammonium in mg/l	
	Nitrat in mg/l	
	Phosphat in mg/l	
	Gesamtbeurteilung	

6 Tabelle für Messdaten

1 Kalkstein in einer Tropfsteinhöhle

2 Verkalkter Heizstab

3 Entkalken

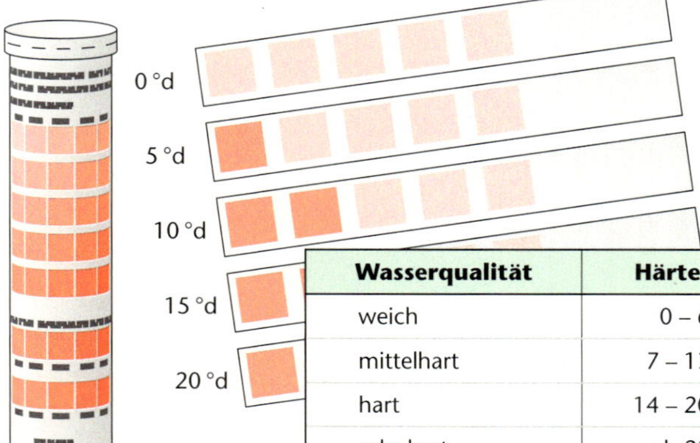

4 Wasserhärte-Test

Wasserqualität	Härte
weich	0 – 6 °d
mittelhart	7 – 13 °d
hart	14 – 20 °d
sehr hart	ab 21 °d

5 Wasserhärte

Kalk im Leitungswasser
Manche Gebirge sind aus Kalkstein aufgebaut. Fließt Wasser durch kalkhaltiges Gestein, löst sich etwas Kalk darin. In Tropfsteinhöhlen wachsen Tropfsteine aus Kalkstein (▷ B 1). Kalkhaltiges Wasser bezeichnet man als hartes Wasser. Regenwasser enthält wenig oder gar keinen Kalk, man bezeichnet es als weiches Wasser. Wird hartes Wasser erwärmt, entsteht unlöslicher Kalkstein. In Wasserkochern bilden sich weiße Kalkablagerungen, auch Tauchsieder, Kaffeemaschinen und Heizstäbe von Waschmaschinen verkalken leicht (▷ B 2).

Entkalken – aber womit?
Hält man einen verkalkten Gegenstand in eine Säure, so löst sich der Kalkstein langsam auf (▷ B 3). Kalkreste im Haushalt lassen sich mithilfe von Kalklösern entfernen. Sie enthalten verschiedene Säuren, die den Kalk lösen.

Hartes Wasser
Die Wasserhärte wird meist in Härtegraden angegeben. In Deutschland wird die Maßeinheit deutscher Härtegrad (°dH oder °d) verwendet. Mit hartem Wasser ist die Waschwirkung eines Waschmittels schlechter. Je härter das Wasser, desto mehr Waschmittel muss eingesetzt werden. Sieh einmal auf einer Waschmittelpackung nach: Dort ist die erforderliche Waschpulvermenge je nach Wasserhärte angegeben. Deshalb ist es wichtig, die Wasserhärte zu kennen. Mit Teststäbchen lässt sich die Wasserhärte schnell und einfach bestimmen (▷ B 4). Leitungswasser wird je nach Härtegrad in vier Härtebereiche eingeteilt (▷ B 5).

▶ Hartes Wasser ist kalkhaltig. Weiches Wasser enthält wenig oder gar keinen Kalk gelöst.

Bestimmung der Wasserhärte

1 Einfach und schnell mit Teststäbchen

Material

Teststäbchen, Bechergläser (100 ml, hohe Form), verschiedene Wasserproben (Leitungswasser, Mineralwasser, Regenwasser, destilliertes Wasser)

Versuchsanleitung

a) Fülle ein Becherglas zu einem Drittel mit Leitungswasser. Tauche ein Teststäbchen nur kurz in die Wasserprobe. Lies nach der vorgeschriebenen Zeit das Ergebnis ab. Vergleiche mit der Farbskala. Ordne deinem Ergebnis den Härtebereich bzw. die Wasserhärte zu (▷ B 1). Die Gebrauchsanweisung findest du auf der Verpackung.
b) Wiederhole den Versuch mit den anderen Wasserproben.

1 Teststäbchen zur Bestimmung der Wasserhärte

Aufgabe

Notiere die Ergebnisse der Wasserproben in einer Tabelle und gib die jeweilige Wasserhärte an.

2 Ganz genau mit genormter Seifenlösung

Material

Schutzbrille, Stopfen, Erlenmeyerkolben (Enghals, 250 ml), Pipette mit Peleusball, Messzylinder (100 ml), Seifenlösung nach Pellet, Leitungswasser

Versuchsanleitung

Fülle 100 ml Leitungswasser in einen Erlenmeyerkolben. Gib mit einer Pipette portionsweise jeweils 1 ml der Seifenlösung nach Pellet zu.

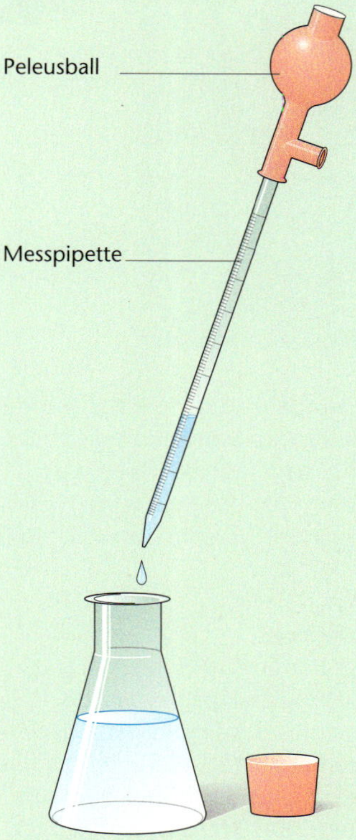

2 Seifenlösung zugeben

Verschließe den Erlenmeyerkolben nach jeder portionsweisen Zugabe der Seifenlösung mit einem Stopfen und schüttle den Inhalt kräftig. Die Bestimmung der Wasserhärte ist beendet, wenn sich ein dauerhafter Schaum gebildet hat. Notiere, wie viele Milliliter Seifenlösung du zur Wasserprobe gegeben hast.
Arbeite sehr genau, damit du dein Ergebnis vergleichen kannst.

Aufgabe

Das Maß für die Wasserhärte ist das Härtegrad, kurz °d.
Der Verbrauch von 1 ml Seifenlösung nach Pellet entspricht 1 °d. Berechne mithilfe des Messwertes die Wasserhärte und vergleiche mit dem Ergebnis aus Versuch 1.

3 Hart oder weich

Material

Schutzbrille, Reagenzglasständer, 6 Reagenzgläser, Teststäbchen und Reagenziensatz zur Bestimmung der Wasserhärte, Leitungswasser, destilliertes Wasser, Regenwasser, wässrige Lösungen (0,1 %ig) von Magnesiumchlorid, Calciumchlorid, Kochsalz

Versuchsanleitung

a) Fülle 6 Reagenzgläser etwa zu einem Drittel mit den Wasserproben und den Salzlösungen. Prüfe mit Teststäbchen die Wasserhärte.
b) Nimm einen Reagenziensatz zur Bestimmung der Wasserhärte und prüfe die 6 Proben nacheinander. Sie zeigen bei Zugabe der Chemikalien nach einer gewissen Zeit eine Farbänderung. Die Untersuchung ist aufwändiger als die mit Teststäbchen. Halte dich beim Arbeiten genau an die Packungsbeilage. Beachte auch die Warnhinweise.

Aufgabe

Notiere die Ergebnisse aus 3 a) und 3 b) in einer Tabelle. Vergleiche die Werte der 6 Proben miteinander.

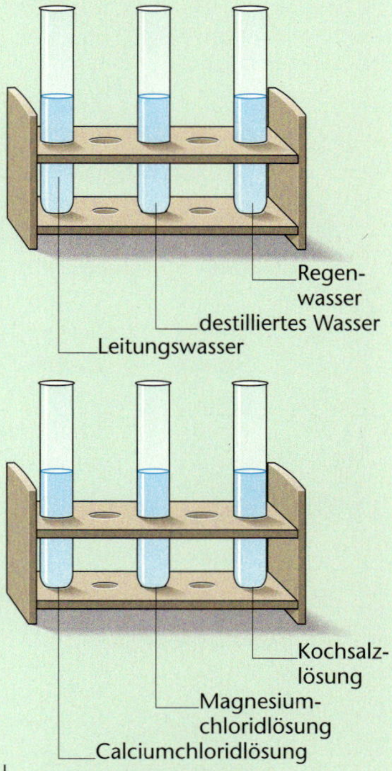

3 Wasserhärtebestimmung

Werkstoffe im bäuerlichen Alltag

4 Ackerpflug (um 1880): Nur die stark beanspruchten Teile sind mit Eisen verstärkt.

1 Der Haakehof mit zwei Nebengebäuden

5 Das Holzgerüst des Haakehofes beim Wiederaufbau

Gut zu bearbeitende und möglichst billige Werkstoffe spielten im bäuerlichen Leben eine große Rolle. In Niedersachsen wird dieses Alltagsleben für die Zeit vom 16. bis 20. Jahrhundert im Museumsdorf Cloppenburg gezeigt.

2 Zwischen das Geflecht wird aufgeweichter Lehm gebracht.

Aufbau der Gebäude
1793 wurde der Bauernhof Haake in Cappeln errichtet. Wie das Holzgerüst des Hauses aussah, zeigt das Foto vom Wiederaufbau im Museumsdorf (▷ B 5). Dieses Bauernhaus ist ein „Wohn-Stall-Speicherhaus", in dem das Leben von Mensch und Vieh unter einem Dach stattfand. Unter dem großen Dach wurde die Ernte gelagert. Der Eingang bestand aus einem großen Tor, in das der Ackerwagen einfahren konnte.

Zwischen die Quadrate der senkrechten und waagerechten Holzbalken, die „Gefache", wurden im Bauernhaus Ziegelsteine eingefügt (▷ B 1).
Der Blick in die große Diele, die Wohnhalle, zeigt die mit Holzgittern abgegrenzten Boxen, in denen die Pferde, Kühe und Schweine untergebracht waren (▷ B 6) und darüber die Hühner.

3 Schultasche aus Holz

Rechts neben dem Bauernhaus steht die so genannte Zaunscheune (▷ B 1), die ihren Namen einem besonderen Aufbau verdankt. Die Gefache wurden „gezäunt", also wie bei einem Zaun wurden senkrecht stehende „Holzstaken" eingefügt, die mit Weiden, Heidekraut oder Ginster durchflochten wurden. Die anderen Gefache wurden mit Brettern geschlossen. Diese Wandfüllung ist winddurchlässig, der Wind pfiff durch das Geflecht hindurch und trocknete das im Innern lagernde Heu nach.

Das Gebäude links neben dem Bauernhof (▷ B 1) ist die Remise, in der die Ackerwagen und Geräte gelagert wurden. Die Geräte bestanden zum größten Teil aus Holz, Metalle wurden nur sparsam eingesetzt (▷ B 4). Die Gefache der Remise wurden „gezäunt" und mit aufgeweichtem Lehm ausgefüllt (▷ B 2).

Holz wurde im ländlichen Leben also nicht nur als Brennstoff benutzt, es war auch ein wichtiger Werkstoff. Sogar Schuhe wurden bis ins 20. Jahrhundert hinein aus Holz gefertigt, Kinder hatten Schultaschen aus Holz (▷ B 3). Holz wuchs vor der Haustür, stand also ohne lange Transportwege schnell zur Verfügung. Es konnte für die unterschiedlichsten Zwecke bearbeitet werden. Um 1800 war der Wald aber größtenteils zerstört. Er wurde nicht nur abgeholzt, sondern auch als Viehweide (Waldweide) benutzt. Durch „Verbiss" der Jungpflanzen entstand großer Schaden. Das Laub wurde als Dünger für die Felder benutzt, dadurch fehlte es dem Waldboden. Im 18. und 19. Jahrhundert wurde Holz deshalb knapp und teuer.

6 Die Diele des Haakehofes mit den Boxen für das Vieh

Heizen und Kochen

1 Herdstelle des Haakehofes aus dem Jahre 1793

2 Essen zubereiten am offenen Herd

3 Scherenschnitt: Bauernstube aus dem Jahre 1818

Das Rauchhaus
Den Mittelpunkt alter Bauernhäuser in Niedersachsen bildete der offene Herd. Weil diese Häuser keine Schornsteine hatten, werden sie „Rauchhäuser“ genannt. Der Rauch zog durch die geöffnete Dielentür und das Dach hinaus. Er räucherte Würste und Speck, die über dem Herd aufgehängt wurden und hielt das Haus und die Vorräte trocken. Der Herd war Kochstelle, Wärme- und Lichtspender zugleich.

Kochen als Schwerstarbeit
An der Wand hinter dem Herd befand sich ein schwenkbarer Wendebaum aus Holz oder Eisen, an dem ein Haken für den Kessel oder Kochtopf aufgehängt werden konnte (▷ B 1). Dieser Haken war in der Höhe verstellbar. Durch das Auf- und Abbewegen der Töpfe wurde die Kochtemperatur geregelt. Pfannen schob man in Pfannenhalter, die an den Wendebaum gehängt wurden.

Diese Gegenstände waren meistens aus Gusseisen gefertigt, selten aus Kupfer. Gusseiserne Töpfe wogen ungefähr 20 kg, gefüllt mit Essen für viele Personen wogen sie bis zu 50 kg. Kochen war damals Schwerstarbeit! Das Bild 2 zeigt einige der Kochgeräte. An besonderen Festtagen wurden Waffeln gebacken (▷ B 4).
Über Nacht wurde die Glut des Feuers zusammengeschoben und mit Asche bedeckt, dann wurde eine Feuerstülpe (▷ B 2) darüber gestellt. Am Morgen wurde das Feuer mit einem Blasebalg erneut entfacht.

Behagliches Wohnen?
In den alten Bauernhäusern lebten Menschen und Tiere unter einem Dach. Die Häuser hatten große hallenartige Dielen (Wohnhallen), in denen im Winter das Vieh stand. Es gab Wärme ab, das Heu auf dem Speicher wirkte als Wärmedämmung nach oben, der offene Herd strahlte Wärme aus. War es in diesen Häusern also angenehm warm? Im Museumsdorf Cloppenburg wollte man es wissen. Ein Bauernhaus wurde „in Betrieb genommen“: die Ställe mit Vieh belegt, der Dachboden mit Stroh gefüllt, der Herd brannte. Das Ergebnis des Versuches: Im Haus war es nur 4 bis 5 Grad wärmer als draußen!

Die „gute“ Stube
Ein Scherenschnittbild von Caspar Dilly aus dem Jahr 1818 zeigt eine von der Wohnhalle abgetrennte beheizbare Stube (▷ B 3). Sie war die Wohnstube, die an Sonn- und Feiertagen und im Winter genutzt wurde. Der gusseiserne Ofen wurde von der Wohnhalle aus beheizt. Hinter geschnitzten Türen waren Alkovenbetten (Bettkästen) versteckt.

Neben dem Werkstoff Holz spielten also Metalle, vor allem Eisen, eine wichtige Rolle. Metalle waren kostbar und wurden sparsam verwendet. In kleinen Werkstätten stellten Handwerker die Arbeits- und Hausgeräte her.

4 Waffeleisen

Das gewöhnliche Mittagessen um 1800

Ein Pfund Weißkohl recht klein schneiden.
Ein Pfund Bohnen (welche man hat) dazu in drei Liter Wasser wohl eine halbe Stunde kochen.
Einen Esslöffel Salz dazugeben.
Ein halbes Pfund Hafergrütze dazu und weiter kochen, bis es ein Brei geworden ist.

Wer mag und hat, lässt noch Speck in der Pfanne aus und rührt ihn in den Brei.

Dazu reicht man ein großes Stück Schwarzbrot.

5 So wurde um 1800 am Mittag gegessen. Ab 1820 wurde das Getreide nach und nach durch Kartoffeln ersetzt.

Brot backen

Mit diesem Rezept kannst du Brötchen, Baguettebrot oder ein Weizenbrot herstellen. Die Teigzubereitung ist bei allen drei Nahrungsmitteln gleich. Achte auf saubere Materialien!

1 Teigzubereitung

Material

Kleine und große Schüssel, Kochlöffel, sauberes Leinentuch, Unterlage zum Kneten, Küchentücher, Backpapier, 500 g Weizenmehl, 40 g frische Hefe, 0,25 l lauwarmes Wasser, 1 Teelöffel Zucker, 1 Teelöffel Salz

1 Die Teigmischung wird hergestellt.

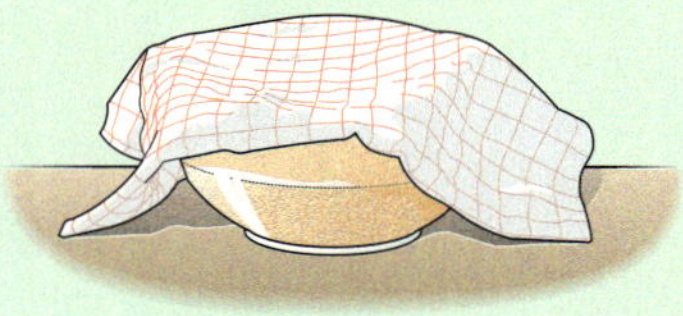

2 Der Teig wird abgedeckt.

3 Nochmals durchkneten

Versuchsanleitung

In einer kleinen Schüssel wird zerkrümelte Hefe mit Zucker und etwas lauwarmem Wasser verrührt.

Das Mehl wird in die große Schüssel gegeben und eine Kuhle hineingedrückt.

Das Gemisch aus Wasser, Zucker und Hefe wird hineingegeben (▷ B 1), dann werden Salz und das restliche Wasser zugefügt.
Der Teig wird mit sauberen Händen durchgeknetet, bis er geschmeidig ist und keine Blasen mehr wirft. Er sollte sich gut von der Unterlage ablösen.
Dann wird die Rührschüssel mit einem Leinentuch abgedeckt (▷ B 2). Nun muss der Teig ein bis drei Stunden „gehen", bis er doppelt so groß geworden ist.
Der Teig wird noch einmal kurz durchgeknetet (▷ B 3).

2 Der Backofen wird vorbereitet

Material

Vorgeheizter Backofen, Tasse, Wasser

4 Jetzt wird gleich gebacken.

Versuchsanleitung

Der Ofen wird zuerst auf der höchsten Stufe vorgeheizt, dann erst wird die Backtemperatur eingestellt. Werden Baguettebrot oder Baguettebrötchen gebacken, so wird eine mit Wasser gefüllte Tasse in den Ofen gestellt, damit sich Wasserdampf entwickelt (▷ B 4).
Durch den Wasserdampf werden die Brote und Brötchen außen knusprig und innen weich.

3 Der Backvorgang

Material

Backpapier, fertiger Teig, Wasser

Versuchsanleitung

Brötchen

Es werden mit der Hand Brötchen geformt und an der Oberfläche eingeschnitten. Sie werden auf das Backpapier gelegt und bei 220 °C 15 Minuten lang gebacken.

Baguettebrot

Die geformten Baguettestangen werden auf ein mit Backpapier ausgelegtes Backblech gelegt und mit Wasser bestrichen. Die Backzeit beträgt 12 bis 15 Minuten.

Weizenbrot

Der Brotlaib wird geformt und braucht bei 220 °C ca. 40 Minuten Backzeit. Hört sich das Brot beim Klopfen hohl an, ist es gar.

5 Die fertigen Backwaren

Ein paar Tipps zum besseren Gelingen

- Die Backstube muss gleichmäßig warm und frei von Durchzug sein.
- Alle Zutaten müssen zimmerwarm sein, das Wasser lauwarm.
- Rührschüsseln aus Metall oder ein Metallkochlöffel beeinträchtigen das „Aufgehen" des Teigs.

Aufgaben

1. Überlege, warum die Zutaten nicht zu heiß oder zu kalt sein dürfen.
2. Backe ein Brot aus einer fertigen Backmischung.
Was schmeckt dir besser: das selbst gebackene Brot oder das aus der fertigen Backmischung?
3. Was weißt du über Schwarzbrot?

Schwarzbrot

1 Der Mahlboden der Wilhelm-Busch-Mühle

2 Max und Moritz und Wilhelm Busch (1832–1908)

3 Der Backofen ist auch heute noch in den Museen in Cloppenburg und in Ebergötzen in Betrieb.

Das tägliche Brot: Schwarzbrot

Brot ist seit über 6000 Jahren ein Grundnahrungsmittel. Im nordwestlichen Europa wurde seit dem 8. Jahrhundert v. Chr. hauptsächlich Roggen angebaut. Diese Getreidesorte ist gegen den im Küstengebiet reichlich fallenden Regen weniger empfindlich als Weizen. Das in der Mühle grob zerkleinerte Roggenkorn wurde auf vielen Bauernhöfen mit Wasser zu Teig verarbeitet. Beim Backen entstand Schwarzbrot, auch Pumpernickel genannt (▷B 4). Es war das tägliche Brot unserer Vorfahren. Wenn sie von Brot sprachen, war stets Schwarzbrot gemeint.

Backtröge

Früher wurden große Mengen Brot gegessen. Es wurde zu jeder Mahlzeit gereicht. Ein Knecht aß ungefähr 1500 g Brot am Tag. Schwarzbrot konnte etwa vier Wochen gelagert werden. Wenn gebacken wurde, bedeutete dies viel Arbeit und man stellte das Brot gleich für einen Monat her. Um den Tisch eines Bauernhauses saßen mehr Menschen als heute, deshalb wurde der Brotteig in großen Backtrögen geknetet. Die Tröge bestanden aus ausgehöhlten Eichenstämmen, manche waren bis zu vier Meter lang. Geknetet wurde oft nicht mit den Händen sondern mit bloßen (gewaschenen!) Füßen. Den Teig ließ man ungefähr eine Stunde stehen, dann wurde er zu Brotlaiben geformt und in den Ofen geschoben.

Die Backöfen

Die Öfen bestanden aus drei Teilen. Dem Herd mit dem kuppelartigen Aufbau aus gestampftem Lehm oder Ziegeln und dem „Ofenmund“ mit der Ofentür (▷B 3). Der Herd wurde mit Torf oder Holz geheizt.

Hatte der Ofen die zum Backen nötige Temperatur erreicht (140 bis 200 °C), wurden die restliche Glut und die Asche entfernt, der Ofen mit einem nassen Sack gereinigt. Dann schob man die Brotlaibe mit einem Brotschieber in den Ofen. Die Ofentür wurde verschlossen und mit Lehm abgedichtet, damit keine Feuchtigkeit entweichen konnte. Die Backzeit betrug ungefähr 24 Stunden. Während dieser langen Backzeit bildet sich aus der Stärke des Getreidekorns Zucker, der karamellisiert und dem Brot seine Farbe und seinen süßlichen Geschmack verleiht.

4 Schwarzbrot

Die Wilhelm-Busch-Mühle

Wilhelm Busch (▷B 2) lebte als Schüler fünf Jahre lang im Pfarrhaus bei seinem Onkel in Ebergötzen. Mit seinem Freund, dem Müllerssohn Erich Bachmann spielte er gerne in der „alten Rumpelmühle“ und heckte so manchen Streich aus. Später schrieb er die Geschichte in sieben Streichen, genannt „Max und Moritz“. Um das Backen geht es in der sechsten Geschichte (▷B 6). Die alte Mühle ist heute ein Mühlenmuseum. Das hinter dem Haus rauschende Wasser wird wie damals auf das Mühlrad geleitet und mit „rumpelnden“ Mahlsteinen Korn gemahlen (▷B 1; B 5).

5 Das Mühlrad der Wilhelm-Busch-Mühle

6 Knusper, knusper! – wie zwei Mäuse fressen sie durch das Gehäuse.

Die Dunsthöhle von Pyrmont

1 Die Dunsthöhle im Jahre 1750

Die Entdeckung
Im 17. Jahrhundert wurden in einem Steinbruch in Pyrmont Arbeiter ohnmächtig, wenn sie in eine bestimmte Tiefe vorstießen. Man fand auch immer wieder tote Tiere. Ähnliche Beobachtungen gaben im fernen Italien einer Grotte den Namen „Hundsgrotte“. Was war der Grund für diese traurigen Ereignisse?

Der Arzt Dr. JOHANN PHILIPP SEIP, der 1712 nach Pyrmont kam, wollte es wissen. Er untersuchte den „Dunst“ im Steinbruch und stellte fest: *„daß von giftigem Wesen nicht das allergeringste darinnen.“* Ganz im Gegenteil! Er entdeckte eine heilende Wirkung des Dunstes für bestimmte Erkrankungen. Dr. SEIP hielt den Dunst damals für „Schwefeldunst“. Der Arzt MATTHIAS MARCARD (1747–1817) schrieb: *„Wenn man eine Weile mit den unteren Theilen des Körpers in diesem Dunste ist, ohne dass man darin atmet, so spürt man eine Wärme an den unteren Gliedmaßen.“* Er stellte also fest, dass nur das Einatmen des Dunstes gefährlich ist.

3 Die Hundsgrotte bei Neapel wurde vor einiger Zeit durch eine Überschwemmung zerstört.

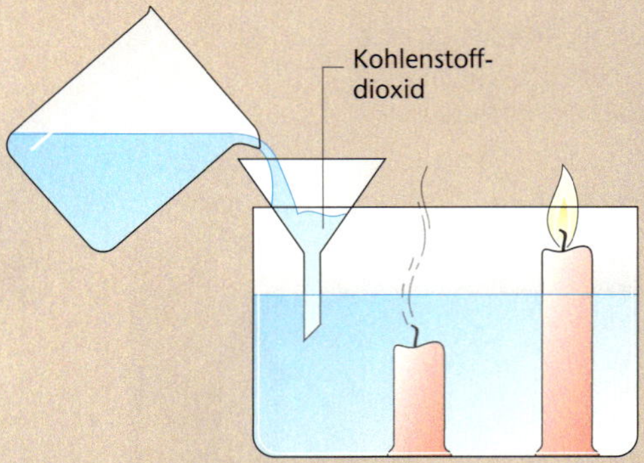

2 Kohlenstoffdioxid erstickt die Flamme.

Das Geheimnis wird gelüftet
Heute wissen wir, dass aus einer Felsspalte das Gas Kohlenstoffdioxid an die Erdoberfläche strömt. Kohlenstoffdioxid hat einige besondere Eigenschaften, die schon vor über 200 Jahren mithilfe von Versuchen gezeigt wurden. JOHANN WOLFGANG VON GOETHE (1749–1832) beschrieb die Versuche, die noch heute gezeigt werden: *„Die auf dem unsichtbaren Elemente lustig tanzenden Seifenblasen, das plötzliche Verlöschen eines flackernden Strohwisches, das augenblickliche Wiederentzünden, und was der gleichen sonst noch war, bereitete staunendes Ergetzen solchen Personen, die das Phänomen noch gar nicht kannten.“*

Kohlenstoffdioxid hat eine größere Dichte als Luft. Es sammelt sich am Boden eines Gefäßes oder Raumes. Es ist nicht brennbar. Kerzen, die in verschiedenen Höhen brennen, werden im Gefäß beim „Eingießen“ des Gases von unten nach oben erstickt (▷ B 2).
In großen Mengen wirkt Kohlenstoffdioxid erstickend auf Lebewesen. Diese Eigenschaft hat beispielsweise in Weinkellern schon manches Unglück verursacht. Dort sammelt sich das geruchlose Gas am Boden. Betritt der Winzer seinen Weinkeller, kann er rasch bewusstlos werden und ersticken. Das Vorhandensein von Kohlenstoffdioxid kann durch das Erlöschen einer Kerze nachgewiesen werden. In der Hundsgrotte in Neapel strömte aus vulkanischem Gestein Kohlenstoffdioxid in die Grotte. Dort wurde vorgeführt, dass ein Hund, der in den „Kohlenstoffdioxidsee“ taucht, bewusstlos wird (▷ B 3).

1 Die Herstellung von Sprudelwasser aus Leitungswasser

Kohlenstoffdioxid in Getränken
In vielen Haushalten, Ladengeschäften und Büros stehen Sprudelmaschinen, mit denen man aus Leitungswasser ein erfrischendes Getränk herstellen kann. Aus einer Gaspatrone wird das Gas Kohlenstoffdioxid in das Wasser gepresst. Es löst sich im Wasser und macht aus einem faden ein sprudelndes Getränk (▷B 1; V 1). Auch in Limonaden ist Kohlenstoffdioxid enthalten.

▶ Kohlenstoffdioxid verleiht Erfrischungsgetränken wie Sprudel und Limonaden den prickelnden Geschmack.

Wie man Sprudel herstellt
Es zischt und es steigen Gasbläschen auf, wenn du eine Flasche Sprudel öffnest. Sprudel wird hergestellt, indem man Kohlenstoffdioxid in Trink- oder Quellwasser „hineinpresst". Beim Öffnen der Flasche steht dem Kohlenstoffdioxid mehr Raum zur Verfügung, es entweicht teilweise wieder. Durch das Hineinpressen löst sich mehr Kohlenstoffdioxid im Lösungsmittel.

Die Löslichkeit von Kohlenstoffdioxid
Bewahrt man eine angebrochene Sprudelflasche ungekühlt auf, so schmeckt der Sprudel bald „abgestanden", fad. Im Kühlschrank aufbewahrter Sprudel schmeckt besser. Beim Öffnen entweichen mehr Gasbläschen. Auch die Löslichkeit von Gasen ist abhängig von der Temperatur. In kaltem Wasser löst sich mehr Kohlenstoffdioxid als in warmem.

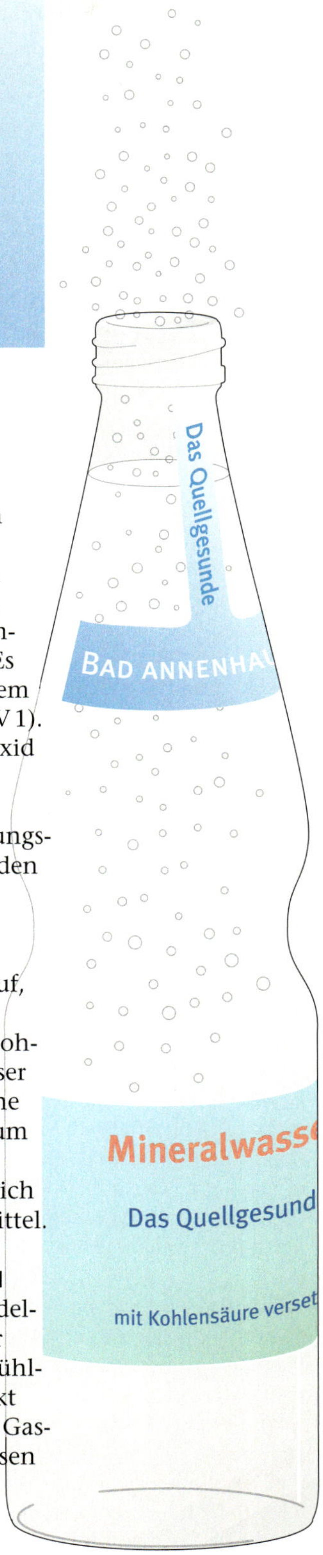

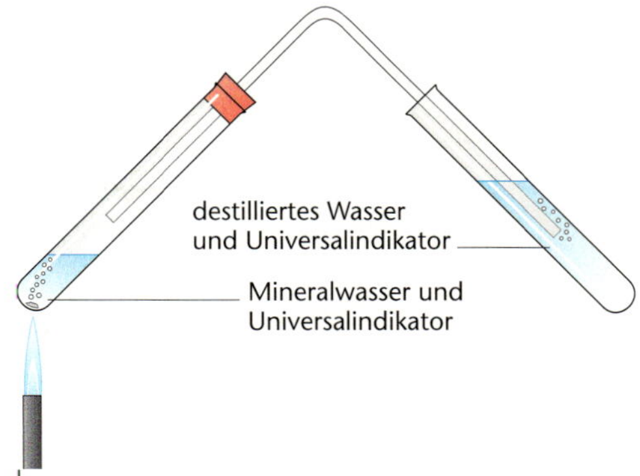

2 Kohlensäure zerfällt leicht.

Kohlensäure
Es gibt Mineralwasser mit Kohlenstoffdioxid oder ohne, mit Kohlensäure oder ohne. Was ist mit diesen Angaben auf den Etiketten gemeint? Enthält Sprudel Kohlenstoffdioxid oder Kohlensäure? Prüft man Leitungswasser mit einem Universalindikator, bevor man es in eine Sprudelmaschine gibt und hinterher, erhält man eine Antwort (▷V 1). Gasbläschen, die entweichen, zeigen das Gas Kohlenstoffdioxid an. Der sich rot färbende Universalindikator weist auf eine Säure hin. Wenn sich Kohlenstoffdioxid in Wasser löst, bildet ein sehr kleiner Teil mit dem Wasser eine Säure, die Kohlensäure. Beim Erwärmen verschwindet die Säure wieder (▷V 2).

▶ Kohlenstoffdioxid löst sich in Wasser. Ein kleiner Teil davon bildet mit dem Wasser eine Säure.

Versuche

1 Presse in einer „Sprudelmaschine" Kohlenstoffdioxid aus einer Gaspatrone in Leitungswasser. Prüfe das Wasser vorher und nachher mit Universalindikatorpapier.

2 Ein Reagenzglas wird zu etwa einem Drittel mit stark kohlensäurehaltigem Mineralwasser gefüllt. Man gibt Universalindikator und einige Siedesteinchen zu und setzt einen Stopfen mit gewinkeltem Glasrohr auf. Das Glasrohr wird tief in ein zweites Reagenzglas geführt, das mit destilliertem Wasser und etwas Universalindikator gefüllt ist. Das erste Reagenzglas wird mit dem Gasbrenner erhitzt (▷B 2). Bei Versuchsende zuerst das rechte Reagenzglas entfernen, dann das Erhitzen einstellen (Rückschlag!)

Sprudel, Brause und Früchtetee

1 Was macht den Sprudel zum Sprudel?

Material
Trinkhalm, 2 Trinkgläser, Sprudel, Leitungswasser

Versuchsanleitung
a) Gieße in das eine Glas Sprudel ein, in das andere Leitungswasser. Vergleiche!
b) Tauche in beide Gläser einen Trinkhalm ein.
c) Trinke durch den Halm vom Sprudel und vom Leitungswasser.
d) Notiere alle Beobachtungen (sehen, spüren) von a) bis c).

Aufgabe
Schau auf dem Etikett nach, welche Bestandteile im Sprudel enthalten sind.
Welcher Inhaltsstoff ist für die Bläschenbildung verantwortlich?

2 Haben die Bläschen ein Gewicht?

Material
Waage, Becherglas, Glasstab, Sprudel

Versuchsanleitung
a) Wiege 100 g Mineralwasser ab. Rühre drei Minuten lang mit einem Glasstab um und wiege dann erneut. Beobachtung?
b) Wiederhole den Versuch. Stelle dieses Mal das Becherglas, während du rührst, in heißes Wasser (▷ B 1). Trockne das Becherglas, bevor du erneut wiegst, sorgfältig ab. Erkläre deine Beobachtung.

1 Erwärmen von Sprudel.

2 Brause

Zutaten: Zucker, Säuerungsmittel Weinsäure, Natriumhydrogencarbonat (Natron), künstliche Süßstoffe Cyclamat und Saccharin, Aromen
Farbstoffe: Carotin, Carotinoid, Anthocyane, Chlorophyll.

Energiearm durch Verwendung der Süßstoffe Cyclamat (40 mg) und Saccharin (20 mg) anstelle von 9,9 g Zucker pro Portionsbeutel.

200 ml Brause-Getränk (= 1 Portionsbeutel) enthalten: Kohlenhydrate (Saccharose) 3,9 g, physiologischer Brennwert 80 kJ

3 Brause und Bläschenbildung

Material
Weinsäure, Natron, Zucker, Süßstoff

Aufgabe
Entwirf eine Versuchsanleitung, mit der du herausfinden kannst, welcher Stoff bzw. welche Stoffe bewirken, dass sich beim Einstreuen von Brausepulver in Wasser Gasbläschen bilden.

4 Untersuchung des gebildeten Gases

Material
Schutzbrille, 2 Petrischalen, 2 Schraubgläser mit Deckel, Kalkwasser, Sprudel, Brausepulver, Leitungswasser

Versuchsanleitung
a) Fülle in eine Petrischale bis zum Rand Sprudel ein und stülpe sofort das Schraubglas darüber. Nimm es erst ab, wenn keine Gasbildung mehr zu beobachten ist. Verschließe es sofort mit dem Deckel.
b) Gib etwas Wasser in die 2. Petrischale, füge etwas Brausepulver hinzu und verfahre weiter wie in a).
c) Gieße in jedes der beiden Gläser etwas Kalkwasser und schüttle nach dem Aufsetzen des Deckels kräftig durch.

Aufgabe
Welches Gas ist im Sprudel vorhanden bzw. entsteht beim Lösen von Brause in Wasser? Wie kann man das Gas nachweisen?

5 Früchtetee aus dem Beutel

Material
Zahnstocher, flacher Teller, Schere, Teelöffel, Teefilter, Tasse, Wasserkocher, Zucker, Früchtetee (lose oder im Beutel), Leitungswasser

Versuchsanleitung
a) Hänge einen Teebeutel mit Früchtetee in eine Tasse mit heißem Wasser. Lass den Tee fünf Minuten ziehen. Süße mit Zucker und probiere den Geschmack.
b) Schneide einen Teebeutel auf und schütte die Früchtetee-Mischung auf den Teller. Sortiere die Bestandteile mit dem Zahnstocher nach Aussehen und Farbe.
c) Wähle einige Bestandteile aus und mische sie. Fülle das Gemisch in einen Teefilter. Hänge den Teefilter in eine Tasse und gieße heißes Wasser dazu.
Lass den Tee fünf Minuten ziehen. Süße nach Geschmack mit Zucker und probiere das Getränk.

Aufgabe
Welche Bestandteile kannst du im Tee erkennen? Lies die Angaben auf der Packung und versuche, sie den Bestandteilen zuzuordnen.

Wie viel Flüssigkeit braucht der Mensch?
Wasser ist der Hauptbestandteil deines Körpers (▷B 1). Es kann bis zu zwei Dritteln deines Körpergewichts ausmachen. Bei warmem Wetter oder wenn du Sport treibst, kannst du durch Schwitzen über 2 l Wasser verlieren. Dein Körper hat nun weniger Wasser, dein Gehirn reagiert und meldet Durst. Der Durst bewahrt dich vor dem Austrocknen. Der größte Teil des Wassers wird über den Urin ausgeschieden.
Der Wasserverlust muss wieder ausgeglichen werden. Einen Teil der Flüssigkeit nimmst du mit der Nahrung auf. Darüber hinaus solltest du täglich 1,5 bis 2 l trinken, am besten Trinkwasser.

Die besten Durstlöscher
Am liebsten sind dir vielleicht Limonaden. Aber diese Getränke sind viel zu süß und löschen den Durst nur für kurze Zeit. Auch Milch, die zwar gesund ist, ist eher eine Zwischenmahlzeit als ein Durstlöscher. Am besten geeignet sind zuckerarme Getränke wie Trink- und Mineralwasser, ungesüßte Kräuter- und Früchtetees, mit Wasser verdünnte Fruchtsäfte.

Es gibt verschiedene Säfte
Fruchtsaft muss vollständig aus dem Saft von Früchten oder Fruchtsaftkonzentrat bestehen.
Um beim Transport von Orangensaft in großen Kühlschiffen Platz zu sparen, wird der Orangensaft erhitzt, bis das meiste Wasser entwichen ist. Es entsteht **Fruchtsaftkonzentrat**, das so zäh wie Honig ist. Bei der Herstellung des Orangensaftes wird wieder reines Wasser zugeführt.

Fruchtnektar besteht nur zu einem Viertel bis zur Hälfte aus Fruchtsaft oder Fruchtmark. Er kann viel Zucker enthalten.

Fruchtsaftgetränke brauchen nur noch aus einer geringen Menge Fruchtsaft zu bestehen. Zum größten Teil enthalten sie Zuckerwasser.

Limonade entsteht unter Verwendung von Fruchtsäften, enthält aber kaum noch Fruchtbestandteile. Sie besteht überwiegend aus kohlenstoffdioxidhaltigem Wasser, Zucker und einer ganzen Reihe von Zusatzstoffen wie Geschmacks- und Farbstoffen.

▶ Trinken ist lebensnotwendig. Täglich solltest du 1,5 bis 2 l trinken. Am besten geeignet sind zuckerarme Getränke wie Wasser, ungesüßte Kräuter- oder Früchtetees und verdünnte Fruchtsäfte.

1 Wassergehalt des menschlichen Körpers

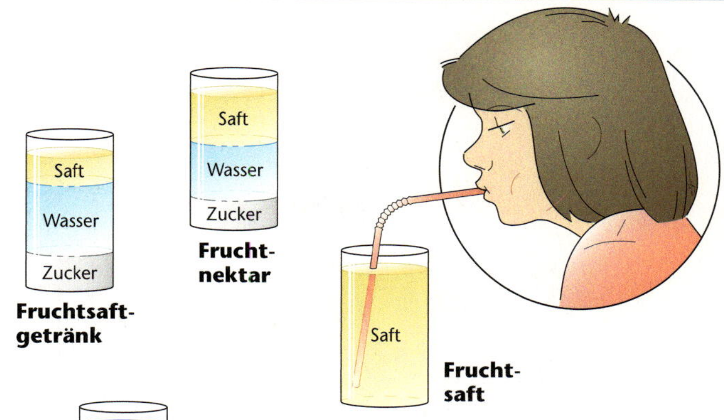

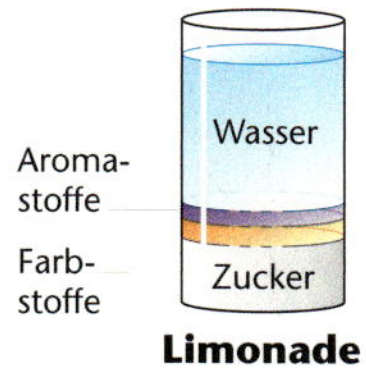

2 Zusammensetzung verschiedener Getränke

3 Verschiedene Getränke

Aufgaben

1 Schreibe über eine Woche lang auf, wieviel du täglich trinkst.
Kannst du damit den Flüssigkeitsbedarf deines Körpers decken?

2 Welche Getränke sind in eurer Klasse am beliebtesten? Führe eine Umfrage durch und berichte darüber.

Milch ist mehr als ein Getränk

1 Kuh beim Säugen

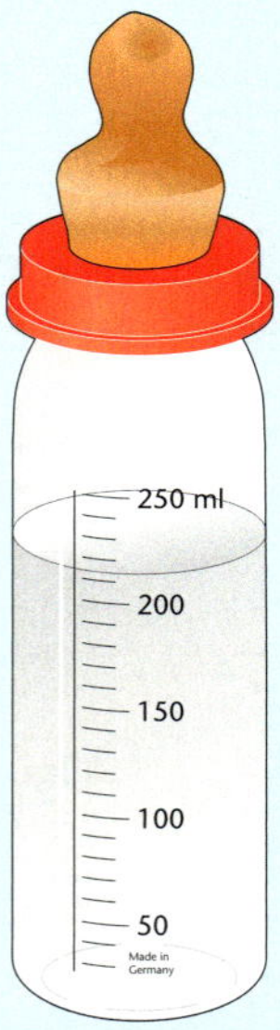

Säugetiere brauchen Milch

Alle neugeborenen Säugetiere erhalten zunächst von der Mutter Milch als einzige Nahrung. Die Muttermilch enthält alle für eine gesunde Entwicklung des Nachwuchses notwendigen Nährstoffe.
Je nach Art und Lebensweise ist die Muttermilch verschiedener Säugetiere auch unterschiedlich zusammengesetzt. So hat die Milch von arktischen Robben (kalter Lebensraum) einen hohen Fettgehalt, während Nashornmilch (warmer Lebensraum) nur ganz wenig Fett enthält.

Milch ist mehr als ein Getränk

Milch ist ein flüssiges Nahrungsmittel, denn sie enthält viele wertvolle Nährstoffe (▷B3). Muttermilch (beim Menschen) schützt den Säugling einige Zeit vor Infektionen.

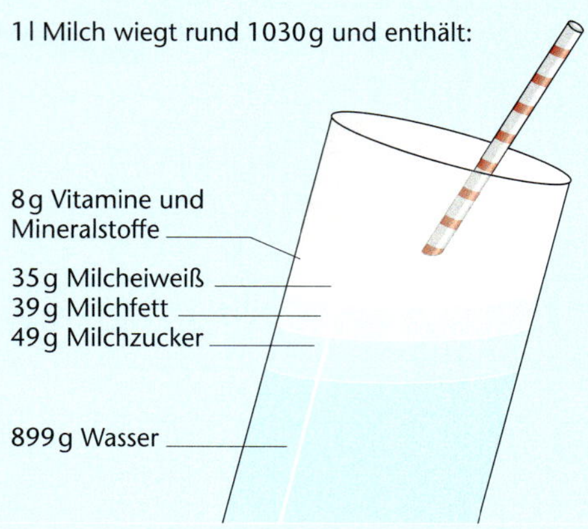

3 Das ist in 1 l Milch enthalten.

2 Robbe beim Säugen

Zwar kann Kuhmilch nicht den gesamten Nährstoffbedarf des Menschen decken, aber sie liefert Fett, Eiweiß, Kohlenhydrate (Milchzucker), Mineralstoffe und in geringen Mengen auch Vitamine.

Es gibt verschiedene Milchsorten

In Lebensmittelgeschäften findest du in den Kühlregalen viele verschiedene Sorten von Milch.
Frisch gemolkene Milch, die es nicht im Geschäft zu kaufen gibt, nennt man **Rohmilch**.

Bei der so genannten **Vorzugsmilch** handelt es sich um Rohmilch, die gefiltert und verpackt ist. Auch sie gibt es nur selten im Lebensmittelgeschäft. Sie wird oft von den landwirtschaftlichen Betrieben selbst verkauft und ist nur sehr kurz haltbar. Sie sollte vor dem Verzehr abgekocht werden.

Vollmilch ist die gängigste und häufigste Milchsorte, die in den Geschäften angeboten wird. Vollmilch besitzt einen konstanten Fettgehalt von 3,5 %.

Auch **fettarme Milch** (teilentrahmte Milch) gehört zu den häufigen Milchsorten in den Kühlregalen. Sie wird unter verschiedenen Namen angeboten. Ihr Fettgehalt beträgt zwischen 1,5 und 1,8 %.

Magermilch (entrahmte Milch) bleibt übrig, wenn von der Milch der Rahm abgetrennt wurde. Sie besitzt nur noch einen Fettgehalt von 0,3 %.

Der **Rahm** ist Bestandteil der Milch. Lässt man Rohmilch einige Zeit stehen, so steigt der Rahm nach oben. Er ist leichter als Milch und kann dann abgeschöpft werden. Daraus wird Sahne hergestellt, die ebenfalls mit verschiedenen Fettgehaltsstufen angeboten wird.

Milch früher und heute

Milch in der Geschichte
Seit ungefähr 12 000 Jahren halten die Menschen Rinder, Ziegen und Schafe als Haustiere. Selbstverständlich kam man auch bald darauf, dass man die Milch dieser Tiere sehr gut trinken kann.

Die älteste bildliche Darstellung zum Thema Milch und deren Verarbeitung stammt von Tontafeln aus der Stadt Ur in Mesopotamien, dem heutigen Irak. Diese Darstellungen sind ca. 5 000 Jahre alt und belegen, dass Milch und Milchprodukte schon früh geschätzt wurden.
Die Sumerer tranken nicht nur die frische Milch; sie stellten auch einige der uns heute bekannten Milchprodukte her. Quark, mit Kräutern oder Honig vermischt, aßen sie besonders gerne.
Auch Ziegen, Schafe, Esel, Pferde und Kamele wurden gemolken und deren Milch getrunken und verarbeitet.

Im Alten Testament wird Moses aufgefordert, das Volk Israel „in das Land, darin Milch und Honig fließen“ zu führen.
In der griechischen Mythologie wurde ODYSSEUS in der Höhle des Zyklopen, eines einäugigen Riesen, gefangen gehalten (▷ B 1). *„Wunderlich erschien den Seefahrern der Anblick der Ställe, die voll von Jungtieren waren. Dort standen Körbe und Kübel mit Käse und Milch, die Gefäße für die Zubereitung und Eimer zum Melken.“*

Aber auch die Römer schätzten Milch und Milchprodukte. Der Sage nach war ROMULUS der Gründer der Stadt Rom.

2 ROMULUS und REMUS und die Wölfin

1 In der Höhle des Zyklopen

ROMULUS und sein Zwillingsbruder REMUS wurden nach ihrer Geburt ausgesetzt. Der Sage nach hat sie eine Wölfin gesäugt (▷ B 2).

Stall oder Weide, viele oder wenige Tiere
Bei einer „artgerechten“ Tierhaltung wird die ursprüngliche Lebensweise von Tieren berücksichtigt. Kühe werden von Menschen im Stall oder auf der Weide gehalten. Bei der Weidehaltung (▷ B 3) leben Kühe im Sommer im Freien, nur im Winter in Ställen. Auf kleinen Bauernhöfen wird von Hand gemolken. Müssen viele Tiere versorgt werden, nehmen Maschinen Menschen die Arbeit ab. Melkanlagen übernehmen das Melken, Automaten das Füttern und Entfernen des Mistes.

Kühe verändern sich
Um 1800 gab eine Kuh etwa 1800 l Milch im Jahr. Durch Züchtungen haben wir heute „Hochleistungskühe“, die bis zu 8 000 l Milch im Jahr liefern. Der Durchschnitt liegt bei ca. 4 400 l im Jahr.

3 Kühe auf der Weide

Werkstatt

Färben mit Lebensmittelfarben

Wolle lässt sich leicht färben. Damit sie im heißen Färbebad nicht verfilzt, darf man sie nur vorsichtig hin- und herbewegen und nie kräftig umrühren.

1 Bunte Lakritzstäbchen färben Wolle

Material

Schutzbrille, Bechergläser (100 ml), Messzylinder (50 ml), Trichter, Rundfilterpapier, Heizplatte, Glasstab, Pinzette, Schere, Karton, Klebstoff, Wasser, Essig, gewaschene Wollfäden, bunte Lakritzstäbchen

Versuchsanleitung

a) Gib 20 ml Wasser in ein Becherglas und füge 5 Lakritzstäbchen einer Farbe zu. Rühre mit einem Glasstab um, bis sich der Farbstoff im Wasser löst.

b) Falte ein Rundfilterpapier und gib es in einen Trichter. Filtriere die Farblösung in ein zweites Becherglas.

c) Gib in das Filtrat etwas Essig und einige Wollfäden und rühre vorsichtig um.

d) Erhitze die Flüssigkeit mit den Wollfäden auf einer Heizplatte und lass sie 5 bis 10 Minuten kochen.

1 Wolle färben

e) Lass die Flüssigkeit abkühlen. Nimm die Wollfäden mit der Pinzette aus der Farblösung und spüle sie mit viel Wasser aus.
Klebe die Wollfäden auf einen Karton.

f) Wiederhole den Versuch mit unterschiedlichen Farbtönen oder mit Lebensmittelfarben anderer Süßigkeiten.

Aufgaben

1. Beschreibe die Beobachtungen.

2. Gibt es Unterschiede, wenn du die Wolle mit Farbstoffen anderer Süßigkeiten färbst?

2 Rot gefärbter Lippenstift

Material

Schutzbrille, Gasbrenner, Dreifuß, Keramik-Drahtnetz, Waage, Becherglas (250 ml, niedere Form), Becherglas (100 ml, hohe Form), Thermometer, Holzspatel, Glasstab, Messzylinder (10 ml), Lippenstifthülse, aufgeschnittene Kunststoffspritze, Kunststofflöffel, Papierhandtücher, Spülmittel, Klebestreifen, Papiertischtuch, Kühlschrank mit Gefrierfach, Wasser, Bienenwachs, Kakaobutter, Wollwachs (Lanolinanhydrid), Mandelöl, Heliozimt K als Konservierungsmittel, Farbstofflösung E 127

Versuchsanleitung

a) Achte auf größtmögliche Sauberkeit. Reinige alle Geräte und Gefäße in heißem Wasser mit Spülmittelzusatz. Bedecke den Tisch mit einem Papiertischtuch und klebe es fest.

b) Wiege 2,5 g Bienenwachs, 1,5 g Kakaobutter und 1 g Wollwachs ab und gib diese Zutaten in das kleine Becherglas.

c) Fülle das große Becherglas zur Hälfte mit Wasser und stelle es auf den Dreifuß mit Keramik-Drahtnetz. Stelle das kleine Becherglas in das Wasserbad (▷ B 2). Erhitze das Wasserbad so lange, bis die Stoffe im kleinen Becherglas (unter Umrühren) geschmolzen sind.

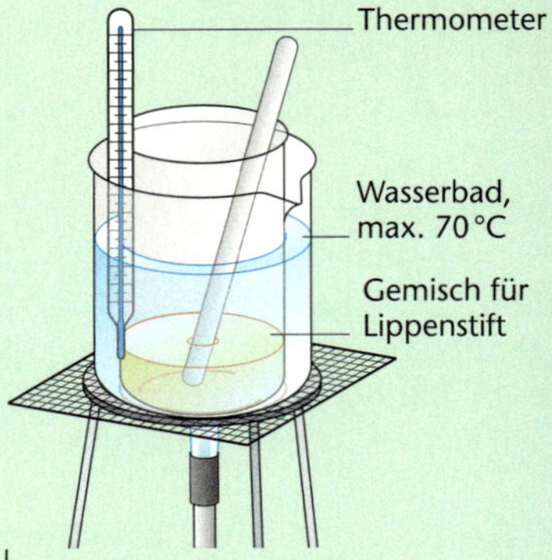

2 Becherglas in Becherglas

d) Kontrolliere die Temperatur mit dem Thermometer. Die Temperatur der Schmelze darf nicht über 70 °C steigen.

e) Hat die Schmelze 60 °C bis 70 °C erreicht, füge 5 ml Mandelöl, 2,5 ml Farbstofflösung und 2 Tropfen Heliozimt K dazu. Rühre mit einem Holzspatel um, bis eine einheitliche Masse entstanden ist.

f) Gieße die noch flüssige Masse vorsichtig in die aufgeschnittene Kunststoffspritze, lass sie abkühlen und lege sie anschließend für 10 Minuten in das Gefrierfach des Kühlschranks. Schiebe die erkaltete Masse aus der Spritze in die Lippenstifthülse (▷ B 3).

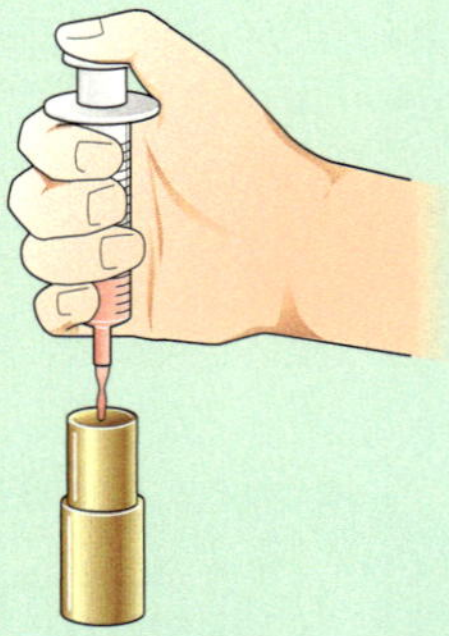

3 Bald ist der Lippenstift fertig.

Aufgaben

1. Bienenwachs, Kakaobutter, Wollwachs und Mandelöl sind Naturprodukte. Von welchen Tieren oder Pflanzen stammen diese Produkte?

2. Welche Aufgaben soll ein Lippenstift bei der Lippenpflege erfüllen?

1 Torte mit Farbstoffen

Farben für das Essen

Ein Sprichwort sagt: Das Auge isst mit. Ein Nahrungsmittel wird oft nach seinem Aussehen und seiner Farbe bewertet. Verändern Nahrungsmittel ihre Farbe, sind sie oft verdorben oder ungeniessbar. Diese Erfahrungen sind bei der Herstellung von Fertiggerichten von Bedeutung. Werden Nahrungsmittel mit Farbstoffen versetzt, lassen sie sich leichter verkaufen. Sehr beliebt sind grell gefärbte Süßigkeiten (▷ B 1) und Getränke.
Aber nicht alle Lebensmittelfarben sind unbedenklich. Beim Verzehr sollte man solchen Nahrungsmitteln den Vorzug geben, die nur Naturfarbstoffe enthalten.

Farben für das Auge

Es gibt Farbstoffe, die sich in Wasser lösen, und solche, die sich in Öl lösen. Wimperntusche und Lidschatten enthalten keine Farbstoffe, sondern unlösliche kleine Farbkörnchen. Man spricht von Farbpigmenten. Sie bilden in Wasser oder Öl eine Emulsion, die auf der Haut haften bleibt.

Lippenstifte

Ein beliebtes Kosmetikprodukt ist der Lippenstift. Er wird aus Ölen, Fetten und Wachsen hergestellt. Je ölhaltiger der Lippenstift, desto pflegender wirkt er. Damit sich die Farbe gut verteilt, enthalten Lippenstifte Rizinusöl. Als Konservierungsstoff dient Vitamin E. Für die Haftfestigkeit sorgt das Wollfett Lanolin.

Farbpigmente sind winzig kleine Farbkörnchen. Sie bilden in Wasser oder Öl eine Emulsion.

Im Alltag können Farben wichtige Aufgaben erfüllen. Beispielsweise werden verschiedene Medikamente unterschiedlich eingefärbt, um Verwechslungen zu vermeiden (▷ B 2).

Menschen nutzen Farben nicht nur, um sich selbst zu schmücken, sondern auch zum Färben von Textilgewebe oder zur farbigen Gestaltung ihrer Umgebung (▷ B 3). Früher wurden zum Färben nur natürliche Farbstoffe aus Pflanzen oder Tieren verwendet. Heute gibt es eine Vielzahl künstlicher Farbstoffe und Farbpigmente, die in Industriebetrieben in beliebig großen Mengen hergestellt werden. Künstliche Farbstoffe haben den Vorteil, dass sie besser haften und nicht so leicht ausbleichen.

Natürliche Farbstoffe werden aus Pflanzen oder Tieren gewonnen.
Zum Färben von Textilien werden meist künstliche Farbstoffe verwendet.

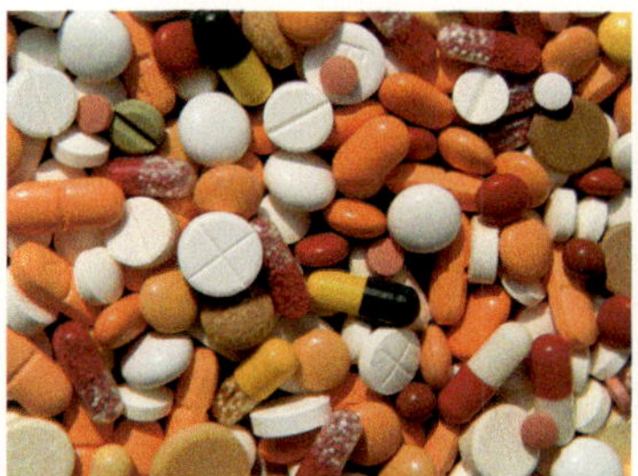

2 Eingefärbte Medikamente

3 Farben zu Hause

Aufgabe

1 Informiere dich bei deiner örtlichen Verbraucherzentrale über Nahrungsmittelzusatzstoffe mit E-Nummern.
a) Welche dieser Stoffe kannst du in Fertigprodukten finden?
b) Lege eine Tabelle an.

Werkstatt

Farbstifte im Test

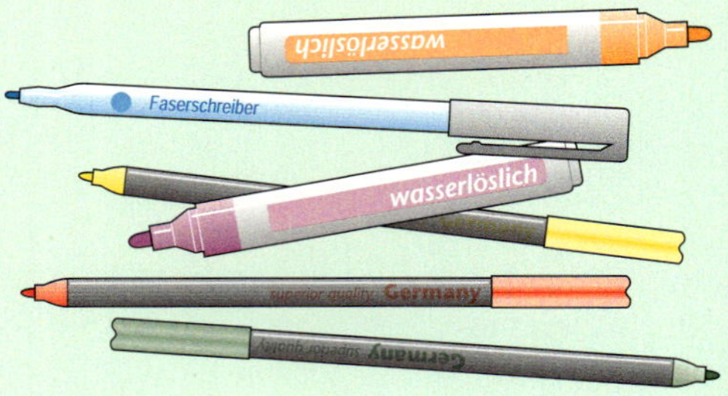

Für die folgenden Versuche kannst du alle Filzstifte benutzen, deren Farbe wasserlöslich ist. Wenn du deine Ergebnisse mit denen deiner Mitschülerinnen und Mitschüler vergleichst, werden interessante Unterschiede sichtbar.

1 Gemischtes aus Braun

Material

Schere, brauner Filzstift, Rundfilterpapier, Streifen aus Filterpapier, Petrischale, Wasser

Versuchsanleitung

a) Schneide mit einer Schere in die Mitte eines Rundfilters ein Kreuz (▷ B 1a). Zeichne die Schnittstelle mit dem braunen Filzstift nach.

b) Schneide einen 2 cm breiten und etwa 20 cm langen Streifen Filterpapier aus und rolle ihn zu einem Docht auf (▷ B 1b).

c) Fülle eine Petrischale etwa 1 cm hoch mit Wasser (▷ B 1c).

d) Schiebe den Docht durch das Kreuz im Rundfilter und lege beides auf die Petrischale, sodass der Docht ins Wasser taucht (▷ B 1d).

a)

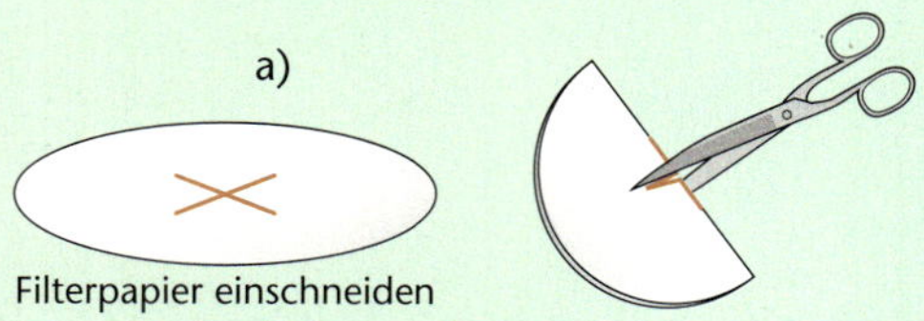

Filterpapier einschneiden

b)

Docht aus Filterpapier

c)

Petrischale mit Wasser

d)

Petrischale mit Docht

1 Woraus besteht Braun?

Aufgaben

1. Beschreibe, was du auf dem runden Filterpapier beobachtest.

2. Woran kannst du erkennen, dass die Farbe Braun ein Farbstoffgemisch ist?

3. Vergleicht die Ergebnisse in der Klasse. Überlegt euch, wodurch die Unterschiede zu Stande kommen.

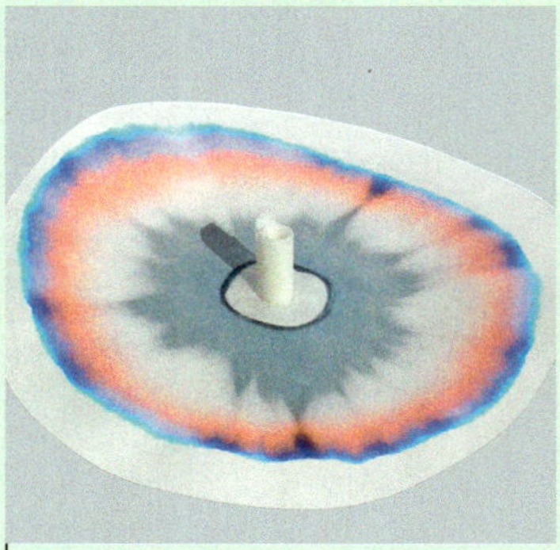

2 Viele Farben sind Mischfarben.

2 Schwarze Filzstifte werden untersucht

Material

Schere, Rundfilterpapier, Kristallisierschale, Alkohol-Wasser-Gemisch (aus einem Teil Wasser und einem Teil Alkohol), verschiedene schwarze Filzstifte

Versuchsanleitung

a) Schneide einen Rundfilter nach der Skizze ein und klappe die Papierzunge nach unten (▷ B 3). Fülle die Kristallisierschale etwa 1 cm hoch mit dem Alkohol-Wasser-Gemisch.

b) Markiere das Filterpapier wie in der Skizze vorgegeben mit einem schwarzen Filzstift (▷ B 3).

c) Lege das Filterpapier auf die Kristallisierschale und lass die Papierzunge in die Flüssigkeit eintauchen (▷ B 3).

d) Wiederhole den Versuch mit andersfarbigen Filzstiften.

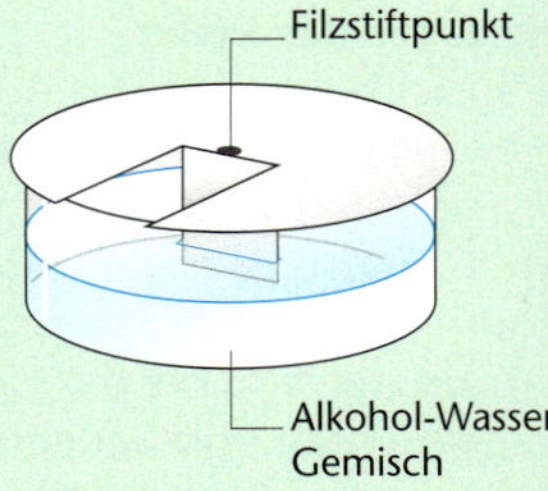

3 Woraus besteht Schwarz?

Aufgaben

1. Zum Schreiben und Malen gibt es viele verschiedene Stifte. Plane und beschreibe einen Versuch, mit dem du herausfinden kannst, welcher deiner Stifte wasserlösliche Farbe enthält. Führe den Versuch anschließend durch.

2. Herr Strecker musste sich 10 € leihen. Auf einem Löschpapier hat er sich den Betrag rasch notiert. Am nächsten Tag stand auf dem Blatt ein Betrag von 100 €. Überlege dir, wie du die Fälschung nachweisen kannst. Plane einen entsprechenden Versuch und führe ihn durch.

4 Wie überführt man einen Fälscher?

Purpurrot und Indigoblau

1 Der in Purpur gekleidete Kaiser

2 Purpurschnecke

Purpur für den Kaiser

Schon vor 3000 Jahren wurden am Mittelmeer Kleiderstoffe purpurrot gefärbt. Dazu wurden Purpurschnecken verwendet (▷B2). Die Fleisch fressenden Meeresschnecken erzeugen in Drüsen winzige Tropfen eines gelben Schleims. Die Tiere wurden zerkleinert und mit Salz bestreut, damit man den Schleim erhalten konnte. Nach drei Tagen wurde die Masse mit Wasser oder Urin verdünnt und gekocht. Aus dem gelben Schleim der Schnecken entstand an der Luft der tiefrote Farbstoff. Für ein Gramm Purpur mussten etwa 8000 Schnecken ihr Leben lassen.

Ein teurer Farbstoff

Der Farbstoff war äußerst kostbar und sehr teuer. Bis in die Neuzeit durften nur die Gewänder der Kaiser mit Purpur gefärbt werden. Purpurrot war das Symbol der Macht (▷B1).
Heute wird der Naturfarbstoff nur noch ganz selten verwendet, z. B. um sehr alte Purpurgewänder auszubessern. Echter Purpur ist noch immer der teuerste Farbstoff der Welt, ein Gramm davon kostet heute rund 2000 Euro.

Indigo aus Pflanzen

Die ältesten Indigo-Reste fand man an den Bändern und an den Haaren einer 4000 Jahre alten Mumie aus Ägypten (▷B4). Den blauen Farbstoff gewann man früher aus der tropischen Indigopflanze (▷B3) oder dem europäischen Färberwaid (▷B5). Die Pflanzen wurden abgeschnitten, gebündelt und in Erdgruben mit Wasser bedeckt. Bald stiegen Bläschen auf, die Pflanzenteile begannen zu gären. Nach 12 bis 15 Stunden war das Wasser gelbgrün. Zum Blaufärben tauchte man die Stoffe einfach in die gelbgrüne Flüssigkeit. Je länger die Einweichdauer war, umso intensiver wurde später der Farbton. Erst beim Trocknen an der Luft wurden die Stoffe allmählich blau.

Künstliches Indigo

1878 fanden Chemiker ein Rezept, mit dem man Indigo ohne Pflanzen herstellen kann. Als 1897 die Badische Anilin- und Sodafabrik (BASF) in Ludwigshafen begann, den blauen Farbstoff in großen Mengen zu produzieren, wurde der Naturstoff rasch vom Markt verdrängt. Indigoblau wurde der Farbstoff für Jeans.

3 Indigopflanze

4 Mumie

5 Färberwaid

Weißes Gold aus Lüneburg

1 Die Lüneburger Salzsau

Ein Salzlager entsteht
Vor 230 Millionen Jahren waren große Teile Mitteleuropas von Meeren bedeckt. Aufwölbungen am Meeresgrund trennten Meeresbecken vom offenen Meer ab. Bei starker Sonneneinstrahlung verdunstete das Meerwasser schnell, in den Becken entstand laufend Salz (▷ B 2, links). Das verdunstete Wasser wurde ständig durch nachfließendes Meerwasser ersetzt. Die verschiedenen im Meerwasser gelösten Stoffe setzten sich übereinander ab, zuerst Gips, dann Steinsalz. Wurden die Becken durch Erdhebungen vom Meer getrennt, trockneten sie völlig aus. Winde vom Festland bedeckten das Salz mit Staub und Sand (▷ B 2, rechts). Die Lagerstätten senkten sich und wurden von Ton und Geröll bedeckt.

Der Salzstock unter Lüneburg
Vor 25 Millionen Jahren bewirkten Erdbewegungen, dass das ursprünglich waagerecht lagernde Salz nun fast senkrecht liegt. Der Salzstock beginnt 40 Meter unter der Erdoberfläche, er reicht 4000 Meter in die Tiefe. Das Grundwasser und unterirdische Quellen lösen das Salz aus der Oberfläche des Salzstocks auf, es entstehen salzhaltige Quellen, die Solequellen.

Die Solequellen
Von 956 bis 1980 wurde in Lüneburg aus Sole (Salzwasser) Salz gewonnen. Der Sage nach fanden Jäger im Wald ein Wildschwein mit weißen Borsten, das sich in einem Tümpel suhlte. Bei genauerem Hinsehen zeigte sich, dass die dunklen Borsten des Schweins über und über mit Salzkörnchen bedeckt waren. Der Tümpel entpuppte sich als salzhaltige Quelle. Die „Lüneburger Salzsau" wies also den Weg zu den unterirdischen Solequellen (▷ B 1).

3 Solebrunnen 1569

Der Solebrunnen
In ungefähr 6 bis 30 Meter Tiefe flossen sechs solche Quellen. Sie mussten mit Bergwerksstollen zugänglich gemacht werden. Die Sole wurde von Gipsbeimengungen gereinigt, Heidekraut diente dabei als Filter. Die Sole der verschiedenen Quellen leitete man dann über ausgehöhlte Baumstämme (▷ B 4) in einen zentralen Solebrunnen.

4 Soleleitung aus Holz

Die Sole wurde mit Holzeimern aus dem Brunnen geschöpft (▷ B 3). Über Holzrinnen floss sie in die Siedehäuser. Dort wurde aus Sole Salz gewonnen.

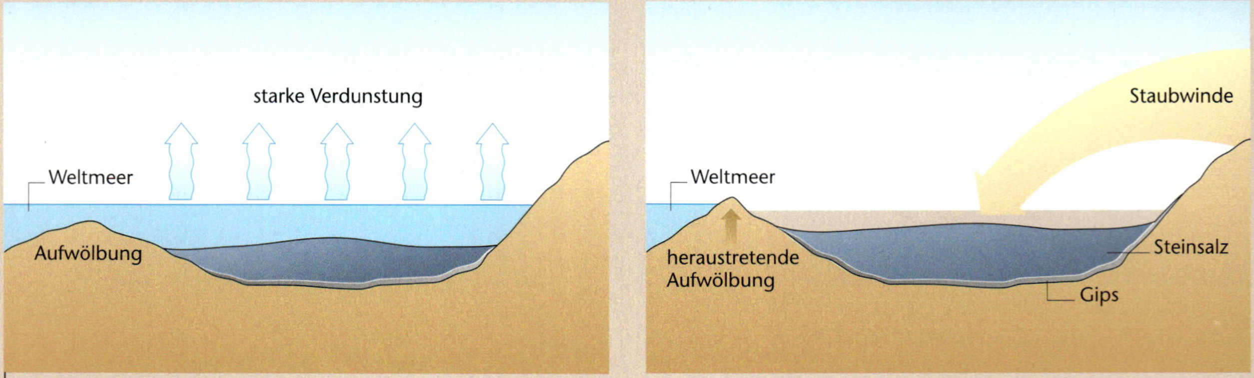

2 Eine Salzlagerstätte entsteht.

Dampfwolken über der Saline

Auf der alten Stadtansicht ist die Saline am Wasserdampf zu erkennen (▷B6). Dieser entsteht, wenn die Sole zum Sieden gebracht wird, sodass das Wasser verdampft. Wenn das Wasser verdampft ist, bleibt das Salz, das „Siedesalz" zurück. Im Mittelalter waren 54 Siedehäuser (▷B7) sternförmig um den Solebrunnen herum angeordnet. Von den alten Siedehäusern sah man nur die Dächer, die Häuser waren in die Erde eingegraben, damit möglichst wenig Wärme verloren ging. Sie wurden aus kostengünstigen Werkstoffen errichtet: Holz für die Wände und Stroh für die Dächer. Nur die Wand hinter den Siedepfannen war gemauert. Unter den Siedehäusern befanden sich große Solebehälter.

6 Wasserdampf über der Saline

Im Siedehaus

In jedem Siedehaus befanden sich jeweils vier Siedepfannen mit einer Seitenlänge von einem Meter. Darin wurde die Sole erhitzt (▷B8). Die quadratischen Pfannen aus Blei standen nebeneinander auf Lehmöfen, die mit Holz beheizt wurden. Wenn sich Salzkristalle an der Oberfläche der Sole bildeten, wurden die „Mundlöcher" der Lehmöfen geschlossen. Erst am Ende des Siedevorgangs wurde wieder kräftig geheizt, um die restliche Feuchtigkeit aus dem Solebrei zu vertreiben. Dabei entstand in den Öfen neben der Holzasche wertvolle Holzkohle. Das Salz wurde auf den „Schepel", den Aufbewahrungsort des frischen Salzes, geschippt. Dann wurde es nach draußen gebracht und verladen.
Im Siedehaus aus dem 20. Jahrhundert befindet sich heute das Deutsche Salzmuseum.

7 Modell eines Siedehauses

8 Eine Siedehütte im Mittelalter

Einsalzen

Salz wurde früher nicht nur zum Würzen benutzt, es wurde eingesetzt, um Lebensmittel haltbar zu machen. Salz entzieht den Lebensmitteln Wasser und damit auch Kleinstlebewesen, die das Verderben bewirken, die Lebensgrundlage. Fisch, Fleisch, Butter, Eier, Milch, Käse und auch Gemüse konnten durch Einsalzen längere Zeit gelagert werden. Diese Vorratshaltung war für die Menschen damals lebenswichtig. Mit Salz wurden auch große Mengen Heringe „eingelegt" (▷B5). Um 1500 wurden allein in Lübeck 700 000 Tonnen Salzheringe verschickt.

5 Heringe einlegen

1 Im Salzbergwerk

2 Gewinnung von Meersalz

3 Leckstein

4 Wie Salz ausgeschieden wird.

Wie wird Salz gewonnen?
Wie Siedesalz gewonnen wird, hast du bereits erfahren. Es gibt aber auch unterirdische Salzlager, die wie weiße Bergwerke aussehen. Dort wird das Salz herausgesprengt, verladen und nach oben gebracht (▷B1). In Ländern mit trockenem, heißem Klima wird Meersalz direkt aus dem Meer gewonnen. In so genannten Salzgärten direkt am Meer verdunstet das Wasser, das Salz bleibt zurück (▷B2).

Kochsalz in unserem Körper
Wenn man von „Salz" spricht, meint man das aus dem Alltag bekannte Kochsalz. In 1 l Körperflüssigkeit sind 9 g Salz enthalten. Dies wird deutlich, wenn wir weinen oder schwitzen (▷B4): Tränen und Schweiß schmecken salzig. Auch mit dem Urin wird Salz ausgeschieden. Was wir an Salz ausscheiden, müssen wir dem Körper wieder zuführen.

Die richtige Menge
In Kochbüchern findet man oft die Angabe: Eine Prise Salz zufügen. Das sind die 1 bis 2 g Salz, die wir dem Körper täglich zuführen müssen. Mehr sollte es nicht sein, weil viele Lebensmittel bereits Salz enthalten. Wurst, Käse und sogar Brot enthalten Salz. Fertiggerichte, Tütensuppen und -soßen enthalten viel Salz. Dieses „versteckte" Salz ist auch in Kartoffelchips und gesalzenen Erdnüssen verborgen.
Bei schwerer körperlicher Arbeit, bestimmten Sportarten und bei großer Hitze schwitzt man stark. Der Wasser- und Salzverlust muss dann durch salzhaltige Getränke oder Salztabletten ausgeglichen werden.
Du hast es sicher auch schon festgestellt: manchmal ist das Essen versalzen. Dies meldet uns die Zunge. Sie kann neben „süß", „sauer" und „bitter" auch „salzig" schmecken.

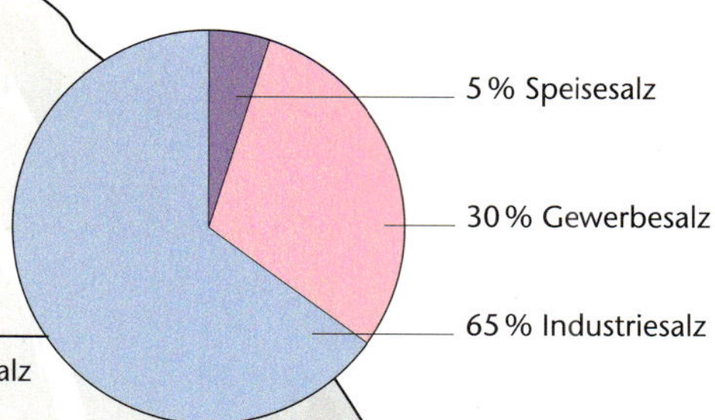

5 Verwendung von Salz

Brauchen Tiere Salz?
Fleischfresser unter den Tieren nehmen mit der Nahrung Salz auf. Pflanzenfresser dagegen erhalten durch ihre Nahrung manchmal zu wenig Salz. Eine Kuh braucht beispielsweise 90 g Salz pro Tag. Manchmal kannst du auf einer Weide Kühe oder Pferde an einem Salzleckstein sehen (▷B3).

Salz als Rohstoff
Kochsalz wird nur zu einem kleinen Teil als Speisesalz verwendet (▷B5). Als Gewerbesalz dient es zum Gerben von Tierhäuten und beim Färben von Textilien. Streusalz wird im Winter notfalls auf Straßen und Wegen benutzt. Es wird zur Wasserenthärtung eingesetzt, z. B. in Spülmaschinen. Der größte Teil wird aber als Industriesalz benötigt. Es wir zur Herstellung wichtiger Rohstoffe eingesetzt, aus denen dann Stoffe wie Glas, Wasch- und Reinigungsmittel, Kunststoffe und Farbstoffe hergestellt werden.

▶ Kochsalz ist für den Körper lebensnotwendig. Im Alltag und in der Industrie findet es vielseitige Verwendung.

1 Die Kreidefelsen von Rügen

2 Brause – ein prickelndes Gemisch

4 Reines Natron

„Versalzenes" Mineralwasser?
Wenn man etwas Mineralwasser eindampft, bleibt ein fester Stoff zurück. Mineralwässer müssen in 1 l Wasser mehr als 1 g Feststoff enthalten. Woraus besteht dieser Feststoff? Es könnte sich um Kochsalz handeln, denn in vielen Mineralwässern wird Quellwasser aus Solequellen abgefüllt. Schon die Römer beurteilten im 1. Jahrhundert n. Chr. die Güte des Wassers nach der Menge des Stoffes, der nach dem Verdampfen zurückblieb.

Nicht nur Kochsalz
Auch heute werden Mineralwässer ständig überprüft. Was in den Wässern enthalten ist, kannst du auf den Etiketten der Flaschen nachsehen. Dort sind Namen und Mengen der Stoffe angegeben. Außer Kochsalz enthalten Mineralwässer auch noch andere Salze. Einen Hinweis auf diese Salze geben die Flammenfärbungen von Proben, die man in die nicht leuchtende Bunsenbrennerflamme hält (▷ V 1). Kochsalz nennt der Chemiker Natriumchlorid. Der Alltagsname des Salzes, das Calciumsulfat genannt wird, ist Gips (▷ B 3; B 6). Das Salz Calciumcarbonat ist als Kalkstein, Marmor (▷ B 5) und Kreide (▷ B 1) bekannt.

5 Marmor

▶ Kochsalz ist das bekannteste Salz. Auch Gips, Kalkstein, Marmor und Kreide sind Salze aus dem Alltag.

Ein vielseitiges Salz aus dem Alltag
Ein weiteres Salz, das du aus dem Alltag kennst, ist Natron. Du kannst es in kleinen Päckchen kaufen (▷ B 4). Der chemische Name lautet Natriumhydrogencarbonat. Es ist zusammen mit Citronensäure in Brause und Backpulver enthalten. Mit Citronensäure bildet es Kohlenstoffdioxid. Kohlenstoffdioxid verleiht der Brause den prickelnden Geschmack (▷ B 2; V 2). Im Backpulver dient es als „Treibmittel" zur Lockerung des Teigs (▷ V 3). Bullrich-Salz®, ein Mittel das früher gegen Sodbrennen eingenommen wurde, enthielt Natron. Heute verwendet man mildere Mittel.

Versuche

1 Mit einem gut ausgeglühten Magnesiastäbchen hält man etwas Natriumchlorid in die nicht leuchtende Brennerflamme. Man betrachtet die Flamme auch durch ein Cobaltglas.

2 Man mischt 1 Teil Natron mit 2 Teilen fester Citronensäure. Dann gibt man etwas Zucker dazu und gießt darauf Wasser.

3 Man wiederholt Versuch 2; statt Zucker gibt man etwas Mehl dazu.

Aufgabe

1 Vergleiche die Etiketten verschiedener Mineralwässer.

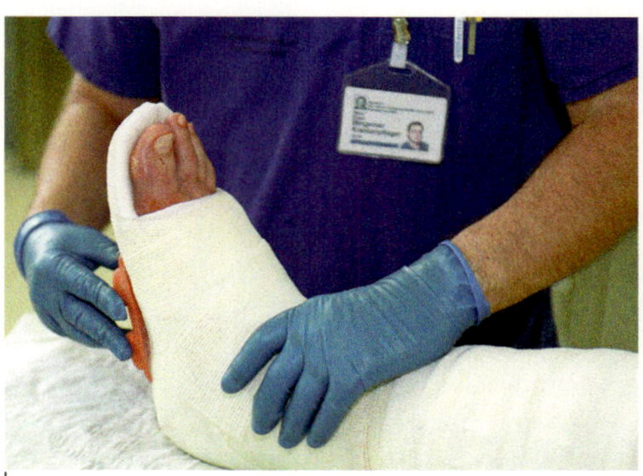
3 Gipsverband

6 Ganzmaske

Werkstatt

Mit der Flammenfärbung Salzen auf der Spur

1 Salze bekennen Farbe

Material

Schutzbrille, Gasbrenner, 2 Uhrgläser, Spatellöffel, Cobaltglas, Magnesiastäbchen, destilliertes Wasser in einer Spritzflasche, Salzproben: Natriumchlorid, Kaliumchlorid

Versuchsanleitung

a) Gib einige Salzkörnchen der Proben jeweils auf ein Uhrglas. Benetze eine Probe mit einigen Tropfen destilliertem Wasser. Glühe ein Magnesiastäbchen in der stark rauschenden Flamme aus (▷ B 1a). Tauche dieses ausgeglühte Magnesiastäbchen in die angefeuchtete Probe (▷ B 1b). Halte das Magnesiastäbchen dann in die nicht leuchtende Brennerflamme (▷ B 1c). Beobachte die Flammenfärbung.
Betrachte die Flammenfärbung zusätzlich durch ein Cobaltglas.

b) Wiederhole den Versuch mit den übrigen Salzproben. Verwende immer ein intensiv ausgeglühtes Magnesiastäbchen. Brich das verwendete Stück jeweils ab.

Aufgabe

Schreibe die Salznamen und die Flammenfarben, die man mit und ohne Cobaltglas erkennen kann, in eine Tabelle.

Salz	Farbe der Flamme
Natriumchlorid	
Kaliumchlorid	
Calciumchlorid	

2 Mit der Flammenfärbung den Salzen in Alltagsstoffen auf der Spur

Material

Schutzbrille, Gasbrenner, 4 Uhrgläser, Spatellöffel, Cobaltglas, Magnesiastäbchen, Mineralwässer (die Natrium-, Kalium- und Calciumsalze enthalten), Backpulver, Natron, Brausepulver, destilliertes Wasser in einer Spritzflasche

Versuchsanleitung

a) Gib auf ein Uhrglas einen der Stoffe und benetze die Probe mit destilliertem Wasser. Tauche ein gut ausgeglühtes Magnesiastäbchen in die angefeuchtete Probe und halte es danach in die nicht leuchtende Brennerflamme (▷ B 1c). Beobachte die Flammenfärbung.

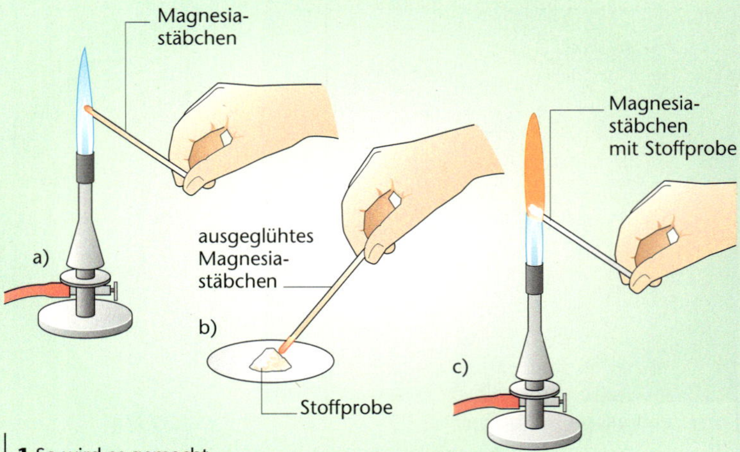

1 So wird es gemacht.

Betrachte die Färbung zusätzlich durch ein Cobaltglas.
Vergleiche die Flammenfärbung mit den Farben von Bild 2.

b) Wenn du die Mineralwässer untersuchst, tauchst du das ausgeglühte Magnesiastäbchen direkt in die Flüssigkeit.

c) Wiederhole den Versuch mit den übrigen Proben.
Verwende immer ein intensiv ausgeglühtes Magnesiastäbchen. Brich das verwendete Stück jeweils ab.

Probe	Farbe der Flamme
Backpulver	
Natron	
Brausepulver	

Aufgabe

Schreibe jeweils die Probe mit der beobachteten Flammenfärbung auf. Auf welche Salze deuten die Flammenfärbungen hin?

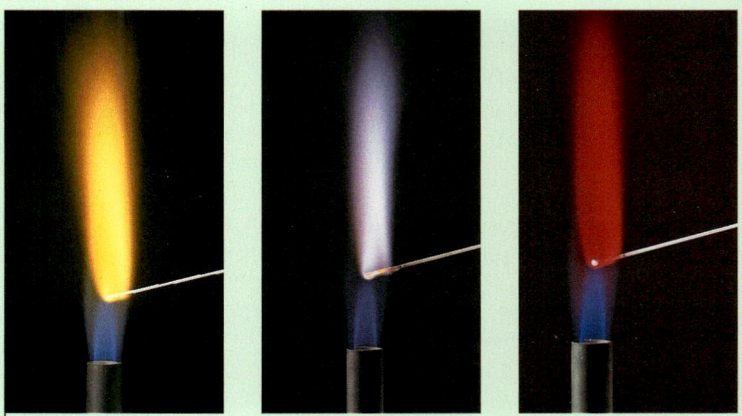

2 Flammenfarben von Natrium-, Kalium- und Calciumsalzen

Stoffe – früher und heute

Einen Museumsbesuch planen
Ein Museumsbesuch (▷ B 4) sollte von allen Beteiligten gemeinsam geplant werden. Je genauer das Museumspersonal über Fragen, Wünsche und Schwerpunkte informiert ist, desto besser wird der gesamte Ablauf vor Ort gelingen.

Der Universalindikator
Ein Universalindikator zeigt durch seine Färbung an, ob eine Lösung sauer (rot), alkalisch (blau) oder neutral (grün) ist (▷ B 5).

Wasserhärte – Härtegrad
Hartes Wasser ist kalkhaltig. Weiches Wasser enthält wenig oder gar keinen Kalk gelöst. Die Wasserqualität wird in Härtegraden angegeben (▷ B 2).

Erfrischungsgetränke
Kohlenstoffdioxid verleiht Erfrischungsgetränken wie Sprudel und Limonaden den prickelnden Geschmack.

Kohlenstoffdioxid/Kohlensäure
Kohlenstoffdioxid löst sich in Wasser. Ein kleiner Teil davon bildet mit dem Wasser eine Säure, die Kohlensäure.

Trinken
Trinken ist lebensnotwendig. Täglich solltest du 1,5 bis 2 l trinken. Am besten geeignet sind zuckerarme Getränke wie Wasser, ungesüßte Kräuter- oder Früchtetees und verdünnte Fruchtsäfte (▷ B 3).

Färben/Farbstoffe
Farbpigmente enthalten kleine Farbkörnchen. Natürliche Farbstoffe werden aus Pflanzen (▷ B 6) oder Tieren gewonnen.

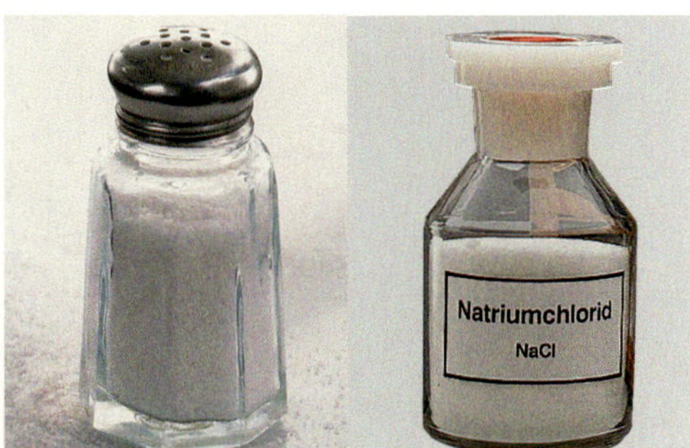

1 Kochsalz (links) nennt der Chemiker Natriumchlorid (rechts).

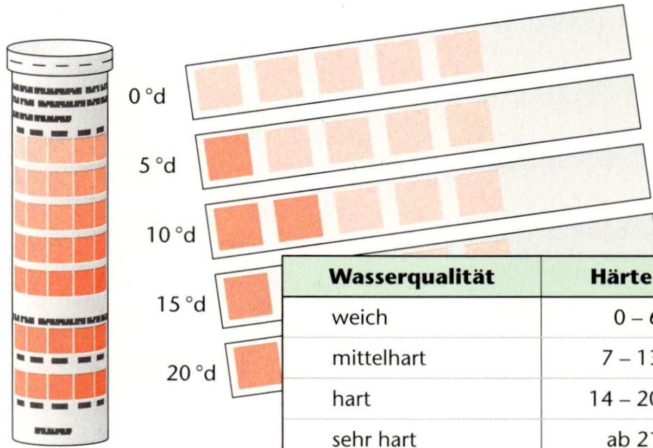

Wasserqualität	Härte
weich	0 – 6 °d
mittelhart	7 – 13 °d
hart	14 – 20 °d
sehr hart	ab 21 °d

2 Härtegrade

Zum Färben von Textilien werden meist künstliche Farbstoffe verwendet.

Kochsalz
Kochsalz (▷ B 1) ist für den Körper lebensnotwendig. Es wird im Alltag und der Industrie vielfältig eingesetzt.

Verschiedene Salze
Kochsalz (Natriumchlorid; ▷ B 1) ist das bekannteste Salz. Auch Gips, Kalkstein, Marmor, Kreide und Natron sind Salze aus dem Alltag.

5 Universalindikator

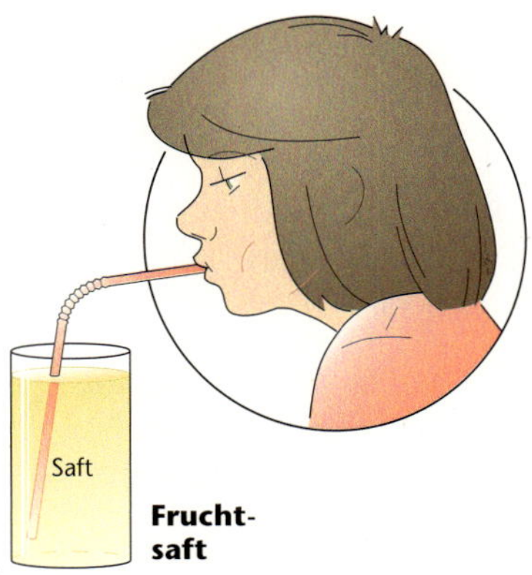

3 Trinken ist wichtig.

6 Färberwaid

4 Auf ins Museum

Aufgaben

1 Gewässer enthalten oft Schwebstoffe. Plane einen Versuch, mit dem du diese Schwebstoffe auffängst und ihre Menge bestimmst.

2 a) Erkläre den Unterschied zwischen Orangensaft und Orangenlimonade.
b) Was ist Orangenkonzentrat?

3 a) Plane einen Versuch, mit dem du feststellen kannst, welche Frucht am meisten Fruchtsaft liefert.
b) Welche Geräte aus dem Haushalt brauchst du für deinen Versuch?

4 a) Wie viele Milliliter Orangensaft kannst du aus einer Orange auspressen?
b) Welche Geräte aus dem Haushalt brauchst du für diesen Versuch (▷ B 1)?
c) Berechne, wie viele Orangen du brauchst, um 1 l Orangensaft herstellen zu können.

5 a) Kinder sollen weder Kaffee noch schwarzen Tee und Colagetränke trinken. Schwarzer Tee und Colagetränke enthalten einen Stoff, der auch im Kaffee enthalten ist. Wie heißt dieser Stoff und welche Wirkung hat er?
b) Durstlöscher sollten nicht stark gesüßt sein. Sieh nach, wie viel Zucker Limonaden (auch Colagetränke) enthalten.

1 Zu Aufgabe 4

6 Du hast die wichtigen Werkstoffe Holz, Metalle und Kunststoffe kennen gelernt (▷ B 2). Versuche ihre Vor- und Nachteile abzuwägen.

2 Zu Aufgabe 6

7 a) Experimentiere mit Seifenblasen (▷ B 4). Was geschieht nach einiger Zeit mit den Seifenblasen?
b) Warum „tanzen“ (wie Goethe es ausdrückte) die Seifenblasen in der Dunsthöhle von Pyrmont?

8 Warum wird das aus Sole gewonnene Salz Siedesalz genannt?

9 Im Stadtpark von Lüneburg steht ein altes „Gradierwerk“, in dem Sole über Gestelle rieselt, die mit Reisig gefüllt sind (▷ B 3). Früher wurde im Gradierwerk Salz gewonnen. Versuche den Vorgang zu erklären.

3 Zu Aufgabe 9

4 Zu Aufgabe 7

10 Salz und Zucker lösen sich in Wasser. Bild 5 zeigt, wie du dir das Auflösen eines Würfelzuckers in Wasser mit dem Teilchenmodell vorstellen kannst. Erläutere die verschiedenen Schritte.

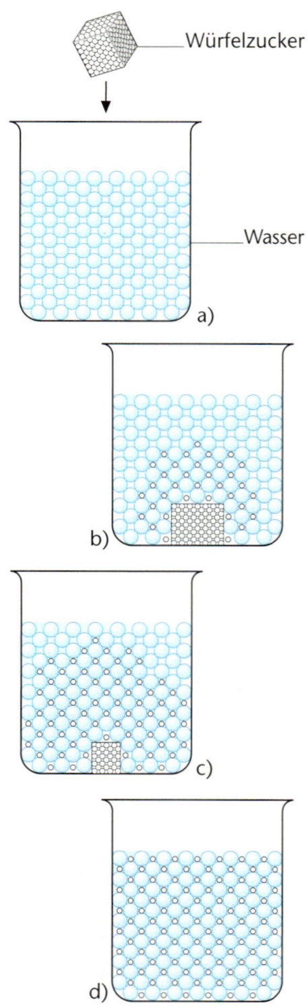

5 Zu Aufgabe 10

Ein Schrank voller Geräte
Für die Experimente im Fach Chemie benötigst du eine Vielfalt von Gefäßen und Geräten.

Damit du immer die richtigen Materialien für deine Versuche aus dem Schrank holst, sind auf dieser Seite die wichtigsten Geräte abgebildet.

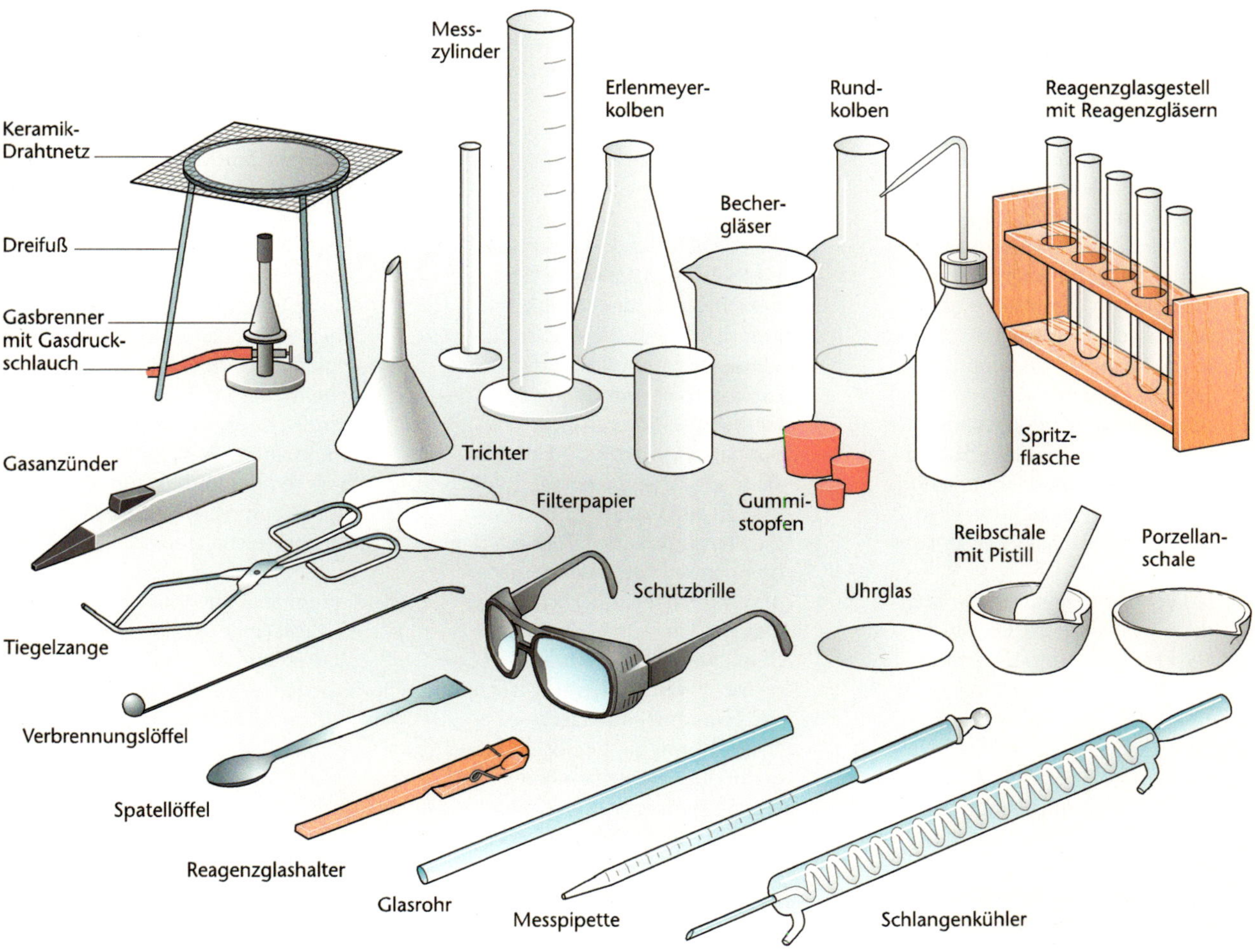

Stoffe im Alltag

3 Zucker löst sich beim Umrühren sehr rasch im Wasser auf.
Kochsalz bildet mit Wasser nur dann eine klare Lösung, wenn es sich um reines Natriumchlorid handelt. Im Speisalz sind oftmals noch Zusätze enthalten, die eine Trübung der Lösung verursachen und schließlich einen dünnen Bodensatz bilden.
Sand setzt sich nach dem Verrühren sehr schnell am Boden ab, er sedimentiert. Beigemischte Schmutzpartikel können an der Oberfläche schwimmen oder das Wasser trüben.
Blumenerde bildet beim Einrühren in Wasser eine schmutzig braune Suspension. Nach einiger Zeit setzt sich ein Bodensatz ab, während andere Bestandteile an der Oberfläche schwimmen. Das Wasser dazwischen bleibt durch Schwebstoffe meist trüb und klart erst nach längerem Stehen auf.
Mehl bildet mit Wasser eine milchig weiße Suspension, aus der sich nach einiger Zeit ein Bodensatz abscheidet.

9 a) Schnee taut auf: Der feste Stoff wird flüssig, er schmilzt.
Wäsche trocknet im Winter (auch bei Minustemperaturen) auf der Leine: Zunächst wird die nasse Wäsche hart, das Wasser gefriert. Bei trockenem Wetter, insbesondere bei Sonneneinstrahlung, lösen sich aber Wassermoleküle von der Oberfläche des entstandenen Eises. Das gefrorene Wasser sublimiert. Wenn man lange genug wartet, ist die Wäsche trocken, weil schließlich alles Wasser sublimiert ist.
b) Wenn Regenwasser gefriert, dann wird es zu Eis. Die Flüssigkeit wird zum Feststoff, sie erstarrt.

Wasser

2 Durch Filtrieren kann aus einer Kochsalzlösung das Wasser nicht vom Kochsalz getrennt werden. Filtriert man eine Kochsalzlösung, gehen die Salzteilchen mit den Wasserteilchen durch die Poren des Papierfilters hindurch. Die Poren des Filterpapiers sind größer als die Salzteilchen. Auch für die Wasserteilchen sind die Poren des Filters zu groß, um sie zurückhalten zu können. Die Kochsalzlösung muss eingedampft werden.

8 a) Regenwasser wird in großen Behältern aufgefangen und im Nutzgarten als Gießwasser verbraucht. Dies spart Kosten und das Wasser ist zu einem Zeitpunkt verfügbar, an dem es gerade nicht regnet. Regenwasser als Gießwasser ist für die Pflanzen vorteilhafter als Leitungswasser, da es sehr weiches Wasser ist und es daher keine Kalkablagerungen auf den empfindlichen Blättern der Pflanzen gibt.
b) Regenwasser kann z. B. durch Umweltbelastungen in der Luft leicht sauer sein. Deshalb kann Regenwasser für manche Pflanzen schädlich sein. Außerdem kann es zur Übersäuerung des Bodens kommen. Behälter, die zum Auffangen von Regenwasser verwendet werden, müssen korrosionsbeständig sein.

Verbrennungen

2 Ein solcher Brand ist gefährlich und schwierig zu löschen! Wenn man versucht, das überhitzte, brennende Fett mit Wasser zu löschen, dann verdampft das Wasser explosionsartig und schleudert das Fett heraus. Schwerste Verbrennungen im Gesicht und an den Händen wären die Folge!
Es wird auch kaum möglich sein, die Pfanne oder den Topf mit dem brennenden Fett zu entfernen. Also muss der Fettbrand erstickt werden. Ein kleiner Brand kann durch Abdecken mit einem Deckel gelöscht werden. Beim Versuch, das Feuer mit einer Decke zu ersticken, kann diese selbst in Brand geraten. Es verbleiben daher nur die professionellen Geräte wie ABC- und BC-Pulverlöscher, Kohlenstoffdioxdlöscher oder Schaumlöscher. Es ist gut, wenn man einen solchen Feuerlöscher funktionsfähig und griffbereit im Hause hat.

8 Flammen sind brennende Gase oder Dämpfe. Bei einer Kerzenflamme verbrennt Wachsdampf, also gasförmiges Wachs. Es wird durch die hohen Temperaturen in der Flamme aus dem festen bzw. geschmolzenen Wachs immer wieder neu gebildet. Kupfer ist ein sehr guter Wärmeleiter. Stülpt man eine Kupferwendel, die etwa den Durchmesser der Kerzenflamme hat, über die Flamme, so wird sehr viel Wärme über das Kupfer abgeleitet. Die Temperatur reicht nicht mehr aus, neuen Wachsdampf entstehen zu lassen. Die Flamme erlischt, weil nur gasförmiges Wachs verbrennen kann.

Stoffe – früher und heute

6 Holz ist ein natürlicher, nachwachsender Rohstoff, der sich leicht bearbeiten lässt, aber gegen Witterungseinflüsse geschützt werden muss. Auch einige Metalle müssen vor Korrosion geschützt werden, Kunststoffe dagegen sind sehr beständig gegen Wasser und Luft. Metalle sind elektrisch leitfähig, Kunststoffe sind in der Regel Nichtleiter. Sie isolieren gut gegen Elektrizität und Wärme. Kunststoffe sind spröde und brechen leicht. Löffel aus Metall oder Holz sind länger haltbar. Weitere Eigenschaften, die sich für einen Vergleich eignen, sind: Dichte, Brennbarkeit, Härte, Kratzfestigkeit, Temperaturbeständigkeit, Einfärbung, Verformung, Oberflächenbeschaffenheit, u. a.

9 Indem Sole über mit Reisig gefüllte Gestelle rieselt, verdunstet das Wasser langsam an der großen Oberfläche der Reisigbüschel und Salz bleibt zurück.

Liste der Gefahrstoffe

In der nachfolgenden Liste werden Gefahrstoffe aufgeführt, die in den Versuchsanleitungen des vorliegenden Buches vorkommen. Die in der zweiten Spalte stehenden Kennbuchstaben sind den Gefahrensymbolen zugeordnet.

Aus der Nichterwähnung eines Stoffes darf nicht auf seine Unbedenklichkeit geschlossen werden. Vielmehr ist mit Chemikalien grundsätzlich besonnen umzugehen!

Bezeichnung des Stoffes	Kennbuchstabe des Gefahrensymbols	Gefahrenhinweise (R-Sätze)	Sicherheitsratschläge (S-Sätze)	MAK-Wert in mg/m³
Aceton	F, Xi	11-36-66-67	2-9-16-26	1200
Alkohol siehe Ethanol				
Brennspiritus siehe Ethanol				
Calciumchlorid	Xi	36	2-22-24	
Calciumhydroxid	Xi	41	2-22-24-26-39	5 G
Citronensäure	Xi	36	26	
Ethanol	F	11	2-7-16	1900
Kaliumpermanganat	O, Xn, N	8-22-50/53	2-60-61	
Kalkwasser, gesättigt	—	—	2	
Kohlenstoffdioxid			3-7	
Magnesiumband	F	11-15	2-7/8-43	
Magnesiumoxid	—	—	22	
Natronlauge, 2 % bis unter 5 %	C	34	1/2-26-37/39-45	2
Natronlauge, 0,5 % bis unter 2 %	Xi	36/38	1/2-26-37/39-45	2
Salzsäure, 10 % bis unter 25 %	Xi	36/37/38	1/2-26-45	8
Weinsäure	Xi	36	2-24/25	
Wundbenzin (oder Waschbenzin)	Herstellereinstufung beachten			

Auch viele Haushaltschemikalien wie z. B. Rohrreiniger, Entkalker oder Reinigungsbenzin sind Gefahrstoffe. Informationen über ihre Gefährlichkeit sind dem jeweiligen Etikett zu entnehmen.

Spalte 3: Gefahrenhinweise (R-Sätze, r = risk)
Es sind die Nummern der R-Sätze angegeben. Die Nummern sind durch einen Bindestrich getrennt; sind Nummern mit einem Schrägstrich versehen, handelt es sich um eine Kombination von R-Sätzen.

Spalte 4: Sicherheitsratschläge (S-Sätze, s = security)
Es sind die Nummern der S-Sätze angegeben. Die Nummern sind durch einen Bindestrich getrennt; sind Nummern mit einem Schrägstrich versehen, handelt es sich um eine Kombination von S-Sätzen.

Spalte 5: MAK-Wert
Es wird die maximale Arbeitsplatzkonzentration nach der MAK-Liste der Deutschen Forschungsgemeinschaft (DFG) angegeben.
F = Feinstaub, G = Gesamtstaub.

U4.1 Getty Images (Peter Denton), München – **U4.2** Getty Images (Gary Buss), München – **U4.3** Corbis (RF), Düsseldorf – **U4.4** Getty Images (Karen Beard), München – **U1.1** Fotosearch RF (PhotoDisc), Waukesha, WI – **U1.2** photonica amana (Gary Powell), Hamburg – **3.1** Mauritius (Phototheque SDP), Mittenwald – **4.1** Mauritius (Mader), Mittenwald – **4.2** FIRE Foto - Thomas Gaulke (Thomas Gaulke), München – **5.1** Sammlung Weltkulturerbe Rammelsberg, Goslar – **11.1** Mauritius (Phototheque SDP), Mittenwald – **11.2** Stockfood Photo Stock Agency, München – **12.2** MEV, Augsburg – **13.1** Mauritius (Chris Butler), Mittenwald – **13.4** Mauritius (Raith), Mittenwald – **14.1** Mauritius (Oechslein), Mittenwald – **14.2** Corel Corporation, Unterschleissheim – **14.4** Corbis (Anna Clopet), Düsseldorf – **15.1A** Mauritius (Poehlmann), Mittenwald – **15.1B** Mauritius (Iden), Mittenwald – **15.1C** Mauritius (Iden), Mittenwald – **15.1D** Mauritius (Pöhlmann), Mittenwald – **15.2** Mauritius (age), Mittenwald – **15.3** Corel Corporation, Unterschleissheim – **15.4** Das Fotoarchiv (Fred Ward), Essen – **15.5** Medenbach, Ulrike, Witten – **20.1** MEV, Augsburg – **20.2** Corel Corporation, Unterschleissheim – **20.3** Helga Lade (Fischer), Frankfurt – **20.4** Getty Images PhotoDisc, Hamburg – **20.8** Corel Corporation, Unterschleissheim – **21.9** Keystone (Volkmar Schulz), Hamburg – **25.1** Getty Images (FoodPix), München – **27.4** Seilnacht, Thomas, Bern – **32.1** Superbild (Eric Bach), Unterhaching/München – **32.2** Mauritius (Rathmann), Mittenwald – **32.3** Eberhard Theophel, Gießen – **32.4** Eberhard Theophel, Gießen – **32.5** Eberhard Theophel, Gießen – **32.6** Eberhard Theophel, Gießen – **34.1** Mauritius (Rosenfeld), Mittenwald – **34.2** Mauritius (age), Mittenwald – **34.3** Helga Lade (JOF), Frankfurt – **34.4** Helga Lade (TPH), Frankfurt – **34.5** Helga Lade (H. R. Bramaz), Frankfurt – **34.7** Das Fotoarchiv (Yavuz Arslan), Essen – **34.8** Mauritius (Gilsdorf), Mittenwald – **34.9** Picture Press, Hamburg – **36.1** Dynevo GmbH, Leverkusen – **36.2** Imago Stock & People, Berlin – **36.3** Eberhard Theophel, Gießen – **36.4** Mauritius, Mittenwald – **36.5** Hoechst AG, Frankfurt – **37.1** Thomas & Thomas Design, Heidesheim – **38.1** Mauritius (Otto), Mittenwald – **38.2** Kreienbrink, Hartmut, Erfurt – **39.1** ZEFA (masterfile/Bob Anderson), Düsseldorf – **39.2** Okapia (Hans Reinhard), Frankfurt – **40.1** Okapia (Herbert Schwind), Frankfurt – **40.2** IFA (Garet), Düsseldorf – **40.5** GGA, Ravensburg – **41.1** Vario-Press (Baumgarten), Bonn – **42.4** Mauritius (age), Mittenwald – **43.1** Mauritius (A. Mayer), Mittenwald – **43.3** Rigips GmbH, Gelsenkirchen – **43.4** Corel Corporation, Unterschleissheim – **43.5** Mauritius (Poehlmann), Mittenwald – **44.1** Corbis (Phil Banko), Düsseldorf – **44.2** Okapia (NAS/T. McHugh), Frankfurt – **44.3** Fotofinder (Schwarzbach/argus), Berlin – **45.1** Mauritius (Mader), Mittenwald – **45.2** Getty Images, München – **45.3** Mauritius, Mittenwald – **45.4** Mauritius (Waldkirch), Mittenwald – **45.5** Silvestris (Wilhelm Irsch), Dießen – **46.1** Mauritius (Pigneter), Mittenwald – **46.2** Okapia (J-L Klein & M-L Hube), Frankfurt – **46.3** Mauritius (Glöckner), Mittenwald – **46.4** AKG, Berlin – **47.5** Helga Lade (H.R. Bramaz), Frankfurt – **47.6** Okapia (Ingo Arndt), Frankfurt – **47.7** laif (Butzmann/Zenit), Köln – **47.8** laif (Hoffmann), Köln – **48.2** Mauritius, Mittenwald – **50.1** Mauritius (Superstock), Mittenwald – **50.4** Corbis (Stocktrek), Düsseldorf – **51.1** Getty Images PhotoDisc, Hamburg – **51.2** Silvestris (Wilhelm Irsch), Dießen – **51.3** Das Fotoarchiv (Bernhard Nimtsch), Essen – **52.1** Seilnacht, Thomas, Bern – **52.4** Stockfood Photo Stock Agency, München – **55.2** Bilderberg (Klaus-D. Francke), Hamburg – **55.3** Okapia (Hans Reinhard), Frankfurt – **56.1** Okapia (Hans Reinhard), Frankfurt – **58.2** Stadtarchiv Schwäbisch Hall, Schwäbisch Hall – **58.3** ullstein bild, Berlin – **58.4** Das Fotoarchiv (Henning Christoph), Essen – **60.3** Okapia (Jeff Foott), Frankfurt – **61.4** Kage, Manfred P. und Christina, Lauterstein – **63.3** Gesellschaft für techn. Zusammenarbeit – **64.1** Stockfood Photo Stock Agency, München – **64.2** Mauritius (Rathmann), Mittenwald – **64.3** Creativ Collection Verlag GmbH, Freiburg – **64.4** Okapia (R. Förster), Frankfurt – **65.2** Creativ Collection Verlag GmbH, Freiburg – **65.3** Bautsch, Carl-Jürgen, Hamburg – **65.4** Mauritius (Rosenfeld), Mittenwald – **66.2** Corbis (Roy Morsch), Düsseldorf – **67.3** Harzwasserwerke GmbH, Hildesheim – **67.4** Picture-Alliance (akg-images / Stefan Drechsel), Frankfurt – **67.5** Harzwasserwerke GmbH, Hildesheim – **68.1** Unbekannter Lieferant, Stuttgart – **68.3** Mauritius (World Pictures), Mittenwald – **69.3** Lippeverband, Essen – **69.4** Müller, Prof. Dr. Horst, Dortmund – **70.2** Helga Lade, Frankfurt – **70.3** Corbis (Roy Morsch), Düsseldorf – **71.3** MEV, Augsburg – **71.4** Okapia (Hans Reinhard), Frankfurt – **71.6** mecom (natura2000/ Redeleit), Hamburg – **71.2A** Seilnacht, Thomas, Bern – **71.2B** Okapia (G. Büttner), Frankfurt – **72.1** FIRE Foto - Thomas Gaulke, München – **72.2** Superbild (Number_Three), Unterhaching/München – **73.1** Mauritius (Mitterer), Mittenwald – **73.2** Mauritius (Stock Market), Mittenwald – **74.2** AKG, Berlin – **74.3** Deutsches Museum, München – **74.1A** Aventinum Publishing House, Praha – **74.1B** aus O. Krätz, Faszination Chemie, Callwey Verlag, München – **75.1** Mauritius (Gilsdorf), Mittenwald – **76.1** Mauritius (Gatzen), Mittenwald – **79.4** Eberhard Theophel, Gießen – **79.5** Eberhard Theophel, Gießen – **81.1** Mauritius (erich), Mittenwald – **81.2** IMAGINE, Hamburg – **81.4** Helga Lade (BAV), Frankfurt – **82.1** Helga Lade (Stock Photo), Frankfurt – **83.5** Mauritius (Weinhäupl), Mittenwald – **84.1** Helga Lade, Frankfurt – **86.1** Mauritius (Eye-Press), Mittenwald – **86.2** Helga Lade, Frankfurt – **87** FIRE Foto - Thomas Gaulke, München – **88.3** FIRE Foto - Thomas Gaulke, München – **89.3** FIRE Foto - Thomas Gaulke, München – **89.7** IMAGO (Peter Widmann), Berlin – **90.1** Picture-Alliance (dpa), Frankfurt – **90.2** Mauritius (Hubatka), Mittenwald – **90.3** Picture-Alliance (dpa), Frankfurt – **90.4** Picture-Alliance (dpa), Frankfurt – **90.5** Picture-Alliance (dpa), Frankfurt – **90.6** Visum (Bill Staley), Hamburg – **91.2** Schlumbom, Anne, Frechen – **92.1** Höllerer, Stuttgart – **92.3** Albert Ziegler, Giengen – **93.1** BPK, Berlin – **93.2** Deutsches Museum, München – **93.3** BPK, Berlin – **93.4** Deutsches Museum, München – **94.1** Mauritius (Bob), Mittenwald – **94.2** Mauritius (age), Mittenwald – **95.6** Helga Lade (BAV), Frankfurt – **95.7** Mauritius (ACE), Mittenwald – **97.1** MEV, Augsburg – **99.1** Sammlung Weltkulturerbe Rammelsberg, Goslar – **99.2** Deutsches Salzmuseum, Lüneburg – **99.3** Sammlung Weltkulturerbe Rammelsberg, Goslar – **99.4** Niedersächsisches Staatsbad Pyrmont, Bad Pyrmont – **102.2** Museumsdorf Cloppenburg, Cloppenburg – **102.3** Deutsches Salzmuseum, Lüneburg – **103.2** Trägerverein Wasserturm Lüneburg e., Lüneburg – **104.6** Reinhard-Tierfoto, Heiligkreuzsteinach – **106.1C** Leybold Didactic, Hürth – **108.1** Corbis (James Davis), Düsseldorf – **108.2** Mauritius (O`Brien), Mittenwald – **110** Museumsdorf Cloppenburg, Cloppenburg – **111** Museumsdorf Cloppenburg, Cloppenburg – **113.1** Förderkreis Wilhelm Busch Stätten e, Ebergötzen bei Göttinge – **113.2** Förderkreis Wilhelm Busch Stätten e, Ebergötzen bei Göttinge – **113.3** Europäisches Brotmuseum e.V., Ebergötzen – **113.4** Förderkreis Wilhelm Busch Stätten e, Ebergötzen bei Göttinge – **113.5** Stockfood Photo Stock Agency (Maximilian Stock LTD), München – **114.1** Niedersächsisches Staatsbad Pyrmont, Bad Pyrmont – **115.1** ds-produkte Dieter Schwarz GmbH, Stapelfeld – **116.1** ds-produkte Dieter Schwarz GmbH, Stapelfeld – **117.3** Mauritius (Mitterer), Mittenwald – **118.2** Mauritius (Rosing), Mittenwald – **119.2** BPK, Berlin – **119.3** Corel Corporation, Unterschleissheim – **121.1** MEV, Augsburg – **121.2** Creativ Collection Verlag GmbH, Freiburg – **121.3** Avenue Images GmbH (Stockbyte), Hamburg – **122.2** Seilnacht, Thomas, Bern – **123.1** Bridgeman Art Library (Peter Willi), London – **123.4** British Museum, London – **124.1** Deutsches Salzmuseum, Lüneburg – **124.3** Deutsches Salzmuseum, Lüneburg – **124.4** Deutsches Salzmuseum, Lüneburg – **125.5** Deutsches Salzmuseum, Lüneburg – **125.6** Deutsches Salzmuseum, Lüneburg – **125.7** Deutsches Salzmuseum, Lüneburg – **125.8** Deutsches Salzmuseum, Lüneburg – **126.1** Südwestdeutsche Salzwerke, Heilbronn – **126.3** Juniors Bildarchiv, Ruhpolding – **127.1** MEV, Augsburg – **127.3** pictureNEWS (Mario Vedder), Frankfurt/Main – **127.5** Picture Press (Volker Hinz/ STERN), Hamburg – **129.1A** Stockfood Photo Stock Agency, München – **130** Deutsches Salzmuseum, Lüneburg – **130.4** Corbis (Philip James Corwin), Düsseldorf

Alle weiteren Fotos stammen von Werkstattfotografie Neumann und Zörlein, Stuttgart oder aus dem Archiv des Ernst Klett Verlags.

Nicht in allen Fällen war es möglich, den uns bekannten Rechteinhaber der Abbildung ausfindig zu machen. Berechtigte Ansprüche werden selbstverständlich im Rahmen der üblichen Vereinbarungen abgegolten.